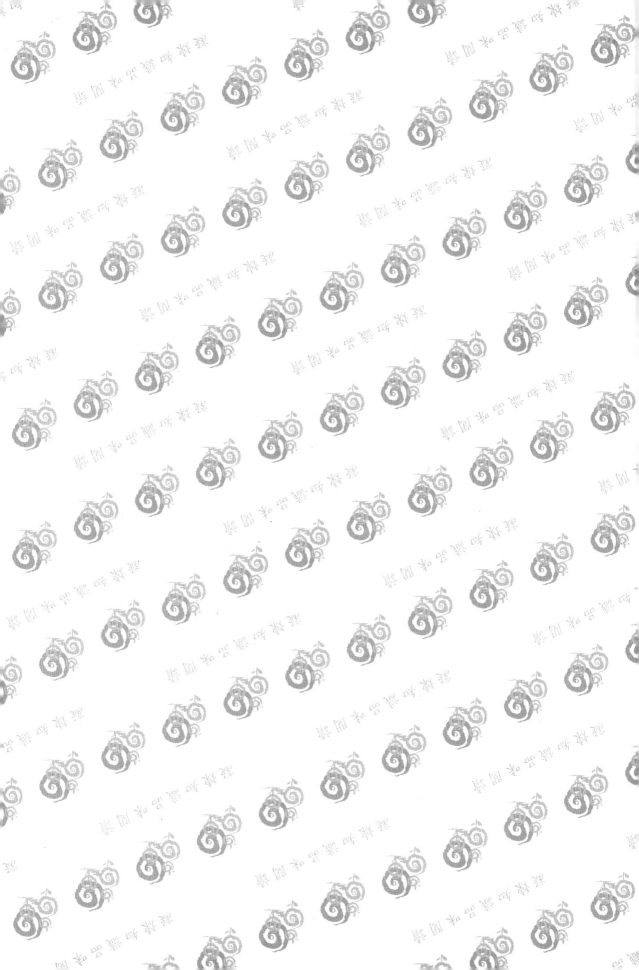

迎接網路消費時代的來臨

消費者行為學

張魁峯／著

—————————— 第四版

Consumer
Behavior

五南圖書出版公司 印行

歐序

　　從事教育四十多年，一直認為教與學是並行不悖的，而且，在教的過程中能將經驗行諸於文字來協助學生學習，更屬難得。畢竟做自己的學問容易，要大方的提供出自己的研究經驗，並接受同僚學者的品評，就不是那麼容易的了。

　　張君是我見過對於做學問與教學非常用心與負責的一位老師，他在行銷領域上的投入與努力，也是有目共睹的。此次，他以個人的研究與教學經驗結合，重新修訂了前人的觀念而出版這本《消費者行為學》，除了可以提供教授此門課程的教師一個輕鬆授課的教材，同時也能讓學生快速的建構一套消費者行為的概念，是一本非常有用的教材書。

　　有見於書籍內容的完整與踏實，張君請我為此書寫序，殊感榮焉，非常樂意做推薦，因為這是一本對行銷學來說非常受用的著作，深信此一著作定能嘉惠於學習此一領域的學子。

歐錫祺

國立高雄海洋科技大學前校長

責任與挑戰

隨著環境快速的改變與資訊大量的流通，消費者的行為變得越來越難以掌握與預測。但是對於行銷人員而言，了解消費者心理是一項基本又迫切的任務，正因為此一過程充滿了挑戰性與時效性，因此，一直成為吸引學術界及實務界發展此一學科的關鍵因素。

從筆者過去在零售業界服務到學術研究的歷程中，對於「消費者行為學」總有一份深厚的情感，除了在教學過程中讓我常有溫故知新的領悟外，有時看到企業的推廣策略與檢視自己的購買行為後，常會聯想到書中的某一章節的內容而不覺莞爾，同時更堅信「消費者行為學」在行銷領域中，所扮演的核心角色。

過去，行銷人員可以容易地透過實體通路與消費者接觸，藉此來了解消費者的想法並收集相關資訊；然近年來，網路交易已經成為一種消費型態，面對隱身在螢幕與鍵盤另一端的消費者，行銷人員除了不能如過去一樣直接取得來自於消費者的資訊外，更嚴重的挑戰是在廣大的網路世界中，究竟隱藏了多少競爭者？甚至，拜網際網路發達之賜，不知當初購買商品的買家何時突然轉身成賣家，令同時具備了買賣二元性的消費者更顯得複雜。

迎接網路交易時代的來臨，在新修訂的《消費者行為學》一書中，除了承襲第三版的編排風格外，在不增加讀者的負荷下，特別新增〈購後處置〉此一單元，將筆者近年來對於此一議題相關整理與發現注入其中，希望藉此能夠喚起行銷人員的重視，也是針對身處於網路交易時代下的一種責任與回應。

此次修訂的過程中，除了感謝五南圖書出版公司全力的支持與協助外，更感謝林淇宣老師給予編輯內文的建議與研究心得的分享，使得本書能夠與時俱進，成為一本能夠提供業界人士與學術同好的專業用書。

張魁峯

2016年1月

目　錄

消費者行為概論

Wu-Nan Book Inc

onsumer

Goodness Publishing House

章節個案

資策會FIND：2014年上半年消費者行為調查出爐

根據資策會FIND結合Mobile First調查數據顯示，臺灣持有智慧型手機或平板電腦的民眾已高達1,330萬人，占12歲以上人口約六成的比例，而有超過兩成比例同時持有智慧型手機與平板電腦。相較於2013年下半年的調查結果，智慧型手機普及率持續成長，平板電腦則顯趨緩。

數位行動生活浪潮襲捲全球，根據資策會FIND調查國內12歲（含）以上的民眾發現，目前擁有智慧型手機的人口占比已高達58.7%，推估持有人數為1,225萬人；在過去半年，臺灣智慧型手機普及率由51.4%成長到58.7%，仍維持明顯的成長。另外，平板電腦的普及率已達25.4%，推估為530萬人，相較於2013年下半年增加了1.8個百分點。觀察不同特徵消費者持有智慧型手機的情況，智慧型手機普及率成長的動力主要來自於「年齡在50歲以上的民眾」，持有智慧型手機的比例平均增加幅度約為一至兩成。

從消費者行為來看，消費者使用智慧型手機大多用來做撥打／接聽電話、拍照／錄影、即時通訊與聊天、連結社群網站、查詢地圖與導航以及玩手機遊戲等，約占六成以上的比例，其中查詢地圖與導航以男性比例居高。在平板電腦的使用上，超過六成的消費者主要是收看影音節目，而接近超過五成的消費者會透過平板電腦看節目、玩遊戲、閱讀新聞、連結社群網站及收發e-Mail。

若從收看影音節目的時段來看，民眾收看影音節目的時間主要集中在晚上19:00～22:00，尤其以收看電視的情況最為集中。此外，加計評估裝置設備的可得性，持有智慧型行動裝置、電腦上網等民眾，在睡前到凌晨時段（22:00～06:00），透過行動裝置、電腦上網收看影音節目的比例，已經高於收看電視族群了。現今企業若無意識到此一生活型態的發展，找出相對應的商業服務模式，將無法想像錯失多少商機。

資料來源：資策會，資策會FIND：2014年上半年消費者行為調查出爐，資策會FIND／經濟部技術處「資策會FIND（2014）／服務創新體驗設計系統研究與推動計畫（2／4）」，http://www.iii.org.tw/Service/3_1_1_c.aspx?id=1367，2014/07/21。

　　「消費者行為」可定義為消費者在搜尋、評估、購買、使用和處置一項產品、服務和理念（ideas）時，所表現的各種行為。所以，研究消費者行為就是了解消費者如何將其金錢、時間和精力，花費在與消費有關的產品上。

　　在消費者行為學發展的早期，這個領域經常被稱為購買者行為（Buyer Behavior），強調在購買時消費者和產品之間的互動。現在的觀念則認為消費者的行為是一個持續的過程，不只包括消費者得到產品或服務、付出金錢或使用信用卡的當時行為，還應包括許多的購買前和購買後的行為及反應。

　　此外，美國市場行銷協會（American Marketing Association, AMA），曾在1985年的行銷定義中指出：行銷係指規劃和執行有關理念（ideas）、實體產品（goods）和服務（services）概念的產品化、定價、推廣與分配的過程，以促進交換（exchange）產生，並滿足個人和組織的目標。而隨著行銷思潮的演進，AMA在2004年為行銷下了一個新的定義：行銷是一種組織性功能與一組流程集合，用以創造、溝通與傳送價值給顧客，並且藉由管理顧客關係，使組織本身與其利益關係人受惠。

　　所以，在兩個或更多的組織或個人之間，任何有價值東西的交換就是行銷學中的核心，同時也是消費者行為學中重要的一部分。消費者行為學重視的是整個交易的過程，包括在交易前，消費者如何決定需要什麼產品？如何得到想要購買產品的資訊？到何種商店選購？在交易中如何決定選擇一項產品？如何付款？購買後產品使用所造成的結

果，也可能對他以後的購買產生影響。

　　從廠商觀點來看，在消費者購買一項產品前，就要了解消費者對於產品的態度是如何形成、是否可以改變、如何判斷一項產品的好壞等。在購買時，則注意賣場的布置，如何影響消費者的購買決策。購買後，則要了解消費者是否滿意該項產品、是否會再重複購買、產品能否再做何種改善等。

　　雖然本書將集中在消費者如何以及為何決定購買某項產品，但是目前消費者行為的研究範圍更為廣泛，許多研究還考慮到消費者在購買這些產品之後，如何評估和使用。例如：一個人在購買一輛汽車之後，可能會感到後悔或不滿，因為他可能為了購買這輛汽車，而放棄其他同樣具有吸引力的產品，或是他可能會與其他朋友討論這件事情，而影響另一個人的購買行為，也可能因不滿意而不再購買同一廠牌的車子。這些可能的結果，都對行銷者造成影響，所以購買後的行為也會列入探討範圍。

　　以學生而言，了解影響消費行為的內在和外在影響因素，使我們對人類的行為有更進一步的了解。而學者則希望探討人類行為的原因，對消費行為有更深入的了解，甚至可以把這些學問應用在其他領域之中，如政策制定或非營利事業。而以行銷工作者而言，了解消費者為何與如何進行購買決策，可以制定更好的行銷策略，取得更大的競爭優勢。

第一節　消費者行為學源起

　　「消費者行為學」起源甚早，但大概到1960年代才成為一門學問，例如：第一門消費者行為學的課程在1960年代才出現；第一本消費者行為學的教科書在1968年才出現；第一本專門的消費者行為學期刊 *Journal of Consumer Research* 在1974年才出現。

　　目前消費者行為學的理論和研究屬於行銷學的範疇，使用這些原理和原則者也大都是行銷管理者，但消費者行為學中的許多理論是從其他的行為學中「借用」而來。消費者行為學是屬於行為學中的一個特別領域，運用許多解釋其他行為的理論，來解釋消費者行為。

　　目前用來解釋和預測消費者行為的理論，有許多是由心理學、社會學、社會心理學、人類文化學的領域中借用過來的，經濟學也扮演著相當重要的角色，這些學問都是研究行為方面的差異，但分析的單位有所不同。心理學是研究個人的行為，社會學是研

究群體行為及次文化的影響，社會心理學則是研究人際間的行為，人類文化學則研究社會和文化，經濟學研究了整個社會的物質問題。消費者行為學早期主要是以經濟學和動機理論為主，時至今日已演變成一種跨學門的科學。

壹、早期發展

早期消費者行為理論是由經濟學者所提出，重視的是對產品和服務的需求，本世紀初經濟學是唯一受到學者和企業主管所重視的社會科學。傳統的理論著重在總體的需求上，對於消費者的行為有兩個基本假設：首先認為消費者對於所有的產品都擁有完全的資訊；其次認為消費者會根據所有的資訊來進行理性的經濟決策。在這種假設下，早期的廣告都充滿了各種不同的資訊，即使是那些被經常購買、重要性不高的產品廣告，也一樣充滿了各種不同的功能說明。

到1930年代，佛洛依德（Freud）及其他心理學者提出許多心理學理論，改變了我們對於消費者的觀念，「感性」的廣告訴求成了主流，行銷者將消費者視為感性的動物。從此，我們對消費者行為的觀點有了轉變。基本上任何一門涉及人類行為的科學，都被認為是可以用來解釋和預測消費者行為的科學。以下我們簡單的介紹各學問或領域，對於消費者行為學發展的影響。

一、個體經濟學

基本的經濟學模式認為消費的目的是追求效用的極大化，消費者會購買各項產品，一直到每一塊錢消費的邊際效用都相同。個體經濟學的基本假定是認為，在特定的所得與產品項目和價格中，消費者會追求其效用的極大化，並且每一位消費者都是「理性」的消費者，擁有充分的資訊，並根據這些資訊進行決策。

雖然這個個體經濟學模式有某種程度的效果，卻無法完全解釋消費者的行為，因為消費者的效用和滿足很難衡量。例如：並不是每一個消費者都是追求滿足的極大化，有許多消費者只是追求可接受的滿意決策；而且不見得每一位消費者都是理性的決策者，有些研究指出消費者在購買外觀完全一樣的產品時，可能會購買較貴的產品，因為他們認為較貴的產品品質可能較好。

個體經濟學的觀點只重視消費者的整體消費型態，亦即透過對於消費者行為的預測，得到總體的需求；所以，它對於產品總體銷售預測較佳，但是無法解釋個別的消費行為差異、品牌選擇或是市場區隔的現象。

二、動機研究

因為經濟模式對於消費者的理性行為假設，和過於重視總合的需求，而不是個別消費者的行為，以致於使用上有所限制。因而，產生了另一派的學者以動機研究為主，將佛洛依德的心理分析概念應用在消費者行為上。

本質上，動機研究主張特定的消費者行為是這些消費品對於消費者心理意義的直接函數，這些商品的意義與人類的基本動機和人格本質有關，如佛洛依德所提的「本我」（id）、「自我」（ego）、「超我」（superego）。早期的動機研究以深度訪談（Indepth Interview）為主，探查消費者購買的動機；今天則有許多是以焦點團體訪談（Focus Group Interview）為主的研究，重視的是行為的表現，而非下意識的動機。然而因為心理學考慮的因素似乎也不夠多，而且心理學研究所得結果的一般化能力有限，許多學者的研究結論並不一致，因為這種主觀研究結果的解釋會因人而異。最後，這些模式是否能用在一般的情境下，來預測消費者行為，往往有待驗證。

但是動機研究還是帶來很大影響，首先是行銷者開始由消費者的觀點來看一項產品，也開始了解一項產品的象徵性或「符號性」（Symbolic）價值，讓產品和個人的感覺及認知產生一些關聯。其次在動機研究中所用的研究方法，在今天的消費者行為研究中，仍廣泛的使用，當成一種非正式、快速取得消費者對於產品的認知、決策過程、廣告訊息的感覺。一般管理者知道這樣取得的資訊並不一定適用在所有消費者身上，但可以協助思考和測試原有的一些推論。

貳、近期發展

1960年代，消費者行為的研究學者開始注意其他的基本行為科學，並從這些領域中借用許多理論，研究人格與購買產品和品牌的研究，就是一個典型的例子。Haire（1950）曾經研究購買即溶咖啡婦女的人格特質，在這個研究中給不同的受測者兩個購物情境，有兩位購物者分別擁有一張購物清單，清單中大部分項目都一樣，除了其中一人買的是「雀巢即溶咖啡」，另一個人則購買「麥斯威爾研磨咖啡」，大部分受測者都認為前者比較懶惰，不是好太太，不喜歡做家事。

十年之後，研究者使用一些標準的人格特徵量表，以探討是否可用人格特質的差異來預測消費者的行為（Evans, 1959）。早期的研究發現其中關聯並不大，可能是因為這些量表原用於心理分析和諮商，是為有心理疾病的病人所設計，而非專為消費行為而設計。於是有些學者發展出消費行為專用的量表，得到較高的關聯性，例如有研究指

出，使用藥皂和漱口水的消費者，比較具有順從型的人格特質（Cohen, 1967）。

消費者行為學者也引用一些社會學理論，例如：社會學者曾經研究內科醫生採用新處方藥品的過程中，個人影響力所扮演的重要角色（Coleman, 1966）。消費行為學者將這些研究結果運用在消費者接受新產品的過程中，如對於電腦或運動鞋的接受過程。另外，學者也接受了如同儕群體對購買決策的影響（Venkatesan, 1966）、家庭消費行為（Davis, 1976）和組織購買行為（Webster, 1972）。

消費者行為學者也探討在廣告刺激、態度改變和購買決策中的認知過程，起初他們較重視態度的改變，這原是一般溝通研究和心理研究中，介於刺激和反應間的中介變數，如Fishbein對於態度的觀念作了修正，並探討態度如何形成、改變，以及與購買決策間的關係。

1970年代，消費者行為學者開始發展整體的消費行為模式，而非僅是由其他領域借用不同的理論，其中最重要的有資訊處理學派（Information-Processing Paradigm）以及經濟學派（Experiential Paradigm）（Solomon, 1992）。

一、資訊處理學派

資訊處理學派曾主導消費者行為學三十多年，這個學派主要是考慮人們如何接收、儲存和使用資訊，消費者是目標導向，其購買行為是經過仔細的評估，希望從花費的金錢中，得到最高利益。此學派的研究始於1950年代的經濟及心理學，主要研究對象是針對消費者如何評估成本及效益。

此學派認為消費者是一個理性的問題解決者及決策制定者，他們仔細考慮產品及服務的各項客觀屬性與功能利益，亦即所產生的實際效用。這一學派受到認知心理學理論及研究方法的影響，嘗試了解消費者如何儲存、組織及解釋各種資訊。研究主題涉及消費者的決策制定過程，例如：消費者如何決定某一特定品牌所能提供的特殊利益，如何評估在廣告中出現的資訊價值，以及哪些因素會影響家庭中對於各項消費金額的分配。

二、經濟學派

隨著消費者行為學領域的擴大，學者開始強調其他的影響因素，例如：流行、新奇、戲劇、儀式和文化的影響，除了心理和經濟學的觀點外，又加入了社會和人類學的原理，此時消費者行為學不僅由資訊處理學派主導，且開始出現多元化的現象。

它與資訊處理學派強調的理性決策相反，經濟學派強調消費行為中的主觀和象徵性

觀點，強調產品和服務所帶來的享樂利益（Hedonic Benefit），亦即這些產品和服務所能帶來的感官享受，所以強調社會及文化的觀點。

　　這兩種不同學派代表消費者的不同看法，究竟採取何種觀點較適合，就與研究者所受的訓練和研究問題的本質有關，本書中會同時討論這兩種觀點，以便讓讀者對該問題有更深入的了解。

第二節 》影響消費者行為因素

　　消費者行為受到許多因素的影響，須以跨領域的方法來研究。雖然消費者行為學從其他領域中借用許多的理論，但都需經過一些修正，方能運用在消費者的行為中。基本上，影響消費者行為的因素可分為下列幾類：

壹、心理因素

　　不管消費者是個人、採購代理商、組織中的採購委員會、或是採購專家，購買決策最後還是涉及到個人的決策制定。雖然消費者各方面的行為都很重要，但大部分的研究都會涉及心理方面的因素。

　　心理學者將個人視為一個心理單位，個人的價值觀、認知、學習、人性、動機、經驗和態度，都會影響個人消費行為。心理學中有關行為的理論，都對了解消費者行為有不同程度的貢獻。例如：在學習理論中，將行為可能造成的獎賞及處罰，視為形成特定行為模式的影響因素，形成了分析重複性購買行為及品牌忠誠度的基礎。

　　態度理論也相當重要，行銷者希望消費者能夠對新的品牌形成較佳的態度，並且強化對舊有品牌的態度偏好，或是將不利的態度轉變成有利的態度。知覺理論則讓我們了解消費者如何看待一項產品，以及對產品賦予何種意義，為何有些廣告可以受到消費者注意，並引起態度改變，其餘卻無法吸引消費者注意。

　　另外資訊處理程度，是目前消費者行為學中相當重要的學派，它認為消費者首先接受和記憶許多行銷或廣告上的刺激，然後根據這些資訊評估和選擇各項產品，最後達成一項理性的決策，購買其中某項產品。

　　另一個是低涉入的購買行為。當消費者對於該項決策的涉入程度很高時，消費者經常會仔細地評估各種不同產品的資訊。但當決策重要性不高時，消費者的涉入程度較

低，此時的資訊蒐集和比較就較少，在此情況下，消費者如何選擇？是否有品牌忠誠度？都成為研究者和行銷者感到興趣的問題。

綜合上述相關理論，基本上影響消費者行為的心理因素包括了動機、知覺、記憶、學習和涉入程度等。

一、動機

大部分的行動都隱藏著某種「動機」，與消費者的需求，及消費者打算如何滿足這種需求有關。心理學家相信人類行為大部分都具有某種目標，消費行為自然也不例外。因此，詢問一位消費者為何購買某項產品，等於問他希望從購買這項產品中獲得什麼。

馬斯洛（Maslow）的需求層級理論——生理、安全、社會、尊重和自我實現，為人類行為的動機提供了許多解釋。

二、知覺

知覺是指消費者如何辨認、選擇、組織和解釋外界刺激的過程，知覺受到刺激和接受者本身的影響，人們對不同的刺激具有選擇性，注意的程度也不同，對於資訊的了解及保存也都不一樣。在我們清醒時，同時接受到數百種不同的刺激，但是我們同時只能注意其中的某幾個刺激，以免負荷過多。即使有兩個人同時注意某一項刺激，解釋也可能不同，因為他們會根據自己的需求和態度來詮釋這項刺激。

雖然知覺可視為一個獨立的觀念，但它與動機和其他心理因素都有關係。例如：有社會需求的人可能會將餐廳當成一個進行社交活動的場所，在其他時間或其他人，可能將餐廳當成解決飢餓問題的地方。

三、記憶

記憶是學習中相當重要的一個部分，是人類長期儲存資訊的方法，也影響態度的形成。記憶包括許多要素，感官的記憶只有數秒鐘，暫時記憶可維持數分鐘，長期記憶則持續數年之久。行銷者所關心的是消費者在看過一則廣告之後記了什麼資訊，消費者需要多久的時間才能記憶廣告所要傳遞的訊息。此外，需要重複播放多少次才能改變消費者的態度，都對廣告策略的擬定具有重大的影響力。

影像資訊比文字的資訊更容易記憶，這種知識使行銷者可以設計更有效的廣告訊息，增加消費者對於這項產品的認知和信念。

四、學習

學習是指經由經驗而得到的行為改變。消費者會學習什麼樣的產品可以滿足其需求，什麼商店有我們需要的商品，家人和朋友希望我們買些什麼產品。

學習涉及推論、制約理論和增強理論。學習認知學派強調如何推論和解決問題，它重視知識、洞察力、觀念、態度和目標。根據此學派的觀點，品牌選擇是一種清楚的決策過程，其複雜程度則視購買的環境因素而定，消費者會逐漸發展出一種比較簡化的決策過程。行銷者可以利用學習理論，教導消費者如何購買或選擇公司所提供的產品。

五、涉入程度

涉入程度可以協助我們了解某一類型的購買行為，對消費者的重要程度。在低涉入的購買行為中，消費者不會花費很多的時間，來比較產品之間的差異，這些產品的單價通常不高，即使決策錯誤，也不會引起很大的影響。

但是，另外有些產品因為單價較高，或消費者本身非常重視這項產品，所以在購買時的涉入程度較高，會仔細地比較各項產品之優缺點，參考別人的意見，最後再下定購買的決策。而購買後，也會尋找一些有利的意見，來支持本身的決定。

貳、群體因素

社會學是研究一個群體的結構及功能，亦即在這個群體中的個人如何產生互動。在消費者行為的分析中，群體是一個重要的觀念，因有時將消費者視為一個購買群體，可以更準確的分析消費者的行為。同樣的在工業行銷中，顧客就是由一群在整個購買過程中，扮演不同角色的個人所組成的群體。

家庭群體對消費者行為也有很大的影響，因為它對小孩子的社會化過程有深遠的影響，小孩如何學習成為一位消費者、如何對廣告產生反應、如何尋找和評估產品與服務的資訊，都受到家庭中角色結構、價值觀和互動程序的影響。

社會因素在形成個人影響力中亦十分重要，有許多人在他人購買產品時，有很大的影響力，尤其是購買外顯性產品時。這時意見領袖的意見就有相當大的關係，因為許多廣告的訊息，是透過意見領袖，再去影響其他一般大眾。這些觀念在從事新產品行銷的工作時，或研究新產品在群眾中如何「擴散」時，顯得特別重要。

參、社會文化因素

消費者的行為也受到社會文化因素的影響，在這一個層級所分析的是社會整體的行為，亦即在同一層級的個人會有共同的態度，如所謂的「社會階層」（Social Class），是指在社會中一群擁有共同特徵和社會地位的人。次文化群體是指具有共同價值觀、信念和興趣的人，文化因素可以區分出這些含有特殊背景的人。

一些種族的次文化，如黑人、西班牙人、猶太人或義大利人的次文化，也會影響消費者的行為，這種影響力的大小，視個人對於該群體的認同程度而定。例如：最近移民到美國的西班牙後裔，這種影響可能就很大，他們說西班牙話、重視家庭關係、相同的宗教信仰，他們喜歡說西班牙語的電視節目、到西班牙的百貨商店、吃西班牙食物等。

最後，文化還會影響他們對生活的看法以及消費行為。來自不同文化的人會給予相同產品不同的意義，例如：在許多未開發中的國家，汽車是個人社會地位的表徵，開的車子越豪華，表示身分地位越高，是權勢的象徵。但是在美國則不具有這麼大的重要性，它僅是一種交通工具，可藉以表達出個人的特徵或品味。

第三節 》消費者行為學範疇

消費者的行為範疇可以由他們決定是否要消費開始，然後如何把他們的所得分配在各種不同的產品類型上，以滿足不同的基本需求。其次是選擇不同的產品品牌，決定如何或在何處進行購買的行為，最後才是如何使用這項產品或棄置（Robertson et al., 1984）。

壹、是否消費？（whether to consume）

在這個階段中，消費者會因其所得水準、資產和對未來經濟信心等因素，而影響其消費的決策。其中所得水準的影響相當大，所得水準會決定他們如何分配其消費的金額；當所得水準較低時，支出的水準當然較低，但消費占所得的百分比較高，大部分的支出都是屬於維持生活的必要支出；當所得提高之後，消費者會開始考慮許多額外的休閒或享樂的支出，支出的水準自然較高，但消費占所得的比率則較低。

有些學者認為，消費者對未來經濟的信心也會影響消費的決策。當消費者對未來抱持樂觀態度時，會購買較多的產品，尤其是對一些耐久性消費財的購買，這種變化更明顯。

另外，宗教、文化、次文化也會對消費者產生影響。有些宗教鼓勵人們降低物質的慾望，若消費者受其影響，將視節儉為一種美德。但是在某些文化中，又視消費的能力為一種社會地位的象徵，消費的金額也會提高。

貳、產品類型的支出（product category spending）

當消費者決定支出的金額之後，就要決定如何分配他們的支出。人口統計變數上的差異，會影響消費者的支出；年紀較輕的人會打籃球，女生在衣物或化妝品的支出金額高於男性。

生活型態也會影響消費者的支出分配，喜歡戶外生活的人，會購買會員證或各種運動器材。而宗教信仰也會影響消費者對於產品類型的支出，如信奉佛教的人，就吃素食以免殺生。

不過在消費者的行為中，同一種行為的起因可能會有很大的差異。例如：以上述吃素的人而言，有些人是基於宗教上的原因，有些人則是基於追求健康。所以，同樣一種消費行為，也可以具有不同的涵義。

參、品牌選擇（brand selection）

從行銷經理的眼中看來，消費者的品牌選擇是最重要的一項決定，也是許多行銷研究者研究的重心。許多的理論和模式，都是探討消費者在進行品牌決策時，如何選擇、評估和使用相關的資訊。

這種品牌決策的過程和消費者的涉入程度（Involvement）有關，在高涉入的情況下，消費者會經驗十分複雜的品牌選擇過程；而在低涉入的情況下，又變得較為簡單。有時，消費者也會相當穩定的選擇購買某一特定品牌，而形成對品牌的忠誠度。

與品牌選擇相當有關的是消費者對於品牌的定位，所謂「定位」（position）是指某一特定產品在消費者心目中，相對於其他競爭者所占的特殊地位，這種地位可以帶給消費者不同的利益或感覺。例如：IBM就象徵一種高品質的服務、可信賴的感覺，價格雖然稍微貴一點，但是消費者都可以接受。

近年來，因為建立新品牌的成本越來越高，有許多廠商也偏好使用品牌延伸的方式，來降低新產品推出所需要的成本，也可以加速消費者的認知，減少接受一項新產品所需的時間。不過在使用品牌延伸時，也要注意這兩種產品是否適合使用在相同的品牌，產品的屬性是否有互相衝突的地方。

肆、購買或選購行為（buying / shopping behavior）

有時消費者在選購時，會因為商店中的陳列或降價促銷，而臨時決定購買某項品牌，和其原來決定的品牌不同。購買的決策會受到許多情境因素的影響，這些情境因素都是消費者所無法預測的事件，但是對於最後的決策具有決定性的影響力。

在這個階段，消費者要決定透過何種管道或付費方式來購買一項產品。在SOGO或新光三越等百貨公司購買，和在外銷成衣店購買衣服的感覺完全不一樣。是否要透過信用卡或現金付款，一次要購買多少數量，要蒐集多少資訊，各種資訊來源的可信程度如何，是否會受到親友的影響而改變購買的決策。

有時一項產品的購買，是一種群體的決策過程，開始時可能有人會提議購買一項產品。例如：夏天一到，小孩子會提議購買一臺冷氣機，父親則負責蒐集各項資訊，做成決定。而有些母親可能會提供各種建議或異議，認為應該先購買一臺乾衣機，最後進行購買行為的可能是父親。

伍、產品的購後處置（product usage or disposition）

最後一項涉及產品後續的使用狀況，或是舊產品的處置情形。每項產品都有所謂的使用年限，抑或是使用折舊情形的發生。消費者在使用完該物品之後，要如何對該產品做何種用途的處置方式，是消費者所關心之議題。在現代環保意識以及電子商務的興起之下，消費者可以對家裡既有產品做另一種延伸性的處置方式，例如：轉售、出租、交換、贈送、丟棄等。這樣的概念不只衍生了舊產品的可用性，也延伸了該產品的價值性，當然，亦進一步促進了環保節能、綠化地球的概念。

第四節 》消費者的需求來源

壹、消費者的需求

企業的行銷觀念反應出企業的基本假設：企業存在的目的是為了滿足消費者的需求。在自由競爭的觀念下，企業應該以最有效率的方法，提供消費者所需的產品或服務，凡是不能做到此點的企業，都有遭到淘汰之虞。這種觀念稱為行銷導向的管理觀念，有別於傳統上以生產、產品或銷售為導向的公司。

另外在二次大戰結束後，各種社會科學和行為科學的發展，使得企業界能把這些觀

念用在日常的營運中。這些變化都迫使企業採取更為行銷導向的策略，以滿足消費者的需求，否則就會被淘汰。

　　但是有許多的企業是屬於技術或生產導向，認為本企業可以十分清楚的告訴消費者他需要什麼東西，只要生產出最好的產品，自然消費者會接踵而至。但許多產品失敗，並不是因為品質不佳，而是消費者缺乏興趣，例如：AT&T的影像電話機就是一個典型的技術導向產品，雖然功能不錯，但是消費者卻不願意為了在打電話時看得到對方，而裝置該項產品。此外，這種產品改變人們打電話的習慣，也使消費者對該項產品的接受程度降低。

　　只有滿足消費者需求的企業策略，才能維持企業的活力。所以，評估消費者的行為，是形成行銷策略的基礎。

　　從企業的觀點，消費者需求的分析可以引導企業的資源使用，同時符合消費者及企業的利益。從非營利性組織的觀點，評估消費者的需求，也可使組織能夠有效的分配資源，例如：學校可以配合學生之需求，決定聘用何種教授、開設何種課程等。

貳、行銷是否可以創造需求

　　在行銷中經常會討論到一個問題，「行銷者是否可以創造消費者的需求」，這個問題相當複雜，倡導者和批評者之間的最大差異在於，行銷是否可以令消費者購買一些他們不需要，或對他們本身沒有用處的產品或服務。

　　有些產品容易產生這種爭議，例如：香菸或酒等，消費者是否真的需要這些產品，或只是由行銷者所創造出來的假性需求，這個問題很難回答；但是有許多人認為行銷只是順應消費者的需求，而指出一個可以滿足這個需求的產品，例如：抽菸或喝酒的人，在消費完之後，通常可以滿足某種口感或社會交際需求，或覺得較為放鬆。

　　經常有人批評行銷者使用行銷的技巧，使消費者覺得他們需要許多的物質享受，否則會覺得不快樂，或是不如他人。以下我們提出三個與行銷及消費者滿足有關的問題，作進一步探討。

一、行銷者創造假性需求

　　行銷系統受到兩種不同的批評，極右派的宗教人士認為，過分強調享樂主義的廣告，造成社會道德的敗壞，追求物質的享受。另一方面極左派的唯物主義人士認為，若消費者不購買太多的產品，資本主義自然會消失，但是透過行銷的作為，使得人們產生

只有該公司產品可以滿足的需求。

　　有人認為需求是人類的生理本能，而慾望是社會、文化教導我們如何去滿足這個需求的方式，例如：口渴是生理的本能，但是我們被教導以可口可樂來解決這個需求，而不是喝羊奶。因此，人類的基本需求一直是存在的，行銷者只是建議一種滿足這種需求的方式而已，所以行銷者影響的是消費者的慾望而不是改變他們的需求。廣告的目的只是提醒消費者他們有某種需求，而非創造這些需求。

二、廣告控制消費者行為

　　有人批評行銷者利用心理和社會分析的結果，來控制我們未曾仔細思考的習慣、購買決策。而收音機及電視等大眾傳播媒體是達成這種控制的工具，在這些媒體中不斷的重複各種訊息，說服人們去購買各種不同產品。

　　產品任意的與各種不同的生理、心理或是社會的需求結合，有人認為應該強調產品的實際功能，而不是一些象徵性或非理性的效用。根據這個觀念，洗衣機只能強調它洗衣的功能，而非我們擁有令鄰居羨慕的產品。

　　廠商設計各種不同產品以符合消費者的需求，消費者對這些產品的屬性並不一定十分了解，因此他們要透過廣告上的資訊，來了解各種不同產品的功能，所以廣告是消費者得到與產品有關資訊最便宜和方便的方式。消費者會主動而廣泛的蒐集或接受各種不同廣告，以協助他們進行決策，這對消費而言有莫大的幫助。

三、行銷者會做不實的保證

　　消費者透過廣告，而認為某些產品具有神奇功能，可以徹底改變他們的生活，他們會變得更漂亮、吸引別人的注意、去除病痛等。它如同原始社會中的神祕力量，可以為複雜問題，提供簡單、有效的解答。不過，也有人認為廣告並沒有創造新的消費方式，只是滿足舊有的需求而已。

　　事實上，行銷者還不足以操縱消費者，新產品上市失敗的比率還是很高。有人認為行銷者有許多方式及科學技巧，來控制消費者的想法和購買決策，但事實上，只有當行銷者所提供的產品，能夠符合消費者的需求，否則消費者是不會隨意購買的。

參、消費者行為學的道德問題

　　雖然消費者行為的研究，可以找出一種滿足消費者需求的方法，但是假如我們真的

發現一種消費者行為的「定律」，而只要投入若干個變數，即可完全解釋和預測消費者的行為，此時行銷者是否在控制和侵犯到消費者的隱私呢？

消費者行為學的運用，永遠存在這個爭議。雖然有許多人指出行為科學研究所得的結果會有許多的危險性，但是，也有許多人以這些研究的結果，解決一些實際的問題。例如：有些人把行為修正的理論拿來治療心理問題，或幫忙戒除菸癮。

到底消費者行為學可以運用到什麼程度，很多人的意見都不一致。有些人認為只能用在鼓勵人們開車請繫安全帶或是不要吸毒等，但是，另外有更多的行銷者更關心，如何將消費者行為學用於鼓勵消費者購買更多的食品或飲料上。

雖然許多消費者行為的研究者，想要發展出消費者行為的一般化模式，建構出消費者行為的一般化「定律」。但是了解和預測並不代表行為即可被控制，因為即使行銷者可以得到這麼一個具有高解釋能力的模式，行銷者也不可能控制所有的相關變數，而控制消費者。

第五節 》消費者行為學之應用與行銷策略

運用消費者行為學的主要目的，是為了解決行銷上的問題。基本上，行銷者的目的是提供一項能夠符合消費者需求的產品，透過這種需求滿足及交易的過程，而獲得雙方需要的東西，在這一連串的過程中，首先面臨的就是市場區隔及定位的問題。

壹、消費者的特性

所謂消費者其實是一個相當複雜的實體，有時候可能只是一個單一的個人，但有時也可能會包含「一群人」。當消費者只是一個人時，目標消費者的身分比較明顯集中；當消費者是一群人時，所需掌握的資訊便複雜得多，這群人之間的互動，也會影響到最後的購買決策。

消費者的特性，決定其消費傾向。近年來臺灣興起了「個人商店」的通路風潮，在這些通路中，各有不同的目標消費者，其中以屈臣氏、萬寧、碧比等三家最為特殊。它們鎖定的目標明顯都是生活在都會地區的女性，但由於消費者在年齡、生活型態、經濟能力等變數上稍有差異，三家商店在銷售策略、賣場設計、商品種類等各方面，均有顯著的區隔（馬家輝，1992）。

貳、為何要購買這項產品？

消費者為何要購買你的產品？這個問題的答案，應該不是非常模糊的「因為我的產品或服務比較好」，而應該是明確的「因為我的商品或服務，能夠滿足目標消費者的某種購買動機」。換言之，應該充分的掌握消費者的購買動機，然後將之轉換成適當的產品利益，以激發消費者採取購買的動機。

然而，行銷者還會犯一個毛病，以為自己眼中的產品利益（例如：具有安全氣囊），等於消費者眼中的產品利益。事實上，安全氣囊在使用上仍存在相當高的危險性，但是「防鎖死煞車系統」（ABS）卻是較具實用性的配備。因此，行銷者要用消費者的眼光來看這項產品，才能真正了解消費者購買的動機。

參、有無替代性產品？

消費者在從事購買行為時，一般是從一堆不同的品牌中，選擇出最適合自己的產品。在這些不同品牌之間，產品的差異可能很大，也可能無差異，所以在探討消費者的購買決策時，不應只是探討消費者與本公司產品之間的關係，還應考慮到其他競爭者的品牌。

消費者在產品之間的選擇，也涉及了消費者的「品牌忠誠度」。所謂「品牌忠誠度」，意指消費者購買特定產品的一致性，一致性越高，即連續購買某項產品的傾向越高，便是品牌忠誠度高的消費者。品牌忠誠度的形成受到消費者本身特性、產品特性、其他群體，以及市場結構因素等的影響，一旦形成之後，對廠商而言，是一項不可多得的資產。

肆、在何處消費？

消費者購買或消費的地點，也會影響消費者對於產品的看法，他們會認定某項產品只適合在某些地方消費或購買。例如：建國假日花市，不但提供消費者一個假日賞花的地方，也是賣花者一個很重要的通路。有許多其他業者也想相繼跟進，但不一定成功。例如：成立假日書市之後，三個月不到就有許多業者不堪虧損，而相繼退出。因為許多消費者還是喜歡在有冷氣空調，而又安靜的環境中購書（例如：誠品書店），消費者對於在何處買書和買花的看法不太一樣。

不同的通路也會造成產品形象上的差異，例如：1974年初，從美國引進碧芝減肥糖，剛開始時以郵購通路銷售反應並不熱烈。然而改以透過藥房販售，這樣一來可以凸

顯該糖的減肥效果，二來可配合高價策略（碧芝糖每盒零售五百元，難以與一般糖果相比），結果碧芝糖的半年存貨量，在一個月內被搶購一空。

伍、何時消費？

消費者往往會認定某些產品只適合在某段時間內享用，例如：咖啡和鮮奶是早餐的飲料，運動飲料最適合在運動完後飲用，酒適合在晚上享用，冬天適合吃火鍋，夏天可以吃冰淇淋等，這些觀念直接影響到產品的銷售時機及數量。

陸、消費的數量有多少？

目標市場的人數有多少？其消費能力如何？是否可以增加消費者一次購買或消費的數量？這些都是行銷者所急欲了解的問題。目標市場必須擁有足夠的消費者，以及足夠的消費能力，公司才會投注心力開發這個市場。

例如：以往國內的老年人口比率偏低，而且國民所得不高，消費能力也不強，根本無人重視國內的老年市場。近年來則因人口逐漸老化，形成一個「銀髮族市場」，專為老年人設計的醫療保健及休閒娛樂大幅成長。

事實上，當行銷者選擇了一個目標市場之後，就應該了解這個市場區隔的有效性。這個市場區隔若要具備有效性，必須符合四個條件：足量性、可衡量性、可接觸性

和可行動性。「足量性」是指所形成的市場區隔大小及利潤,值得公司投入行銷的努力。「可衡量性」是指所形成的消費者多寡與購買力大小,可予以衡量。使用人口統計變數所得之市場區隔,其可衡量性往往優於心理性或生活型態等變數。

　　至於「可接觸性」是指行銷人員,對於所形成的市場區隔能否有效的接觸和服務,某些目標消費者比較容易接近,例如:女性職業婦女、年輕人市場等,都有其特定的購物地點。符合上述三個條件之後,還要考慮公司資源,是否能夠針對各個區隔,推動個別的行銷計畫,這是公司的「可行動性」。

本章摘要

- 「消費者行為」可以定義為消費者在搜尋、評估、購買、使用和處理一項產品、服務和理念（ideas）時，所表現的各種行為。它可以讓行銷者對消費者有更進一步的了解，以便擬定適當的行銷策略及行為。

- 目前用來解釋和預測消費者行為的理論，有許多是從心理學、社會學、社會心理學、人類文化學的領域中借用過來，經濟學在這中間也扮演著相當重要的角色，這些學門都是研究行為方面的差異，但是分析的單位不太一樣。心理學是研究個人的行為；社會學是研究群體行為及次文化的影響；社會心理學則是研究人際間的行為；人類文化學則研究社會和文化；經濟學則研究整個社會的物質問題。消費者行為學早期主要是以經濟學和動機理論為主，近期則演變為一種跨學門的科學。

- 影響消費者行為的因素，包括心理因素、群體因素、社會文化因素。消費者行為學的範疇包括是否消費、如何將支出分配在各類型產品上、如何選擇品牌、購買或選購的行為以及產品的使用與丟棄，這些都會在後面的章節中有仔細的分析。

- 消費者行為學在行銷上的應用非常廣泛，是行銷者不可忽略的一環。行銷的主要目的就是提供適當的產品，以滿足消費者的需求，這種觀念稱為行銷導向的管理觀念，有別於傳統的生產、產品或銷售導向的公司。

- 消費者正是行銷工作的基礎，一切的行銷策略都是以消費者的觀點出發，滿足消費者的需求。在組織中的行銷管理有數個重要的工作，包括環境分析、目標市場選擇、行銷組合決策。

- 馬斯洛（Maslow）的需求層級理論——生理、安全、社會、尊重和自我實現，為人類行為的動機提供了許多解釋。而動機與其他的心理因素，如知覺、記憶、學習和態度等都有關係。

- 在分析過消費者、競爭者的相關因素之後，行銷者要開始發展出一套行銷策略，以達成企業的目標，尤其是與行銷有關的目標，如銷售數量、利潤、市場

占有率或投資報酬率等。許多學者提出了一些可行的行銷策略，如市場區隔、
產品差異化、產品創新、市場滲透、多角化等多種不同策略。

2

Consumer Perception
消費者知覺

Wu-Nan Book Inc

Goodness Publishing House

章節個案

蘇格登打造全感空間　感官品酩威士忌

　　帶領威士忌愛好者感受新品酩體驗，單一麥芽威士忌品牌蘇格登邀請英國倫敦創意團隊Condiment Junkie打造「全感空間」，即日起至2015年6月止，於華山1914文化創意產業園區登場，在品牌館、品酩館及品鑑館等三個不同空間氛圍下，用感官知覺品酩威士忌風味。另於10月14日前至全感空間打卡並上傳照片，將可獲得君悅飯店專為蘇格登大師精選量身打造之「頂級分子料理蜂蜜薑味空氣慕斯」，平日限量50份、假日限量100份。

　　蘇格登表示，以三個不同環境設計的全感空間，期待透過聲音強弱、色彩變化與細節紋理刺激全感知覺，例如：品牌館內特別安排消費者進入象徵祕密花園的隧道內，一邊感受不同色澤的光影變化，一邊品味「蘇格登大師精選」甜蜜而柔滑細緻的口感；品酩館在環景投影與鏡面反射下，360度呈現蘇格蘭高地純淨無瑕的壯麗風光，搭配名廚江振誠及君悅飯店五星級團隊設計的三道美食，品嚐酒食的絕妙口感，不過品酩館因席次限定，目前僅供受邀貴賓體驗，尚未對外開放。專為頂級貴賓量身打造的品鑑館，則利用強烈現代感與懷舊古蹟建築，碰撞出獨特的空間品味。

資料來源：洪菱鞠，蘇格登打造全感空間　感官品酩威士忌，ETtoday新聞雲，http: //www.ettoday.net/news/20141001/408011.htm, 2014/10/01。

個體基於知覺作為決策及行動的基礎，而非客觀事實，對個體來說，事實是相當個人化現象，受個人需求、需要、價值觀和經驗影響。所以，對行銷人員來說，了解消費者知覺比客觀知識更為重要。消費者會依據自己的想法影響行動、購買習慣和休閒習慣等，但想法卻未必與事實完全符合。且由於消費者會基於個人對事實的知覺制定決策和採取行動，因此，行銷人員需了解知覺全貌和相關概念。

本章探討人類知覺的心理及生理基礎，並討論控制人類知覺，以及影響其如何詮釋所見世界的準則。這些準則將使行銷人員發展出更優質的廣告，以增加與目標顧客接觸的機會，並使其產生深刻的印象。

第一節 》消費者知覺程序與感覺

人們的注意力很難一直維持在特定的事物上，人就像電腦一樣，會接受外界的刺激，在大量的外界刺激中，我們只接受其中的一小部分。而接受的這一小部分也不是完全客觀且有意識的處理，各種刺激是由個人根據過去的經驗、需求和態度，賦予不同的意義。

知覺（Perception）是個體對外在刺激加以選擇、組織及詮釋，以賦予意義的過程，也就是「我們如何看待周遭的世界」。兩個人可能在相同的情境下接受相同的刺激，但是如何認知、選擇、組織及解釋這些刺激，卻是相當個人化的過程，而且此過程深受個體的自我需求、價值觀及期望所影響。

知覺是指如何選擇、組織和解釋各種不同的刺激的過程。它可分為接受、注意、解釋和反應等幾個階段，如圖2-1所示。首先我們討論感覺系統，如何接受各種不同的刺激。人的感覺系統是由五官所組成：眼、耳、鼻、口及皮膚，由這些不同器官接收的刺激，會引起我們不同的反應。

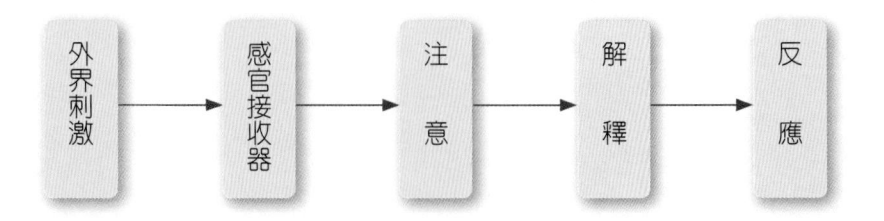

圖2-1　消費者知覺過程圖

壹、感覺

　　感覺（sensation）指的是感官對簡單的刺激（一則廣告、包裝、品牌名稱），立即且直接的反應。刺激（stimulus）包括感覺器官所接收的各種投入，例如：產品、品牌名稱、廣告及各種商業訊息等。感覺接受器（sensory receptors）是人類接收感覺投入的器官（眼、耳、鼻、口及皮膚），它們的功用是看、聽、嗅、品嚐及感覺，在評估或使用產品時，可經由單獨或共同作用，以發揮功效。敏感度則與感覺的經驗有關，對刺激的敏感度會隨個人感官接收能力（例如：視力及聽力）的好壞、接觸刺激的數量（或強度）而有所差別。例如：盲人的聽覺可能比一般人要好。

　　要引發感覺，必須有能量的改變（即投入的變動）。在一完全平淡或無變化的環境中，不論感覺投入的強度為何，也只能引發很少、或者完全沒有的感覺。因此，住在曼哈頓吵雜街道上的人，對於喇叭聲、輪胎煞車聲、引擎聲可能毫無感覺，因為這些聲音在紐約市相當普遍。換言之，在刺激混雜的情境下，感官根本無法察覺到投入的微小變化或差異。

　　隨著感覺投入減少，我們察覺投入或強度改變的能力卻增加，直到刺激量最低時，敏感度最高，就像人們所說：「安靜得連一根針掉下的聲音都聽得見」。人類因外在環境改變而調整自己敏感度的現象，說明了感官不僅在需要時會變得更為敏銳，也會在刺激量太高時，保護我們以避免受到傷害。

　　根據研究顯示，目前各式商業廣告中有高達83%是訴求於視覺感官，其次則為嗅覺，而非聽覺；該研究並指出，廣告場景中若存有嗅覺線索，可提高消費者偏好度；亦有研究發現，香味對產品和商店選擇會產生顯著影響。

貳、五種不同的感官

　　人們利用五種感官接受外界的刺激，以下我們分別討論這五種感官對購買行為的影響。

一、顏色

　　顏色在不同的種族或文化中具有相當不同的象徵性意義，白色在中國代表死亡，在日本卻是新娘的禮服顏色。由包裝或產品的顏色所造成的印象，會影響消費者對於產品的看法，例如：維大力的金黃色汽水，令消費者一開始很難接受，一般人對於汽水的刻板印象，認為它應該是透明無色的，所以維大力汽水花了很多的成本來教育消費者，金黃色是維他命B的原色，它除了具備有一般汽水的屬性外，還具有額外的營養功能。

二、氣味

氣味可以提振精神、降低壓力，產生鎮靜的感覺。我們對於氣味的反應與早期的經驗有關，例如：嬰兒爽身粉的味道，會使人覺得舒服、溫暖。這種對於香味的喜好，也創造了很大的市場。1988年全美的消費者，花了26億美元購買婦女香水。香水市場的競爭相當激烈，引入一項新產品的成本高達5,000萬美元，各廠商無不使盡各種方法，希望消費者能在日常生活中增加香水的使用量。

三、聲音

音樂是生活中相當重要的一部分，有研究指出受測者中有96%的人，覺得音樂可使他們覺得興奮。然而音樂本來就是一個很大的產業，每年的唱片及錄音帶的銷售量相當驚人；廣告利用音樂旋律引起消費者對於產品的注意；許多場合會播放背景音樂，使人產生某種特殊的情緒。

在廣播節目中，主持人會利用加快說話的速度，來提振聽眾的情緒，它也可使主持人在一定時間內傳遞更多的訊息給聽眾。一般廣播者的說話速度比常人快20-30%，但大部分的聽眾不會意識到這種差別。有些人認為說話略快者，可以提高說服的力量，因為他們認為說話略快者，似乎對其說話的內容更具信心。

四、觸覺

雖然有關觸覺方面的研究不多，但透過一般的觀察也可發現觸覺會影響我們對產品的判斷。例如：我們在購買衣物時，如果衣服摸起來「柔軟如絲」，會覺得品質較佳。在廣告中也會利用觸覺來改變消費者態度，例如：「毛寶」冷洗精，即利用熊寶寶來傳達衣服洗完後的柔軟感覺，使消費者能夠接受這種高價位的冷洗精。

五、味道

味覺當然也會影響我們對於產品的接受程度，尤其是食品業者更是不遺餘力的開發各種不同口味的食品，以符合善變的消費者口味。

有些食品公司為了確保其產品的味道能夠受到歡迎，會僱用一些具有特殊品嚐能力的人，來從事品質鑑定的工作。例如：有些法國的酒廠，就僱用許多具有特殊品酒能力的人，以確保其出廠的葡萄酒品質之純正。

參、產品接受過程

　　產品的接受過程經過許多心理和行為的階段，在圖2-2中，列出消費者在接受一項產品所經過的階段，包括知覺、認識、評估、試用和接受等五個階段。

　　首先消費者先知覺（Perception）一項產品或品牌的存在，在這個階段中，消費者只是聽過這個產品或品牌，但是對於這項產品或品牌的知識非常缺乏，也沒有發展出對於這個產品的態度或評估。到了第二個認識（Knowledge）階段，消費者開始蒐集與這個產品或品牌有關的資訊，這種搜尋的工作，可能包括在消費者記憶中，內部相關資訊的蒐集，或是外部其他資訊來源的資訊蒐集，包括了一些廣告和朋友的意見。

　　第三個階段是評估（Evaluation）這項產品，這是基於從上一階段所蒐集的資訊來進行的。這個評估的過程中，他可能會以數個不同的屬性來評估這項產品的優缺點。接下來第四個階段可能會進行試用（Trial），消費者先小量的試用這個產品，從試用的過程中，得到更多的產品相關知識。到了最後一個階段是接受（Adoption），消費者會長期且經常的使用這項產品，成為一個具有品牌忠誠性的消費者。

　　許多學者曾提出很多種接受的過程，學者會以不同的方式來區分，比如說：Robertson認為這些不同的接受過程，基本上都包含三個不同的階段，即認知（Cognitive）、情感或評估（Affective or Evaluation）以及行為（Behavior）。

　　在認知階段的消費者發展出一組與這項產品有關的認知，然後消費者根據這些認知產生不同的情感和信念；最後消費者再根據這些情感或信念，開始採取某些行為。

　　圖2-2所顯示的接受過程，表示有一種先後的順序觀念。一個消費者在進入另一個階段之前，必須先完成這個階段的工作。但是並不是所有的消費者在進行不同的消費時，都會歷經這五種不同的階層，要視消費者的涉入程度而定。在高涉入（High Involvement）的情境之下，消費者會經歷完整的五個過程，因為他們對於購買什麼產品的關心程度很高，會儘量蒐集各種相關資訊，作詳細的比較。

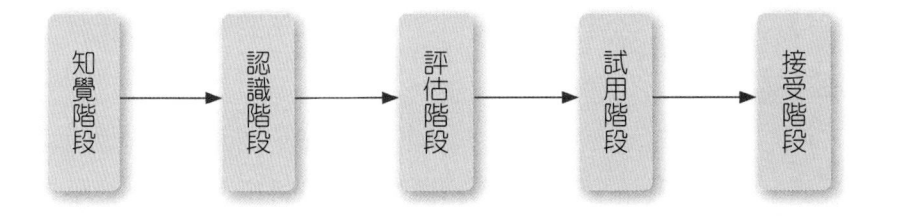

圖2-2　消費者接受一項產品的過程

但是在低涉入的決策過程中，許多決策的重要性並不高，消費者不會很關心買的東西是不是真的很好，或是消費者實在沒有那麼多時間來從事這項產品的資訊蒐集或評估，此時他們只是購買一項本身覺得還不錯的產品，在這種過程中，可能有些階段的時間很短，或根本就跳過去，完全不管。

第二節 》門檻效果與下意識知覺

壹、感覺的門檻效果

假如你曾經利用狗哨子來呼叫你的狗，你會發現狗的聽力比人類靈敏，牠可以聽到一般人耳朵聽不到的聲音。同理，並不是每個人的感覺能力都一樣，有些人比其他人具有更敏銳的感覺。心理物理學（Psychophysics）就是研究人們如何將實體的世界，變成人們可知覺的主觀世界，了解其中的一些原則後，有利行銷策略的擬定。

一、絕對門檻

當我們定義某一個可被感官接收到的刺激程度時，就是指該感官的門檻，而絕對門檻（Absolute Threshold）指可以被接收到的最低刺激。在設計行銷刺激時，要考慮到這個絕對門檻的效果，若廣告看板的內容設計得十分具有吸引力，但卻小到不足以讓通過的汽車看清楚，則廣告的效果就會大打折扣。

為了克服絕對門檻的限制，許多廣告商都想盡辦法，增加消費者所能接收到的廣告訊息的數量。例如：Apple公司有一次買下一整期 *Newsweek* 的所有廣告版面，希望能夠提高廣告的曝光次數，使消費者留下深刻的印象。

二、差異門檻

差異門檻（Differential Threshold）是指感官系統足以感覺到刺激不同的差異大小。若在彩色電視上放映黑白廣告，可以吸引到消費者的注意，因為這種刺激與原有的彩色刺激差異很大。但是這則廣告若在黑白電視上播出，效果會大打折扣。

根據差異門檻的原理，消費者能夠發覺到兩個刺激有差異是一種相對的效果，而非絕對的差異。例如：許多奧運會的贊助廠商發現，在奧運期間的廣告效果並不佳，又得支付高於一般標準的廣告費用，同時所有廠商都在此時推出大廣告，很難令消費者留下深刻印象。

貳、下意識知覺

　　大部分的消費者都認為廣告訊息要超過門檻才能引起效果，但另有人認為在門檻以下的廣告訊息，仍可被無意識的接收，這種知覺稱為「下意識知覺」（Subliminal Perception）。所以當訊息在門檻以下時，仍可由下意識知覺接收。

　　我們曾提及人們即使在低於意識水準的情況下，亦可能受到激發（motivated）。同樣地，人們在意識水準下，也會被刺激（stimulated），即他們可以知覺到刺激，但卻沒有意識到他們正受到此刺激影響。太弱或太簡短而無法在意識層次上被看到、或聽見的刺激，若已被一個或多個感官細胞所接收，即產生所謂下意識知覺（subliminal perception），此時，這個刺激值是在意識閾限之下，但卻不是在感覺器官的絕對閾之下（高於意識狀態的知覺稱為有意識知覺（supraliminal perception），通常簡稱為知覺）。

　　下意識知覺現象首先源自於1957年紐澤西州汽車電影中所播放的廣告案例，當時，以極快速度於螢幕上閃過「吃爆米花」、「喝可口可樂」的字樣，因為曝露的時間很短，觀看者根本並沒有意識到看見這些訊息。但根據報告指出，在六週的測試期間中，爆米花銷售量竟然增加58%，可口可樂也提升了18%。近年來，亦有許多廠商使用這種短時間且頻率高的曝光方式來刺激消費者知覺。例如：2013年10月7日在臺灣熱播的日劇——「半澤直樹」，SONY廠商買下日劇播出的前5秒廣告時段，事實證明，該系列手機銷售量增加46%的銷售量。

參、評估下意識訴求的效用

　　由1950年代開始，學術界及研究者已進行許多探索，卻依舊沒有明顯證據支持下意識廣告確實能誘使人們購買產品或服務。回顧相關文獻顯示，下意識知覺研究主要是基於兩種理論取向。根據第一種理論認為，不斷重複微弱（例如：低於閾限）的刺激將產生一種漸增效果，使得此種刺激會激發強烈的反應。微弱的刺激在電影螢幕上重複閃動，或是在電影配樂、錄音帶中播放，即屬於此種操作性理論（operative theory）。第二種理論主要是主張下意識的性暗示刺激會激發無意識的性衝動，這亦正是平面廣告中使用性暗示訴求的原因。但是至今為止，尚未有研究指出哪一種理論可真正有效地增加銷售量。不過，值得注意的是，下意識訊息可能可應用於公眾廣告中，以修正反社會行為，使個人對下意識訊息做出類化反應，改善行為表現和態度。

　　總之，雖然有一些證據顯示下意識刺激可能影響情感性反應，卻不能證明下意識

刺激會影響消費動機或行為，由此看來，在知覺及說服之間其實仍存有很大的落差。由最近對下意識說服效果的實證研究發現，唯一能使下意識技術產生說服效果的方法是長期、重複曝露於某特定情境，但此種做法根本不具經濟效益，而不適合在廣告中執行。

至於性暗示說法，大多數研究者認為「看到什麼，就得到什麼」，所以透過栩栩如生的想像，你可以看見任何你想要看見的情境。個體可看見他們所想要看的（例如：他們被激發去看），及期望看見的東西，以形成知覺的全貌。有些研究針對大眾對下意識廣告的信念進行探討，發現大部分的美國人知道什麼是下意識廣告，他們相信這種廣告已被業者廣泛使用，並可能成功地說服消費者採取購買行動。

第三節 》選擇性知覺

我們居住在一個資訊的社會中，到處充滿著太多的訊息，但人類處理資訊的能力有限，會產生「選擇性知覺」（Perceptual Selectivity）的現象，意即人類只能注意每天生活中，所曝露訊息的一小部分，避免被太多的刺激所困擾。廣告的訊息也包含在這些刺激中，行銷者在這種環境中，特別注意兩種與消費者行為有關的因素——「曝露」與「注意」的因素。

壹、曝露（Exposure）

「曝露程度」是指人類在其感官的接受範圍中，注意到一個刺激的程度。消費者通常會選擇有興趣的訊息，而忽略其他的刺激。

過去的經驗會影響消費者對於刺激的重視程度，若過去在購買電腦時，曾經有過不愉快的經驗，受到廠商的不實訊息所影響，而購買過時產品，消費者會對電腦有關的訊息特別注意。消費者對於和目前需求有關的刺激也會特別重視，如果他們最近想換新車，可能對報紙或雜誌上的新車廣告特別注意。

另外，消費者若曝露在同一種刺激下太久，會產生適應性，產生如藥物使用過久後的「抗藥性」。例如：一則新的廣告剛出現時，消費者會特別注意；若時間一久，就不再引起特別的注意。這種注意的變化受到一些因素的影響，例如：刺激的強度或奇特性。

貳、引起注意的方法

　　注意是指消費者曝露在廣告刺激時，對於它的關心程度，因為消費者面臨的刺激太多，行銷者要讓消費者注意，越來越需要有豐富的創造力。

　　產品的包裝對於吸引消費者的注意，有很大的影響力。許多廠商在設計一項新包裝時，都進行該包裝吸引力的測試，以了解該項產品在貨架上是否能夠引起消費者的注意。

　　許多廠商為了引起消費者的注意，會買下大篇幅的廣告版面，作一連串的廣告，以吸引消費者的注意，或甚至包下整期雜誌的廣告，以完全控制消費者的注意力。另外還有一種方式，就是把廣告安排在不尋常的地方，例如：利用街車、電子看板或電視牆等新的廣告媒體。

　　廣告需與許多其他的刺激競爭，所以對比的效果越大，越容易引起注意。例如：在印滿各種文字及圖形的報紙上，刊登留了許多空白的廣告，容易引起消費者的注意。旅狐（Travel Fox）以幾乎全裸的男女照片作為廣告主角，造成視覺震撼，甚至引發許多專家或學者的談論，得到了良好的效果。

　　即使再好的廣告，也會因時間而漸漸不受到重視，為了克服這種現象，需要不斷的更新廣告的創意，避免消費者遺忘。例如：麥當勞在剛引進臺灣時，以麥當勞叔叔作為代言，以塑造和藹可親的企業形象，數年之後，這種廣告已經無法引起消費者的注意，近年來改採「楊丞琳」及「羅志祥」等名人宣傳的手法，維持消費者的偏好。

　　另外，受到錄放影機及電視搖控器的影響，消費者會跳過電視廣告的部分，為此有些業者提出解決的方法，例如：可以採行分散多元化的原則，在廣告的檔次上，儘量爭取各次廣告時段的前一、二檔或後一、二檔，因為被看到的機會較多。另外，也可以設法安排多臺聯播，以期使電視觀眾的逃避程度降到最低。有些研究也指出，若廣告越有趣，被跳過的機會越低，消費者會仔細收看一些有趣的廣告。

　　廣告的次數也會造成注意程度上的差異，有人認為只要消費者看到同一個廣告三次以上，就已達到廣告效果，第一次引起消費者的好奇，第二次產生認同，第三次就可產生購買意願。不過它指的是真正注意到這項廣告，所以實際上播出的次數遠多於此。

參、解釋：賦予刺激意義

　　「解釋」（Interpretation）是指消費者賦予感官所接受到的刺激，各種不同意義的過程。人們不僅接收的刺激不一樣，對於這些刺激的解釋也不同，兩個人可能同時看到

或聽到同一事件，但解釋上可能會完全不一樣。例如：義大犀牛隊和中信兄弟象隊在比賽時，雙方的球迷雖然在觀賞同一場球賽，但反應卻截然不同。

　　消費者根據過去的許多信念和經驗，賦予刺激不同意義，許多不同的字眼，會引起消費者不同的聯想，例如：「波樂」洋芋片，這個名稱只能強調洋芋片的外觀，很難讓消費者有所聯想，現今更名為「Lay's樂事」，讓消費者能夠聯想到使用該產品，會是一種快樂的事。

　　人類在解釋一項刺激時，並不是單獨的處理，還同時注意這個刺激與其他刺激或事件之間的關係。它在組織或解釋不同的刺激時，會根據下列幾個原則：

一、相近性（Closure）

　　消費者會將放在一起，非常接近的刺激視為一體，並根據過去的經驗來解釋這些刺激。例如：在圖2-3（a）中，我們會將其視為一匹馬，或是在街上看到的霓虹燈，雖然有燈炮已經燒掉，但我們仍可十分容易的了解其意義。

二、相似性（Similarity）

　　若外型上具有類似屬性的刺激，我們會將它們歸在同一類中。如圖2-3(b)，我們看到的是許多排的x和o，而不是在許多同一列中，含有x和o的橫列。

三、主題或背景性（Figure-Ground）

　　我們會把圖形的一部分當成主題，另一部分則當成背景。如圖2-3(c)若把白色當成主題，會認為這是一個花瓶；若將黑色部分當成主題，會看成兩個相同的人影。

四、完整性（Good Figure）

　　我們的感官似乎比較喜歡完整或較大的圖形。如圖2-3(d)，大部分人會將它視為一個完整的方形，而非一個三角形和兩個不規則的圖形。

五、「符號」在行銷中的運用

　　行銷者可利用「符號」（Symbols）來改變消費者對於某項產品的態度，高價位的汽車、名牌服飾、鑽石珠寶，經常被認為是成功的象徵，與其他產品一起出現在廣告中時，有提升該項產品品質形象的效果。在有些例子中，產品的標誌或符號已成為某一特性的代表，例如：可口可樂的紅色標誌成為快樂時光的代表，賓士車的圓形三叉標誌成

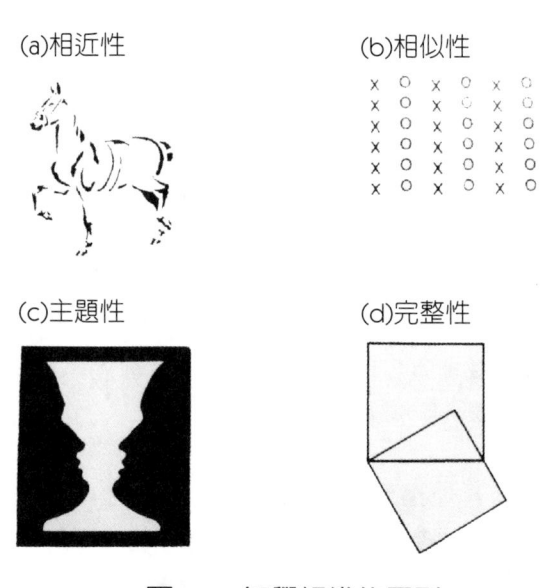

(a)相近性　　　　　　　(b)相似性

(c)主題性　　　　　　　(d)完整性

圖2-3　知覺組織的原則

為財富和地位的表徵。

　　不管符號是作為促銷一項產品或區別一項產品的工具，消費者不一定會按照行銷者的預期去解釋這項意義，或只將它當成一種正面的符號。例如：花花公子的標誌可以代表經驗豐富、處事得體，但也有些人會把它看成有辱女性的大男人主義象徵。

　　每一個行銷訊息都有三個基本的要素：即產品、符號及涵義。例如：在萬寶路（Marlboro）香菸的廣告中，其產品是萬寶路的香菸；符號則是感官可以感受到的代表；在這廣告中是西部的牛仔，它的涵義可以從符號推論出來，代表一種粗獷的美國男性。

　　許多行銷者為了更進一步了解，消費者是如何解釋他們在廣告中所使用的符號，而開始研究「符號學」（Semiotics），這是一門專門研究符號以及其所代表意義關係的學問。若能好好的利用這門學問，可以更有效果的傳遞廣告的訊息。

第四節　知覺扭曲

　　個體會受到許多因素影響，而扭曲他們的知覺，包括身體外觀、刻板印象、第一印象、直下斷言與月暈效果，以下將對這些因素加以討論。

身體外觀（physical appearances）是指，人們傾向於依據人與人之間的相似性，歸因個體的特質，無論此相似性是否真的存在。因為這個理由，選擇適合的平面或電視廣告模特兒，將對說服效果有關鍵性的影響。由相關研究發現，具有吸引力的模特兒比普通模特兒更具說服力，而且對消費者的態度及行為也有更正面的影響。有些研究甚至建議，透過比較，模特兒會影響消費者對自己身體吸引力和自我知覺的看法。其他研究則指出，採用具有高度吸引力的模特兒，並不一定會增加訊息效果，對於與美學有關的產品，例如：珠寶、唇膏或香水，模特兒外觀可能很重要，但是強調解決問題功效的產品，例如：治療面皰或頭皮屑產品，則未必會受模特兒外觀影響。因此，設計廣告時應確認產品與模特兒外觀之間的關聯性。

刻板印象（stereotypes）是指，一般人對某一特定社會、團體及其成員的心智表徵，也是「在腦中存在的一幅圖像」。刻板印象會讓人產生偏見，偏見可以是正面或負面的偏見。例如：一般人皆認為日本、德國的產品品質佳、耐用，而中國大陸、墨西哥的品質有待考量，這是一種先入為主的想法，普遍存在於一般人心中。圖2-4所列之廣告是三菱汽車2003年在臺灣播放的信任篇，影片闡述丈夫喝酒無法開車而由妻子開車主導，但丈夫無法信任另一半開車之技術而不能安心休息，其主要意涵在於表達男性開車技術比女性要來得高明之意，此心態即受刻板印象影響。有研究發現，消費者採購決策會受到產品來源國刻板印象左右，特別是衝動型購買者，比意圖性、計畫性採購更容易受刻板印象影響。

第一印象（first impressions）是指，第一印象通常相當持久，然而，在形成此印象時，知覺者可能並不知道哪個刺激是相關的、重要的，或者可作為爾後行為的指標。在

圖2-4　廠商使用刻板印象來銷售產品

一則洗髮精的廣告中，即標示著「你將不會有第二個機會讓別人得到第一印象」。既然第一印象常常是持久的，在產品改良完成之前就匆忙導入市場，可能會產生反效果，對最終績效造成不良的影響。因為，就算後來提出再多的產品優點，也不易改變消費者早期所形成的負面印象。

直下斷言（jumping to conclusions）是指，許多人會在尚未檢驗所有相關證據之前，就直接驟下結論。例如：觀看廣告時，消費者可能只聽到前面的訊息，就直接對廣告中的產品或服務提出結論。正因如此，有些食品的廣告文案在一開始就會用清晰、簡潔的字眼，標示產品之特質，以快速吸引消費者目光。例如：標示著「汁多味美的義大利海鮮」。其他則有研究指出，消費者根本不會閱讀產品容量訊息，他們會依據自己的觀點進行容量判斷，並據此制定購買決策。這些研究結果對於產品包裝設計、廣告與價格，均有顯著意涵。

月暈效果（halo effect）是指，評估具有多重構面的個體或事物時，卻只傾向依據一個或少數構面（例如：評估一位男性為具有值得信賴、完美且人格崇高的特質，只因為他在說話時會看著你的眼睛）。在消費者行為領域中，也有類似現象，例如：消費者進行商品評估時，可能只基於品牌名稱或代言人等簡單的構面。所以，行銷人員可應用月暈效果進行品牌延伸，將品牌優勢由原有產品轉移至新產品。授權亦是月暈效果的應用，製造商及零售商希望能藉由知名品牌產生的聯想，使產品能在市場中獲得立即的認知與地位。最近有研究發現，品牌單獨評估時，比與其他品牌一起較量，評價較高，此結果有助於行銷人員制定品牌於零售據點中之設置，以及雜誌廣告的定位等相關決策。

然而，月暈效果對產品或品牌而言可能會引發負面影響。例如：2014年9月臺灣頂新集團爆發油品風暴，連帶牽連集團旗下其他子品牌（例如：林鳳營、埔心牧場等），而導致消費者一連串之拒買效應。

儘管有諸多主觀因素會影響知覺詮釋，個體卻會利用過去經驗判斷模糊性刺激，只有在不尋常的情境，或刺激不斷改變的狀況下，才可能會導致錯誤的詮釋。

第五節 ▶知覺在行銷上的應用

壹、知覺價格

消費者如何知覺價格——高、低、公平——對購買意圖及滿意度都有很大的影響。以價格公平性知覺來說，有證據顯示，消費者通常會注意其他消費者（如年紀較長

者、常坐飛機的人、俱樂部成員）所支付的價格，而行銷人員所使用的差異化定價策略，會被無法享有特殊價格的消費者知覺為不公平的措施。沒有人會喜歡自己比別人多付了雙倍的價格，卻買到相同位階的飛機票或電影票。不公平的價格知覺會影響消費者對產品的價值知覺，以及光顧一家商店，或購買一項產品、服務的意願。有研究指出，服務業定價策略可依據消費者對購買價值的觀點，分為三種：滿意度定價、關係定價和效率定價（見表2-1）。

◆ 參考價格

諸如「拍賣」等廣告標語，會增強消費者的節省和價值知覺。依據消費者的參考價格，不同的拍賣標語可產生不同的影響。參考價格（reference price）是指消費者用來判斷其他價格的基礎，可以是外在提供，或者內在形成的。業者常提供一較實際售價為高的外部參考價格（external reference price）（「在其他地方賣……」），以說服消費者採取購買行動，並認為購買此商品實在划算。內部參考價格（internal reference price）則是消費者由記憶中擷取的價格（或價格範圍）水準，在消費者評估和知覺交易價值，以及判斷業者所提出的參考價格是否可信時，扮演相當重要的角色。然而，消費者的內部參考價格具變動性，例如：平面電視的價位因競爭和業者製造成本越來越便宜，消費者對此產品的內部參考價格也就逐漸降低，不再認為平面電視是豪華品。研究顯示，消費者所擁有的價格參考點，包括過去售價、競爭者價格、產品成本，而且消費者易將價格差異歸因於利潤幅度，至於銷售成本則鮮少考慮。

有些研究者提出兩種與消費者購買決策有關之效用類型，獲得效用（acquisition utility）指消費者所知覺到某次採購的經濟利得或損失，取決於產品效用和購買價格；

表2-1　服務業定價策略

	提供價值方法	執行方法
滿意度定價	確認與降低消費者不確定性知覺（該知覺主要源自於服務無形性）	服務保證 利益導向定價 單一費率定價
關係定價	鼓勵顧客與業者維持有利之長期性關係	長期契約 組合式定價
效率定價	了解、管理、降低服務成本，並將此成本控管利益回饋給顧客	成本領導定價

交易效用（transaction utility）則是有關此次採購支出而引發的愉快或不愉快感受，取決於內部參考價格及購買價格的差異。例如：若消費者想要購買一臺液晶電視，而他的內部參考價格大約是臺幣23,000元，稍後如果他正巧買到一臺特價23,000元的電視機，則沒有任何交易效用可言。但是，若他的內部參考價格增加，或是電視機的售價降低，他將獲得正的交易效用，並增加他在這次購買經驗中的整體效用。

有研究發現，消費者相信產品或服務的銷售價格比其所知覺的公平價格為高。其他則有研究，探討三個廣告參考價格類型對消費者價格知覺的影響：合理低價（plausible low）、合理高價（plausible high），及不合理高價（implausible high）。合理低價剛好在可接受的市場價格範圍內；合理高價靠近價格範圍上限，但沒有超過可信賴的區域；而不合理高價則明顯高於消費者所知覺的可接受市價範圍。只要廣告的參考價格是在消費者的可接受價格範圍內，這個價格就是合理價格，而且會受到同化（assimilated）；若廣告的參考價格是在可接受價格的範圍之外（即不合理），則將導致對比（contrasted）效果，而不會被知覺為有效的參考價格。根據研究顯示，不合理高價的參考價格會影響消費者的判斷，以及廣告主的信用形象，此時對消費者所知覺的廠商可信度會有負面影響。

貳、知覺品質

消費者通常利用與產品有關的線索，以判斷產品或服務的品質。有些線索是內生（intrinsic）於產品或服務的，有些則是外生（extrinsic）的，經由單獨或混合作用，這些線索提供判斷產品或服務品質的基礎。

一、產品之知覺品質

內生線索主要是有關產品本身的物理特徵，如大小、顏色、味道或風格。在一些案例中，消費者使用物理特徵（例如：冰淇淋或蛋糕的味道）來判斷產品品質。消費者多半相信，可基於產品的內生線索，來進行品質評估，因為，這樣的判斷可使他們的產品決策（無論正面或負面）看起來是理性的，或者客觀的。但事實上，通常他們用以判斷品質的物理特徵，與產品品質並沒有實質的關係。舉例來說，雖然許多消費者聲稱他們因為某品牌的美味而購買它，但當消費者進行測驗時，卻無法單獨由口味分辨出這個品牌。有研究即發現，在測試消費者辨識粉末狀水果飲料的口味時，粉末顏色比其標示、實際口味更重要，受試者會因紫色或葡萄色澤而推論口味帶酸性，或橙色色澤表示美味、甘甜或新鮮。根據《消費者報導》（Consumer Reports）刊物指出，消費者通常無

法區別不同的可樂飲料，至於對各品牌的偏好，主要是受到價格、包裝、廣告，甚至是同儕壓力等外在線索所影響。當消費者缺乏實際產品經驗時，傾向於以外在線索，如價格、品牌形象、製造商形象、零售商形象或來源國印象等，評斷產品品質。

許多消費者使用來源國刻板印象評估產品品質（例如：「德國技術優良」或「日本車很可靠」），消費者相信，「美國製」的標籤代表產品具「優越性」，或隱含有「相當不錯」的意涵。而對食品來說，外製品的形象更具有誘惑力。例如：Häagen-Dazs（美國的冰淇淋品牌）以其捏造（且無意義的）的斯堪地那維亞發音名稱，而成功打入市場；Smirnoff伏特加酒明明在美國康乃狄克州製造，卻因宣稱源自於俄羅斯而聞名。

二、服務之知覺品質

對消費者而言，評估服務品質比評估產品品質更加困難，主要是因為服務具有某些特質，包括無形性、易變、無法儲存，以及生產與消費同時進行等。事實上，由於評估服務時，無法如比較產品一般，仔細對照，所以，消費者常依賴其他替代性線索（即外在線索）來評估服務的品質。舉例而言，評估醫生的服務品質時，他們會注意辦公室的質地、檢閱室內家具的陳設、牆上證書的數量及來源、接待人員的態度，以及護士的專業性，這些都會成為消費者評估整體服務品質的要項。

因為服務品質是不確定的，即不同時間、不同服務人員，甚至不同顧客，傳送或接受的服務品質皆有變異（例如：食物、侍者的服務、理髮，甚至同一位教授所講授的課程）。所以，行銷人員努力嘗試將其服務標準化，以提供一致的服務品質。不過，過分強調標準化，將因喪失顧客化服務而減低消費者價值。

服務與產品不同，產品是先製造、銷售，再消費；大部分的服務則是先銷售，而後製造與消費同時發生。一個有瑕疵的產品，可以在售予顧客之前，就先被工廠品質控制人員發現，至於瑕疵服務只能在消費當時產生，而可能沒有改正的機會。例如：失敗的髮型可能難以補救；服務人員不當行為所導致的負面印象也很難改變。

在尖峰需求時段，服務的互動品質通常會降低，因為顧客及服務提供者都處於急忙及壓力下。此時，服務人員若不設法確保服務的一致性，服務形象有可能會降低。有些行銷人員試著改變需求狀態，以求能將服務更均衡的分配到每個時段。舉例來說，長途電話服務通常會在離峰時段提供減價折扣（例如：在晚上11點以後，或週末時）；有些餐廳會在早上9：30之前提供低價位餐點。此外，研究顯示，服務提供者可藉由填滿消費者的時間，以減少知覺的等待時間，以及之後的負面評價，所以，在等待空桌時，餐廳的服務人員會請客人先看菜單；迪士尼樂園中排隊等候進場的客人也可觀賞影片，以

打發時間。

　　一般認為消費者對服務品質的評估，取決於其對服務期望與實際知覺間的差異大小和方向。例如：一位在名校就讀的大學生修習行銷導讀課程時，可能對同學的智力、課堂討論的豐富性、教授專業知識與講解溝通能力有某些期望，而其對於本課程品質的評估，將受學期初所持有的期望和學期末實際知覺所影響，如果該課程不如預期，可能會認為其品質不佳；反之，若超越預期，將視其為高品質經驗。事實上，不同消費者對於相同服務可能持有不同期望，而消費者之所以形成不同期望水準，主要源自於口碑效果、個人過往經驗、廣告或服務人員所提出之服務承諾、其他選擇方案之有無，以及情境因素。基於這些原因，消費者在接受服務之前對其所形成的期望，稱為「預期服務」。在接受服務之後，對實際服務的感覺顯著超越預期服務時，將使消費者產生高品質感，顧客滿意度增加，重購機率和正向口碑情形提高。

　　SERVQUAL量表即是用來衡量消費者服務期望和實際知覺間差距的工具，內容包含下列五個構面：有形性、可靠度、回應性、保證性、同理心，這些構面又可歸納為兩類，即結果面向——強調可靠地提供核心服務，和歷程面向——強調核心服務之傳遞方式（包括員工回應性、保證，以及對顧客之同理心）與有形面，藉由服務歷程，業者可致力於超越消費者期望。例如：聯邦快遞（FedEx）所提供之服務雖與其他競爭者雷同（結果面向），但是透過先進的貨物追蹤系統，展現較佳的歷程面向，使顧客隨時隨地

圖2-5　強調顧客期望的廣告並彰顯良好服務經驗

掌握貨物動向。此外，該公司也訓練敏捷的客服人員，解決顧客疑問和處理問題。因此，FedEx利用歷程面向超越消費者期望，贏得良好形象，塑造顧客導向的競爭優勢。

參、知覺風險

消費者經常需要決定要買什麼樣的產品或服務，以及應該到何處購買，因為這種決策的結果並不十分的確定，所以消費者在進行這種決策時，就面臨了一些「風險」。

「知覺風險」（perceived risk）最早是由Bauer（1960）所提出，Bauer認為顧客無法預知一項購買決策將帶來何種結果時，這種不確定性的情況即意味著風險的存在。

Cox（1967）繼Bauer的研究之後，進一步將知覺風險給予觀念化；並指出當消費者體認到他們的消費行為可能無法滿足其消費目的時，即會產生知覺風險。他認為知覺風險理論的研究，其基本假設在於消費者的行為是以目標為導向的。消費者所從事的每一項消費行為，皆有一組消費目標。當消費者主觀上不能確定何種消費最能配合或滿足他們可接受的目標水準時，即是有了知覺風險；或者假若從事消費行為後，結果不能達到預期的目標時，所可能產生的不利結果，也是產生了知覺風險。

一、知覺風險的構面

在購買一項產品時，消費者可能因為沒有購買類似產品的經驗，而覺得風險很大；或是因為過去使用類似產品時，有過痛苦的失敗經驗，而不希望再犯同樣的錯誤；或是因為財力有限，購買其中一項，要放棄購買其他的產品；或是對於該項產品的相關知識不足，自己沒有信心可以做出一項正確的選擇。

Roselius（1971）認為，消費者在購買時可能蒙受下列四種損失：

1. 時間損失（time loss）：即當某產品無法使用時，消費者所浪費的時間、便利及為了修理或更新所做的努力。例如：消費者購買在臺灣沒有代理商的跑車，在日後的維修保養是否會曠日費時及不便。

2. 危險損失（hazard loss）：當某產品無法使用或產品品質不良時，會對消費者的健康或安全造成損害。

3. 自尊損失（ego loss）：若購買的產品有缺點，消費者本身會覺得愚蠢；或是因他人的看法，促使自己感到愚蠢。

4. 金錢損失（money loss）：當購買到的產品無法使用時，為了整修或替換產品，都可能使消費者受到金錢的損失。

Jacoby與 Kaplan（1972）將知覺風險，分為五種風險型態：

1. 績效風險（performance risk）：產品功能無法如預期。例如：冷氣的光觸媒是否真能有效的過濾空氣。

2. 財務風險（financial risk）：產品價值無法達到消費者購買成本的風險。例如：公司是否需要花錢購買顧客關係管理系統來提升公司與顧客之間的關係，進而提高公司獲利程度。

3. 身體風險（physical risk）：消費者使用產品之後，可能造成身體上的傷害。例如：手機電池製造不良時，是否會引發爆炸而造成安全上的問題。

4. 心理風險（psychological risk）：會降低消費者自我形象或降低其他人觀點對消費者之知覺印象的風險。

5. 社會風險（social risk）：消費者選擇的產品是否被他人認同。例如：購買了不符合潮流的衣服，是否會受到朋友的嘲笑。

二、降低知覺風險之策略

消費者會發展出自己的策略，以降低知覺風險，使其面對產品決策時更具自信，即使決策的結果仍有些不確定性亦然。以下將探討一些常見的風險降低策略：

1. 搜尋資訊

消費者可以透過口耳相傳（從朋友、家人，以及其尊重的人）、銷售人員，以及大眾媒體尋找有關產品和產品類別的資訊。當消費者認為此次購買事件具有高度風險性時，他們會花更多時間思考適當的選擇，並搜尋更多有關產品的資訊。這個策略是相當明確且符合邏輯的，因為消費者擁有的產品、產品類別資訊越多，結果的可預測性就越高，而知覺的風險將越低。

2. 成為品牌忠誠者

消費者可對一個令其滿意的品牌形成忠誠度，而不再購買新的或從未試過的品牌，以避免風險。特別是高風險知覺者，更有可能對原有品牌形成忠誠度，而不願意購買新推出的產品。

3. 依品牌形象做選擇

假如消費者沒有其他產品資訊可參考時，那麼，通常會信賴商店本身的判斷，因為消費者認為，享有聲譽的商店會仔細選擇販售的商品。品牌形象也與產品測試、服務保證、退貨權利，以及如何處理不滿意消費事件等有關。

4. 購買最貴的選擇

當有懷疑時，消費者可能會選擇最貴的產品或品牌，因為，他們將價格與品質視為同等概念（價格／品質關係已於本章前面內容討論過）。

5. 尋求再次保證

當消費者不確定某個產品選擇是否明智時，會藉由退款保證、政府或私人實驗室的測試結果、保證書，以及購前試用等，尋求再次的保證。所以，添購新車之前，消費者總會試開一番。而不容易提供免費試用，或者適用範圍有限的產品，對行銷人員來說，恐怕是一種挑戰。

知覺風險的觀念可應用在新產品的導入方面，因為，相較於低風險知覺者，高風險知覺者較不可能購買新的或剛發明的產品。對行銷人員而言，要說服這類消費者購買，就必須善用風險降低策略。例如：知名的品牌名稱（有時可透過授權取得）、由廣受好評的商店經銷、告知性廣告、在媒體中宣傳、公正的測試結果、免費樣品，以及退款保證等。此外，多數商店或製造商開始提供消費者線上產品比較，提供各式產品詳細特徵說明。

本章摘要

- 知覺是個體選擇、組織及詮釋刺激，並賦予其意義的歷程。因為消費者依據知覺結果制定決策，而非客觀事實，所以，行銷人員應盡可能了解消費者的知覺世界。個體可以知覺刺激的最低水準稱為絕對閾，兩刺激間可被察覺出具有差異的最低要求值稱為差異閾，或恰辨差。消費者所知覺的絕大多數刺激，是高於意識水準之上，但亦可能在低於意識水準的情況下（即下意識地），知覺到相當微弱的刺激。根據研究結果，以反駁下意識刺激可以影響消費者購買決策的想法。

- 消費者基於自己的期望、動機，與刺激本身等因素，由環境中選擇欲知覺的刺激。選擇性知覺原則包括下列概念：選擇性接觸、選擇性注意、知覺防衛，以及知覺阻隔。人們通常會根據自己的需求及需要，知覺所接觸的事物，而阻隔不需要、不喜歡或痛苦的刺激。

- 刺激的詮釋是非常主觀的，且以消費者的期望為基礎。這些期望則受到先前經驗、知覺當時的動機與興趣，及刺激本身的清晰度所影響。會扭曲客觀詮釋的因素，包括：身體外觀、刻板印象、月暈效果、第一印象及直下斷言的傾向。

- 正如同個體有自我知覺，他們也會對產品及品牌形成形象知覺。產品或服務的知覺形象（即象徵意義），在市場績效中扮演的角色，可能更甚於實際的物理特徵。受偏好的產品的服務，比起較不受偏好或形象不清者，被選購的機會較高。與製造商比較，服務業者在定位與促銷方面，面對了一些獨特的問題，例如：服務是無形的、易變的、無法儲存，且生產與消費同時發生。不論產品或服務定位有多好，行銷人員還是可被迫進行重新定位，以應付新競爭策略，或消費者偏好改變等問題。

- 消費者常以不同的資訊線索評估產品或服務的品質，有些是內含於產品的（如顏色、大小、香味、風味），有些則是外生的（如價格、商店形象、品牌形象、服務環境）。缺乏直接的經驗或其他資訊時，消費者常以價格作為品質的指標。消費者如何知覺價格——高、低，或公平——對購買意圖與滿意度有強

烈的影響,消費者以內部及外部參考價格來評估價格的公平性。

- 零售商店的形象會影響消費者對其所銷售產品的知覺品質,以及商店選擇決策。除了知覺價格和商店印象外,消費者對製造商本身也會形成印象。擁有良好形象的製造商會發現,他們的新產品比起形象較差,或中立的製造商,更容易被消費者接受。

- 因為產品決策的結果具有不確定性,消費者在選擇產品時,會知覺到某種程度的風險。最常見的知覺風險類型,包括功能風險、生理風險、財務風險、社會風險、心理風險,以及時間風險。消費者降低知覺風險的策略,包括增加資訊蒐集、成為品牌忠誠者、購買知名品牌、在廣受好評的零售商店購買、購買最貴的品牌,以及以退費保證、保證書和購前試用等尋求再次保證。知覺風險對行銷人員來說,有重要的意涵,行銷人員可以在他們的新產品廣告或促銷活動中,運用風險降低策略,以增進新產品的接受度。

- 與知覺有關的道德議題,包括模糊廣告與平面或電子媒體訊息、娛樂內容之界線(主體與背景混淆)、增加產品置入式行銷以對抗消費者略過電視廣告之舉動、利用實體環境和刺激因素增加消費量,以及表現社會不接受的刻板印象於廣告中。

3

Involvement
涉入理論

Wu-Nan Book Inc

Goodness Publishing House

章節個案

你的消費習慣取決於什麼？

　　大宗物資、油價過去一年猛漲，逼使業者普遍調整售價。國內量販業者昨天指出，大賣場的食用油、奶粉、各類加工食品等最近紛紛漲價，例如：食用油已漲了一成五至二成不等，奶粉也有二至三成漲幅。

　　食品業者指出，這波漲價普遍集中於民生用品和食品。因近一年來國際大宗物資普遍漲幅驚人，包括小麥、大豆、玉米漲幅都有二成以上，玉米更因為生產大國墨西哥去年旱災歉收，加上能源業者以玉米製作替代能源產品，導致玉米價格大幅飆漲，國內罐頭玉米產品去年就已經開始漲價。由於各類原物料還在飆漲，連品牌衛生紙業者最近也強烈要求漲價，量販賣場業者正「全力壓制」。

　　另外，汽機車相關的機油、潤滑油等保養產品，也因為油價過去一年大漲而漲價，最近車主連保養車輛的成本都增加。年初在超商、超市已先漲價的統一科學麵、統一肉燥米粉和冬粉，最近連大賣場都跟著漲價了。量販業者指出，大賣場與供應商最近正值換約，很多食品最近已開始調整售價。

　　此外，奶粉因為原料奶粉生產國澳洲乾旱，影響乳量，導致原料奶粉半年來大漲一倍，賣場奶粉已經全面漲價，漲幅平均二成。即將進入旺季的鮮奶產品，也因為臺灣本地酪農要求漲價，量販店雖吸收成本，但促銷不會像過去一樣多，也不易出現低價。

　　消費者每天都在從事許多購買決策，諸如購買什麼產品、服務、品牌、數量、何處購買、如何購買等。消費者的購買決策過程，會受消費者的價值觀以及對產品或服務的涉入程度而有所影響。

資料來源：彭慧明、許韶芹，「大賣場食品、民生用品，漲漲漲！」，《聯合報》，
　　　2007/05/16。

大部分的消費者不會十分關心喝什麼樣的飲料、嚼什麼樣的口香糖,可能只是利用直覺就購買一件商品,但是對於汽車或房子的購買卻願意花很多的時間蒐集資訊,甚至考慮各種可能的購買決策,這些就屬於涉入程度不同的購買行為。

所謂「涉入」(involvement)就是指消費者對於一項產品購買決策的關心程度,在高涉入和低涉入的狀態之下,消費者對於這項購買所投入的心力也不一樣。涉入程度會受產品類型的影響,例如:汽車、電視等的購買,屬於高涉入的產品;但是像衛生紙、原子筆等的購買行為,就屬於低涉入產品。

涉入程度也受到品牌的影響,例如:消費者如果對於可口可樂或是麥當勞有特殊的偏好,非這些產品不買,這時對於這些品牌的購買就成為高涉入的品牌。但是在某些高涉入的產品中,消費者對於品牌的關心程度似乎不高,例如:某些家具的購買行為,對品牌就不重視,反而是造形設計上更重要。

在表3-1中顯示出產品與品牌涉入程度之間的關係,許多的購買行為在產品和品牌的涉入程度都很高;有些則對產品涉入程度高,對品牌的涉入程度低(如家具);有些則對產品涉入程度低,對品牌涉入程度高(如可口可樂);有些則對產品和品牌涉入程度都很低,例如:一般的日常用品。

表3-1　產品和品牌涉入的關係

		品牌涉入程度	
		高	低
產品涉入程度	高	高級時尚品牌，如：服飾、鑽石等	家庭設備，如：熱水器、抽油煙機等
	低	飲料（星巴克） 食品（麥當勞）	日常生活用品，如：衛生紙、水等

第一節　影響涉入程度的因素

「涉入」是個人在特定的情境之下，由特定的刺激所引起的興趣，這個定義包含三個重要觀點：個人、產品及情境，由這三個因素決定消費者在某一特定時間，對於了解與某項特定產品有關資訊的興趣。

涉入可以用許多種不同的方式來描述，它似乎不是一個相當明確的概念，它也會受到許多因素的影響，所以學者將涉入分成許多不同的型態。「購買涉入」（purchase involvement），指的是消費者因為需求所引起的購買過程的興趣程度，這種涉入有時和商店的陳列，或情境的刺激有關。

「訊息反應的涉入」（message response involvement）是指行銷溝通過程中，對於廣告訊息的涉入程度。大眾傳播媒體的涉入程度，受到許多位於廣播刺激和接受者之間的因素所影響。電視通常被認為是涉入程度較低的媒體，因為觀眾經常處於較被動的狀態下觀賞電視，對於電視內容的選擇性不大。而印刷媒體的涉入程度通常較高，讀者可以選擇他想看的部分，也可以控制閱讀的速度，並深入思考其中的幾則訊息。

「自我涉入」（ego involvement）是指某一項產品，對於消費者自我形象的重要性，這種購買行為具有高度的社會風險。假如購買的產品不能達到預期的功能，會讓消費者產生難堪或嚴重損壞消費者的形象。

壹、影響涉入程度的因素

消費者在一項產品的購買行動中的涉入程度，受到許多因素的影響，例如：價格、興趣、認知風險、情境因素和社會的可見性等。涉入程度可視為想要接受產品相關資料的動機，因為消費者的需求、目標、價值觀和產品知識之間都有關聯，當消費者產

生需求，又有充分的相關資訊時，可能就會產生購買行為。這種主觀的涉入有時又稱為「涉入感」（felt involvement），當這種涉入感增加時，人們會花更多的時間來注意相關產品的廣告，更深入的了解這些廣告的涵義。

一、價格

許多研究都發現，當購買產品所需的成本增加之後，消費者的涉入程度會提高，雖然可能有些例外，但是大部分和價格有關。例如：對於家具或一些生活設備的涉入程度，比食品或清潔用品高，但是有些情況似乎不太一致；有些學者的研究就發現，大學生對於牛仔褲的購買涉入程度就比家具高，可能是這個產品的外顯性較高。

相同的產品，若價格相差甚多，則涉入的情況也不相同。有些大學畢業生，在學校所買的衣服價格較低，涉入程度也不高，但是在進入社會之後，會購買一些較昂貴的衣服，涉入程度也會提高；這可能是在學生時期，對於自我或組織忠誠意識較低，但進入社會後為求同事的認同，並與公司組織融為一體的慾望增高，這種慾望部分會透過穿著來表現，希望透過穿著的同化，取得同事的認可。

二、興趣

涉入的程度也和消費者的興趣有很大的關係，但是不同的消費者其興趣範圍可能有很大的差異，這些興趣包括電影、衣服、汽車、個人電腦等。但是某些人也有可能暫時對某種產品很有興趣，例如：剛剛治好牙周病時，可能會對牙膏產生很大的興趣。

個人的因素及興趣的確會對產品的涉入程度有很大影響，例如：有些人是標準的車狂，他會訂閱各種汽車雜誌，參加各種比賽。但是也有些人把汽車單純視為一種交通工具，只要汽車定時保養，不出毛病，平時並不會特別關心車子。

三、認知的風險

認知的風險可以分為物理、心理、功能、財務、時間等。消費者若覺得產生風險的機會較高，則其涉入的程度會提高，這種知覺的風險，與這個產品使用之後，所可能產生的結果有很高的關係，例如：消費者如果購買的汽車品質不良，可能會影響到生命的安全。

當這項產品的功能複雜，或消費者對這項產品的功能不熟悉時，消費者的功能認知風險會提高，所以當消費者購買這類產品時，通常會蒐集更多與產品有關的資訊，進行更深入之比較，或尋求其他人的意見，以制定較正確的決策。

四、外顯性

假如該項產品的使用是在公共場合，而且有很多人會注意到該產品的使用，則消費者的涉入程度會提高，因為他們認為購買決策的錯誤，可能會破壞他們的形象，這也可以解釋前述為何大學生會對購買牛仔褲的涉入程度較高。

由於整個臺灣社會已由早期只求溫飽的經濟型態，轉變為消費過剩的「後工業化」社會，國民所得提高，所以有許多消費者轉而成為強調身分、地位的「感性消費」模式，因此外顯性的重要性相對提高。例如：一支電子錶1,000元即具備許多功能，但是還是會有人花50萬元買一支勞力士手錶。

五、情境因素

這是指會暫時影響該產品涉入程度的因素，可能在該項情境消失之後，又恢復原來的涉入程度，與上列四種因素的影響不太一樣。例如：我們平時在家購買食物時，涉入程度可能不高；但是當你準備在家中請客時，對於食物的購買涉入程度就會提高，花更多的時間準備菜單，或是購買平常難得購買的食物或品牌。

另外，新的情境也會提高購買的涉入程度，例如：新婚或搬家，購買的涉入程度會提高，之後熟悉新情境後，養成新的購買習慣，購買的涉入程度才又回復原來的狀態。

貳、涉入的種類

消費者涉入的類型，有兩種劃分方式。一種是依據涉入的標的物，主要有產品、購買與訊息涉入；另一種是依據涉入引發的內在反應，可分為認知與情感涉入，說明如下：

一、廣告涉入

是指消費者對於廣告訊息的關心程度，或是接觸廣告時的心理狀態。廣告涉入是廣告效果的一個中介變數，在不同的廣告涉入水準中，消費者對訊息的認知處理也會不同。也就是說，廣告涉入的程度不同，消費者對廣告內容的爭辯程度也會有所不同，可可能形成不同的購買效果。

二、產品涉入

是指消費者對產品的重視程度，或消費者個人賦予產品的個人主觀意識，是以個人本身的認知來定義，而非針對產品本身來定義。產品涉入程度的不同，可能引起消費者

對處理與該產品有關的資訊、採購該產品的方式、對產品屬性的重視型態及對品牌忠誠度的形成，都將有所不同。

三、購買決策涉入

是指消費者對於購買活動的關注程度。若購買決策／活動具有高度的自我相關，則須花費較多時間考慮與蒐集較多的資訊，才能做出合理的決策。不同購買決策的涉入程度，可能造成價格在決策上的重要性、資訊蒐集數量、決策時間／模式的不同。

Zaichkowsky（1986）提出涉入建構的概念，以涉入的前因、對象及後果，整理出影響消費者涉入的因素，如圖3-1所示。

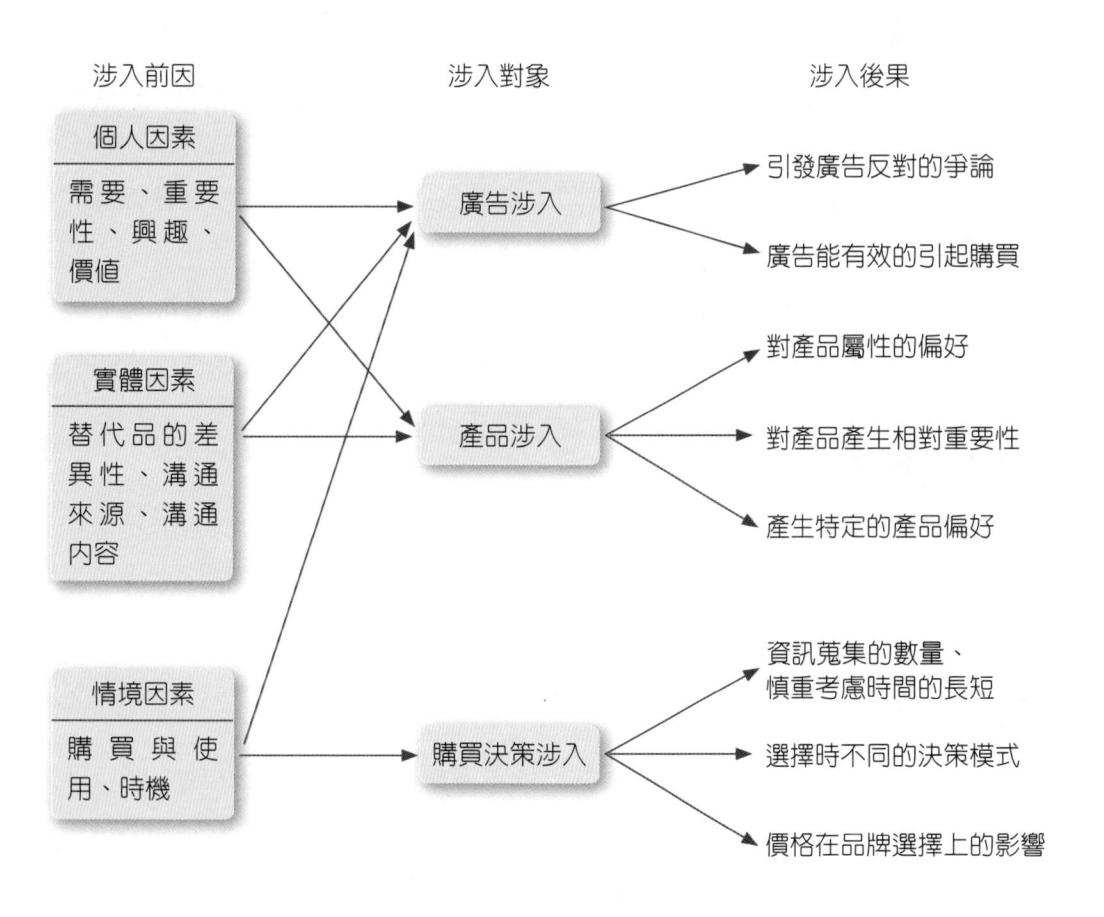

圖3-1　涉入的前因、對象及後果

資料來源：Zaichkowsky (1986). "Conceptualizing Involvement," *Journal of Advertising*, Vol.15, p. 6.

四、認知涉入

不同於以上三種涉入是依據標的物劃分，認知與情感涉入是依據涉入引發的內在反應而來。認知涉入是指消費者對於資訊的注意、理解、記憶等方面的程度，所以這是針對理性的反應。當消費者在購買自行車時，反覆詢問價格、重量、段速、輪胎特性、煞車功能等，他就有相當高程度的認知涉入。另外，很多廣告列舉產品的屬性及發揮的利益，就是為了引發消費者的認知涉入。

五、情感涉入

有些男士在購買新車時，進入車內小空間，手握桃木方向盤、眼見時尚儀表板，成就感油然而生。有些女性在百貨公司試穿衣服時，對自己的臉蛋、身材、青春，都充滿了美好的想像。他們的情感涉入程度很高。這種涉入是指消費者因標的物，而引發的情感或情緒反應程度。

六、情境 / 事件涉入

指在特殊情境下，消費者對事物的一種暫時性關切。所謂暫時性，是指消費者受特殊情境之刺激而提升的涉入程度，會隨著購買目標之達成或情境的消失，而回復到原先的水平。例如：某人平時對西裝漠不關心，但是在面試工作時為了給主考官良好印象，於是仔細的挑選合適的西裝（涉入程度提高），而在面試通過後（情境因素消失），又回復到對西裝漠不關心的程度（涉入程度降低）。

參、涉入的衡量

涉入是一種人為的觀念，描述人們對事物所產生的關心程度，但其衡量並不容易，最主要是因為學者們的看法並不一致，尚未完全建立一個可為所有學者同意的方法，只有一些比較合乎科學原則的方法。

因為涉入所涵蓋的概念太多，所以很難有一種較適合的量表來衡量。有些學者認為沒有一種單獨的要素，可以完全代表涉入的概念。許多學者為了研究上的需要，提出了一些不同的操作性定義，種類相當多，其中，廣為國內、外學者所採用的產品涉入衡量量表，主要為Zaichkowsky（1994）提出的個人涉入衡量量表。

表3-2 涉入衡量量表

對我而言，＿＿＿＿是							
1.重要的	＿＿＿	＿＿＿	＿＿＿	＿＿＿	＿＿＿	＿＿＿	不重要的
2.煩人的	＿＿＿	＿＿＿	＿＿＿	＿＿＿	＿＿＿	＿＿＿	有趣的
3.相關的	＿＿＿	＿＿＿	＿＿＿	＿＿＿	＿＿＿	＿＿＿	無關的
4.令人興奮的	＿＿＿	＿＿＿	＿＿＿	＿＿＿	＿＿＿	＿＿＿	不令人興奮的
5.沒什麼意義的	＿＿＿	＿＿＿	＿＿＿	＿＿＿	＿＿＿	＿＿＿	很大意義的
6.吸引人的	＿＿＿	＿＿＿	＿＿＿	＿＿＿	＿＿＿	＿＿＿	不吸引人的
7.迷人的	＿＿＿	＿＿＿	＿＿＿	＿＿＿	＿＿＿	＿＿＿	平凡的
8.沒有價值的	＿＿＿	＿＿＿	＿＿＿	＿＿＿	＿＿＿	＿＿＿	有價值的
9.令人關切的	＿＿＿	＿＿＿	＿＿＿	＿＿＿	＿＿＿	＿＿＿	不令人關切的
10.不需要的	＿＿＿	＿＿＿	＿＿＿	＿＿＿	＿＿＿	＿＿＿	需要的

資料來源：J. L., Zaichkowsky (1994). "The Personal Involventory: Reduction, Revision, and Application to Advertising," *Journal of Advertising, 23*, December, pp. 59-70.

Zaichkowsky（1986）利用影響消費者涉入程度的因素（個人因素、實體因素、情境因素），發展一套二十個語意差異題目的個人涉入衡量量表（personal involvement inventory，簡稱PII）。此後，並在1994 年再一次對這個量表稍作修正，減化為十個選項個人涉入衡量量表，其效度與信度仍然足夠。Zaichkowsky發展的PII 量表，它所衡量的對象可以是廣告、產品或購買決策，只需在問句上稍作調整即可，為目前國內學者普遍採用之量表，如表3-2所示。

第二節 消費者在高／低涉入時的決策差異

我們在此討論消費者的高／低涉入之決策過程。在第二章中，我們談到消費者在接受一項產品的階段，會受到消費者涉入程度的影響。但除此之外，消費者涉入程度的高低，在很多方面也有差異，如表3-3所示（Robertson, 1984）。

表3-3　消費者的高／低涉入決策的差異

行為構面	高涉入過程	低涉入過程
資訊蒐集	消費者會主動地蒐集與產品或品牌有關的資訊	消費者蒐集有限的產品或與品牌有關的資訊
認知反應	消費者會抗拒那些與原來認知不同的資訊	消費者會消極的接受一些與原來知覺有差異的資訊
資訊處理	消費者在處理資訊時，會經過幾個不同階段	消費者在處理資訊時較簡單，會跳過幾個階段
態度改變	態度的改變不太容易，而且很少發生	態度的改變經常發生，但是可能非常短暫
資訊重複或內容	資訊的內容對於態度的影響較大	資訊的重複對態度的影響較大
品牌偏好	經常有品牌偏好	消費者可能會經常購買某一品牌，但非品牌忠誠者
認知失調	購後的認知失調很正常	很少有購後的認知失調
個人的影響	個人的影響力很大，外控傾向者較易受人影響	個人的影響力很小，內控傾向者較不易受人影響

壹、資訊蒐集

在高涉入的決策過程中，消費者會主動的蒐集與產品或品牌有關的資訊。而在低涉入過程中，消費者只蒐集有限的產品或與品牌有關的資訊。這現象的形成可能有幾個原因，第一是資訊蒐集的成本，因為資訊的蒐集需要時間及金錢，在高涉入狀態中，因為購買錯誤的影響較大，所以消費者願意花較多的時間蒐集相關資訊；但在低涉入狀態中，消費者會認為沒有必要作進一步的資訊蒐集。

另外，可能也和消費者的興趣有關。因為有些時候資訊蒐集的成本，似乎抵不過所得利益，但是這些消費者可能對於相關的資訊本身的興趣更高，或是將這種過程視為一種娛樂。例如：有些人在逛了一天街之後空手而回，但逛街的過程已經帶給她很大的滿足。

貳、認知反應

消費者對於廣告或溝通的反應，也是一個重大的區別。在高涉入狀況中，消費者會抗拒那些與他們原有認知不一樣的資訊；在低涉入狀態中，消費者會消極的接受那些與

原有認知不一樣的資訊，亦即不作進一步的處理。這一點也有學者在研究上證實過。

因為消費者在高涉入的狀況下，通常對於品牌有一定的認知，例如：消費者可能會認為日本車的性能比美國好，所以消費者只接收與這個觀點一致的資訊，當他聽到有人說美國車比日本車好時，會故意的忽略。相對的，他可能對於飲料沒有什麼特殊偏好，所以很容易接受各種有關的資訊。在這種低涉入的情境中，消費者可能不是那麼在意這些資訊，所以要引起與高涉入產品同樣的回憶，所需要的廣告次數可能要更多。

參、資訊處理

消費者在處理高涉入的產品資訊時，通常會經歷知覺、認識、興趣、評估、試用和接受等階段，但是在處理低涉入產品時，可能會從知覺直接跳到試用和接受的階段。例如：消費者可能在超級市場中，看到一種新的餅乾之後，就直接購買，不再作進一步的資訊蒐集和評估。

這種處理方式在一些日常生活用品中最常見，因為消費者經常購買，並不想花太多時間考慮相關資訊；或是認為這種購買決策即使錯誤，頂多損失一點金錢，並無太大的影響。

肆、態度改變

在低涉入的購買行為中，消費者會比較容易改變態度，但是維持的時間較短暫，因為消費者這種態度形成的基礎，並不是那麼穩固。相反的，在高涉入的狀態中，消費者態度的形成是透過很多的資訊和理性的評估過程，所以形成的態度較為堅定，不易改變。

有些研究者利用涉入的高低來研究廣告的訊息，認為在高涉入的廣告訊息中，適合提供較客觀的資訊，讓消費者自行作判斷、下決定。而在低涉入的狀況下，則適合作一個理論，告訴消費者本公司的產品較好，因為在這種狀況下，消費者不願花太多時間處理資訊，所以願意接受廣告中所得到的結論。

伍、資訊重複或內容

在低涉入的產品中，因為消費者對於訊息的注意程度不高，所以要改變消費者的態度，需要較多次的訊息重複，才能達到這個目的。有些研究發現，在重要程度較低的競選活動中，廣告預算較多的候選人，贏得選舉的機會較大；而在重要的競選活動中，候

選人的個人條件或魅力所占的比重較高。

　　也有一些研究發現，其實只要重複的次數一多，消費者有可能對這項產品產生偏好。當產品剛上市時，並不覺得有何特殊，但是只要廣告重複次數一多，也覺得產品看起來還不錯。

陸、品牌偏好

　　在高或低涉入的產品中，都可能有品牌偏好存在，但是其產生的原因不太一樣。在高涉入的情況中，品牌偏好的產生，可能是代表一種複雜的態度和品牌的忠誠度。例如：消費者可能會對賓士汽車產生特殊的品牌偏好，這是因為經過許多的資訊吸收及經驗所形成。

　　在低涉入的產品中，還是可以看到品牌的偏好。消費者經常購買某一品牌，但是他們購買這一品牌的動機，是因為經常要買這類型產品，但又不願意花太多時間蒐集相關資訊；或是為了便利的緣故，不想到其他地方去買，所以還是會購買這個產品，並不是真的對它有很高的承諾，所以消費者也可能會更換品牌。

柒、認知失調

　　認知失調是指消費者因為進行了一次購買之後，會不確定是否所作的選擇正確而感到困擾，此時消費者為了降低這種失調的狀況，會蒐集一些有利的資訊，來支持這項決策。之後我們還會更進一步討論這個現象。

　　在高涉入的情況下，比較容易產生這種現象，因為消費者若不這樣做，會一直覺得不安，所以藉由找尋有利資訊，以降低心中的不安。而在低涉入的產品中，若消費者覺得決策錯誤，只要不用該產品就沒事了。

捌、個人的影響

　　在高涉入的過程中，消費者會比較容易尋求別人的意見，一來是因為這種決策的影響層面較廣泛，二來是有些產品的外顯性較高，又沒有客觀的答案，所以消費者會希望聽取別人的意見之後，再作決定，可以降低這種風險。但是消費者本身的特性，也會影響他們是否接受別人的意見。「外控傾向者」（External Locus of Control）認為命運會受外在環境的影響，所以較易受到別人意見的影響；但是「內控傾向者」（Internal Locus of Control）認為命運操控在自己手上，會做獨立自主判斷，比較不容易受人影響。

第三節 低涉入理論與研究

壹、Krugman低涉入學習理論

許多消費者行為學的研究，都是起源於心理學，而且發現高和低涉入的行為有很大的差異，其中影響最深遠的是Krugman（1965）所提出的理論，他的研究即使在近幾年還是被許多人引用。

Krugman認為，消費者在許多廣告中的涉入程度都很低，尤其是電視廣告，他認為電視廣告是一種被動的學習方式，而不是一種主動積極的行為；尤其是當廣告的內容和消費者日常生活的關聯不大時，消費者更不會主動去接受它。

此外，消費者在印刷媒體和一般廣播媒體，如電視和收音機中的涉入程度不一樣。印刷媒體需要比較多的思考以及專心程度，所以涉入的程度比較高，消費者需要決定接受哪些訊息，以及接受的先後順序；相反的，電視或收音機不需要深入思考，接受的順序也早已決定，所以消費者涉入程度並不高。尤其是收音機的廣播，經常只是被當成一種背景音樂，很多人開了收音機，但是很少會仔細收聽其內容。

Krugman的研究提出了另一種決策制度的過程，在高涉入的狀態下，消費者會由產品的認知，產生態度的改變，最後再採取購買行為；但是在低涉入的情境下，消費者可能由產品的認知，就產生購買行為，最後再改變態度。

貳、意外學習（Incidental Learning）

在低涉入下廣告對於消費行為的影響，可能是來自於意外學習，而非故意或有意的學習。當我們在書桌前，拿出書本專心唸書或學習，是一種有意的學習，但是這種學習可算是一種特殊狀況。我們大部分的學習，是屬於意外的學習，例如：有些小孩子對廣告歌曲能夠朗朗上口，就是一種意外學習的結果。

這種意外學習可能相當的被動，消費者在同一個時間可能接收許多廣告，但他只是接收，而非進一步分析其內容，所以在這種情況下，只要增加重複的次數，就可以讓消費者認知這項產品進而購買它，因此，重複可以產生購買。

有許多研究也證實這種看法，在一個對學生的研究顯示，某學校通知學生到保健中心作免費的血壓檢查，它把學生分為兩組，一組是寄一封通知，另一組則寄三封通知，結果前組只有4.9%的學生接受檢查，但是另一組卻有15.2%的學生接受檢查。研究者還

◀在陳列擺設的吸引下，接觸到從未涉入領域的書籍，促使自己學習了新的知識。

認為接受三次訊息，並沒有改變學生對免費血壓檢查的態度，只是因為接觸次數較多，而被動的產生接受檢查的反應。

參、Sherif的社會判斷理論

Sherif的社會判斷理論（Social Judgement Theory）與一位消費者是否會接受說服，而接受或拒絕一件事有關，包括廣告的訊息。這個理論認為自我意識比較高的人，其接受說服的程度，比自我意識低的人低。例如：自我意識較高的消費者，比較不容易受廣告的影響，而接受新的品牌；而自我意識較低者，可能會受競爭品牌的廣告影響，而接受新的品牌。

社會判斷理論認為說服的過程，可能會產生三種不同的結果，消費者可能會接受、不作任何承諾或是拒絕。當廣告的訊息與消費者原有信念一致時，他會接受這些資訊，並將其與原有的資訊同化，產生正面態度。若此訊息落在消費者的拒絕範圍中，消費者會抗拒，並且對它產生偏見，廣告不能產生預期的效果。而這個訊息若落在無差異的區域，則不會產生拒絕或同化的現象。

因此，涉入是影響消費者對於廣告訊息判斷的一個重要因素。涉入程度較高的消費者，比較不容易說服；相反的，涉入程度較低者，比較容易說服。

第四節 >低涉入情況下的行銷策略

在低涉入的情況之下，行銷者的目標是找出一種可能建立對該品牌涉入程度的策略。假如消費者覺得在購買這項產品時，選擇什麼品牌都無所謂，則消費者對價格的敏感性很高，導致相關廠商的利潤降低。我們可以利用下列的策略，建立品牌涉入程度：

1. 透過產品創新，達成產品的差異化策略。
2. 透過廣告，造成消費者對於產品的認知差異。
3. 進入一個高涉入的市場區隔中。

假如這些策略都不能讓消費者覺得有差異，只好接受這種低涉入的情境，然後透過廣告、促銷、通路等，來提高消費者購買的機會。

壹、產品差異化

提高消費者涉入程度的最好方法，是透過產品的創新來建立。例如：當「好自在」衛生棉第一次引進蝶翼系列時，是當時市場中唯一的一項產品，所以可訂定較高的價格，因為它為消費者帶來很大的效用——「不會滑動」。但是當其他廠商也相繼推出類似產品時，就遭到嚴重的競爭，也不得不降價或促銷。

另外，還有一種透過產品的特殊屬性，來達到產品差異化的目的。例如：七喜汽水強調它是非可樂、無咖啡因的飲料，當然在所有的飲料中，它不是唯一無咖啡因的非可樂，但是它是第一個提出這種訴求者，也可以造成消費者非常明確的印象，增加它的獨特性。

貳、廣告

許多產品的功能實在沒有太大的差異，而其最主要的差異來自於其「符號」價值。例如：Miller啤酒，原來在美國是排名第五的啤酒品牌，當時它強調它是啤酒界中的香檳，適合上流階層人士享用。但是它在1970年代改變廣告的訴求，進入勞工市場，強調「休閒時間就是Miller時間」。結果排名由第五名上升到第二名，而其成分完全沒有改變，只是利用廣告改變它的「符號」價值。

另外，行銷者也可以透過廣告明星，來建立產品的差異化。例如：在臺灣的優格種類非常多，植物的優為了進入這個市場，以林志玲作為廣告明星，拍了一支影片，只說了一句廣告詞「我才不會忘記你呢！」，而不強調任何其他產品屬性，也獲得很大的成

功。

　　廣告中也可以將低涉入的產品品牌和高涉入的使用狀況作連接，以提高消費者的涉入程度。例如：某牙膏廣告凸顯牙周病的可怕，以一支支離破碎的梳子作為象徵，然後宣稱其產品可以有效的防止牙周病。

　　有時也會把產品和重要的情境作結合，以提高消費者的重視程度。例如：阿瘦皮鞋（Aso）、英國保誠人壽（PCA）的廣告中，就將人生幾個重要的事件連結起來，以提高涉入程度。

　　另外，行銷者也可以把本公司的產品，和另一個高涉入的品牌連接在一起，以提高涉入程度。事實上許多比較性的廣告，就是利用比較高涉入的品牌，來凸顯本身的形象。例如：許多飲料和可口可樂來比較，就是利用消費者對這項品牌的高涉入程度，來提升消費者對本身產品的涉入程度。或是刻意的向領導品牌挑戰，例如：福特Escape在廣告中提到「路是Escape走出來的！」，其中隱含了挑戰BMW的領導地位，都是這種作法。

參、市場區隔

　　在不同的市場區隔中，消費者的涉入程度不一樣。一般都認為涉入程度較高的市場區隔，利潤較高。因為在這個區隔中，可能包括那些重度的使用者，或是對於價格的敏感性較低。但是當移到新的市場區隔時，要注意這個市場區隔是否夠大，例如：有些照相業者，轉到較高涉入的專業攝影器材領域，但相對而言，其市場族群較小。

　　另外一個相關的策略，是先進入一個較高涉入的市場區隔中，然後再擴散到其他市場中。因為一般人都認為在高涉入的市場區隔中的消費者，通常也是意見領袖者，其他人會希望聽到這些人的意見之後，再進行購買的決策。所以高涉入的市場，是通往其他市場的一條捷徑。

肆、接受低涉入的現況

　　假如建立高涉入的購買情境不能達成，只好接受低涉入的現況。例如：像調味品、小螺絲或衛生紙等產品，我們還是可以透過下列的方式來提高消費者的購買量。

一、增加廣告的密度

　　在許多的狀況下，相同產品的廣告訴求大部分都很像，所以很難提高其涉入的程

度，這時提高播出的次數也很有效果，因為在很多低涉入的產品中，增加廣告次數，也可以讓消費者以為這是這個國家的第一品牌。

二、修正廣告的內容

正確的廣告內容，在許多低涉入的情境下也相當有效。有些學者認為在低涉入的產品廣告中，廣告的訴求不宜太多，一個或兩個即夠，因為消費者不會十分注意，太多反而會讓消費者拒絕接受。而且這則廣告訊息，至少可以引起消費者的試用動機。

三、加強通路的推銷

這是另外一種可以提高低涉入產品銷售量的方法，也是傳統所謂「推」（Push）的策略，而不是由消費者來「拉」（Pull）。也就是，建立經銷商對這個品牌的涉入程度，此時可透過給予較高的折扣，或是業績獎金，或是經銷商的競賽計畫來達成。另外，生產者也可以多給經銷商一些協助，例如：陳列的建議、海報或人員訓練等。

四、特價或促銷

行銷者也可以透過特價或特賣的方式，來提高消費者的購買意願，不過它有個先決條件，就是需要具備有高度的價格彈性，而且不會因為特價，讓消費者只是提前購買，對整體銷售量的幫助不大。至於促銷的方式也有很多種，但它的效果通常屬於比較短期，而且可能會讓消費者養成一個習慣，若沒有促銷就不買，長期下來可能成為價格戰。

以上的方法，都是掌握低涉入產品中「品牌惰性」（Brand Inertia）的特性。所謂品牌惰性，是指消費者會重複購買一項產品，並不是真的對於該項產品具有品牌忠誠性，只是為了避免麻煩，而在較便利的地方，重複購買他使用過的品牌。所以，它強調廣告多、鋪貨密集，取得貨架上有利的展示空間，同時以試用品、贈送品、特價品等，鼓舞低涉入產品的消費。因為低涉入產品的忠誠度本來就不高，只要能提供更方便或更熟悉的品牌，消費者就會轉移品牌而購買另一項產品。

本章摘要

- 所謂涉入是指消費者對於一項產品購買決策的關心程度，在高涉入和低涉入的狀態下，消費者對於這項購買所投入的心力也不一樣。消費者對不同的產品與品牌涉入程度不太一樣，有些是產品涉入程度高，品牌涉入程度低；有些是兩者都高或兩者都低。

- 涉入包括個人、產品及情境三個要素，涉入可分為三個層面：購買涉入、訊息反應涉入和自我涉入，影響涉入的因素有價格、興趣、認知的風險、外顯性、情境因素。在衡量涉入時，有學者認為應該包括四種不同的構面：負面結果的重要性、主觀的誤購機率、產品的娛樂價值及符號價值等。

- 消費者在高、低涉入決策過程中，對資訊蒐集、認知反應、資訊處理、態度改變、資訊重複或內容、品牌偏好、認知失調及個人影響力等構面上，都會有差異。

- 在低涉入理論方面的研究，以Krugman的低涉入學習理論、意外學習和Sherif的社會判斷理論較著名。在低涉入情境下，我們可以利用下列的策略建立品牌涉入程度：(1)透過產品創新，達成產品的差異化策略。(2)透過廣告，造成消費者對於產品的認知差異。(3)進入一個高涉入的市場區隔中。或接受低涉入的現況，以增加廣告密度、修正廣告內容、加強通路的推銷、或特價及促銷。

Consumer Motivation
消費者動機

章節個案

行銷人注意！「我想變得更好」是最棒的消費動機

　　每個人做事的動機都不一樣，有些人為了事情本身或為了自我而做；有些人為了別人或得到獎勵而做。在心理學上，前者被稱為「內在動機」，後者稱為「外在動機」。你在工作上認真投入，因為那是你熱愛的工作，是內在動機；你力求表現，希望能夠升遷加薪，是外在動機。但往往我們的動機，可能是兩者的綜合。

　　前陣子有個朋友去了一間做穿戴式運動記錄器（wearable fitness tracker）的公司上班，於是給了我一個試用。這類穿戴式運動記錄器在市面上大大小小的牌子開始出現，但使用的人還不多，在比較大的美國城市，才會看到有人戴。

　　自從我拿到這個新玩具，我開始對這類產品和使用這產品的人感興趣，所以就研究了一下。我發現一個有趣的地方，會去買或使用運動記錄器的人有個特徵，他們對於自己可以說是自我要求比較高。怎麼說呢？他們使用的動機都是因為「想要更好」。

　　「我希望我的身材更緊實。」

　　「我想過更健康的生活。」

　　「我需要多運動。」

　　這是他們會說的。但當你看他們的作息，你會發現，他們的運動量不比一般的人少，甚至還更多。可是他們給自己活動量的評分是低於標準，反而其他人給自己更高的分數。「我不夠好，我要更好。」就是他們進步的動力。所以他們會買運動記錄器，因為這幫助他們看到自己的進展。「因為想要更好」這個內在的動機，使得他們去尋找任何能夠促進他們達成這個目標的方法。

　　我自己在使用了兩個月後發現，自從戴了這手環，為了達到每天走一萬步的目標，我在公司會選擇走樓梯而捨棄電梯；去附近買東西就走路去，不開車。看到今天離目標還有一段距離，會刻意多活動。想到自己正在邁向更健康的生活，就很高興。

　　這些商品的業者看中了啓動消費者内在動機的商機，他們不是在告訴你用了這個你會瘦多少、會變多美或大家會多麼羨慕你，因為也許你已經很瘦、很美了。它們彷彿傾聽了你内心單純想要更好的想法，而這個商品就是協助你的夥伴。

　　這些訴求著「a healthier you」的東西，成功吸引了人們「想要更好」這個發自内心的原動力。不是商品幫我創造了動機，我被動接受；而是我先有了動機，我主動消費。抓準這樣的動機就對了。

資料來源：Tina Tseng，行銷人注意！「我想變得更好」是最棒的消費動機，http: //www. thenewslens.com/post/16447/, 2013/12/13。

人 類需求──消費者需求──是所有現代行銷的基礎。需求是行銷概念的本質。企業的生存、獲利能力，並在競爭激烈的行銷環境中成長的關鍵，是因為能比競爭對手更準確、更快地確認和滿足顧客未實現的需求。

　　露華儂化妝品公司創辦人──Charles Revson的理念和行銷策略，就是深入了解消費者的需求。Charles Revson是以生產指甲油起家，但他定義指甲油不僅是指甲附著物，更是流行彩妝。他的策略目的在誘使女性消費者依各式服裝、心情和場合，來搭配不同指甲油。正因此策略，使得Revlon迅速地拓展了產品市場，因為它說服女性消費者同時購買各種不同色彩的指甲油，而非只是用完一瓶才再買下一瓶來使用，並透過強力且有效的廣告來說服女性消費者，其購買新色彩指甲油將能滿足她們凸顯時尚和增加吸引力之需求。最重要的是，Revlon它賣給女性消費者的不是實體產品（如：用指甲油來掩蓋自己的指甲），而是以指甲油帶來夢幻感，藉其吸引他人注意並賦予使用者魅力。Charles Revson總結其行銷哲學為：「在工廠中，我們生產化妝品；在商店中，我們銷售希望」。行銷並不是創造需求，但在許多情況下，它們努力使消費者更敏銳的意識到潛在的需求。

　　本章將討論人類需求的動機行為，並探討這些需求對消費者行為的影響。

第一節 ▶動機的本質與重要性

　　有關動機（Motivation）的研究已歷時甚久，許多學者曾對動機提出定義。Blackwell、Miniard與Engel（2001）指出，消費者動機是藉由產品購買與消費來滿足心理與生理需求的驅動力；Hahha與Wozniak（2001）表示動機是一種狀態，在此狀態之下，人們會針對期望目標的選擇樣式作出適應的因應；Hawkins與Coney（2001）認為，動機是驅使人們付諸行動的理由。Assael（1998）指出，動機是一種引導消費者朝著滿足需求行為的驅動力。

壹、動機為一種心理驅動力

　　動機為個人內在的驅動力，它促使人們付諸行動。此驅動力是由於需求未獲得滿足，所引發的緊張狀態所致。一旦人們產生某種需求，消費者就會感覺到壓力的存在，此時他們會想要降低這個壓力，或是滿足這個需求。人們都有意識或下意識的藉由選擇目標和後續行為，來減少這種緊張狀態，而他們亦會預計是否可實際達到滿足需求，從

而減緩其緊張感。此時行銷者可以提供消費者所需要的產品或服務，讓消費者降低這種壓力。圖4-1提出了一個動機歷程模式，首先消費者感覺到需求的產生，這個需求可能是效用（Utilitarian）的需求，希望得到功能或實際的利益，例如：當人感到寒冷時，希望能夠去除寒冷，會購買禦寒衣物。這個需求也可能是享樂（Hedonic）的需求，例如：當某個人剛到一個陌生的環境中，希望得到同伴的認同時，會穿著與他人類似的服飾。

在這兩種不同的情況下，消費者的現況與理想狀況之間，存在著差距，這個差距就會產生壓力，這個壓力的大小就決定在消費者是否要立刻解決這個壓力的緊迫程度，這也稱為一種趨力。至於消費者的這個需求要如何解決，受到其個人、社會及文化因素的影響。例如：肚子餓的人，中國人可能想吃雞腿飯，美國人可能想吃漢堡，於是原有的需求（need）就受到個人、社會及文化的影響，轉變成一種對於特定產品的慾望（want）。當這個特殊產品的慾望得到滿足、達成目標，就可以降低壓力。

一個人願意花多少的時間、精力及金錢來完成一個目標，可反應他想達成這個目標的動機大小。早期的動機研究把行為的原因，以本能或天生的行為模式來解釋，但是卻很難證明或否認這些行為是否為生物的本能或與生俱來。以產生行為的本能來解釋行為的原因，也有套套邏輯（Totology）之嫌，亦即以行為本身來解釋行為的動機。例如：某人購買食物，因為他想要得到食物，這種套套邏輯的解釋很難令人滿意。

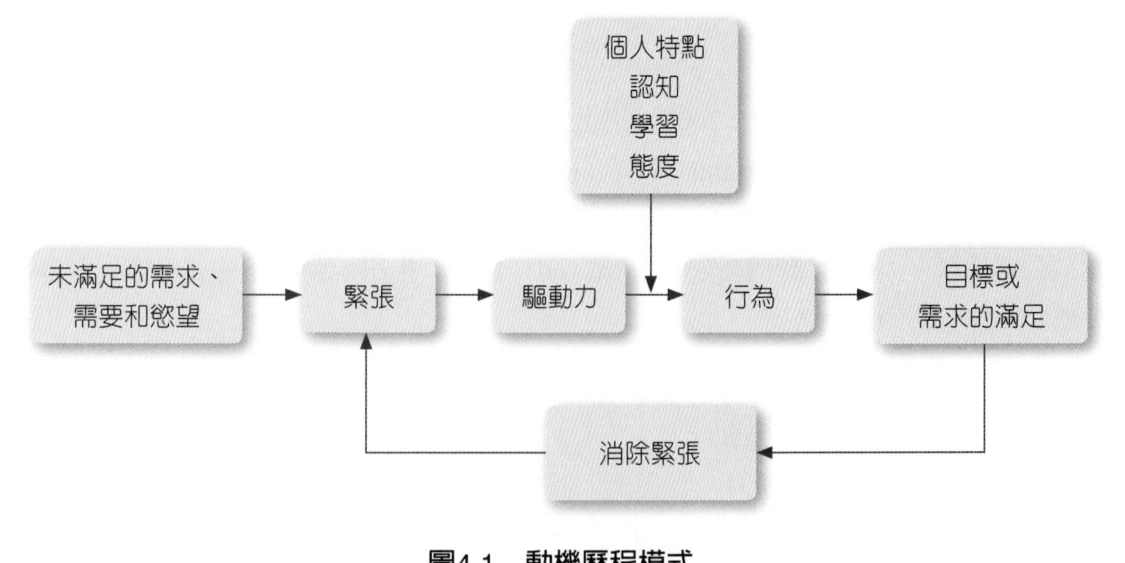

圖4-1 動機歷程模式

資料來源：Durgee et al. (1996). "Observations translating value into product wants", *Journal of Advertisting Research,* 36, p. 6.

貳、動機的動態性本質

　　動機是一個高度動態的概念，它會隨著生活經驗而不斷改變。需求和目標會持續地改變，以反應個人的生理狀況、環境、與他人的互動和經驗。當個人達到自訂目標後，就會朝向新的目標邁進；如果尚未達到，則會持續努力地去達成，或者轉而追求替代性目標。有些理由可以解釋，為何需求總是不斷地驅動著行為：(1)需求是永遠不會滿足的，它們會不斷地驅使行為以維持滿足感；(2)當原有需求被滿足後，新的或更高階層的需求便會出現，導致更進一步的行動；以及(3)人們達到目標後，會設定新的或更高階層的目標。

一、需求是永遠不會滿足的

　　大部分人的需求是永遠不會滿足的。舉例來說，每隔一段固定的時間，人們就會感覺到飢餓；多數人會尋求他人的友誼與認同，以滿足社會需求。更複雜的心理需求，則很少被滿足。例如：某人可能因擔任政治人物的行政助理，而暫時滿足了權力需求，但這並不能完全滿足他的需求，因此，他會更加努力地爬升到有決策權力的職位。在此案例中，暫時性成就並無法完全滿足對權力的需求，反而會促使其更加努力，以獲得更高階層的滿足。

二、新需求會取代已獲得滿足的舊需求

　　有些學者相信需求是有層級性的，且當低階層的需求被滿足後，就會產生新的或更高階層的需求。例如：某人在滿足基本的生理需求後（如食品、住屋等），為獲取同夥者的接受，會主動參加相同的政治性社團；一旦獲得接受後，他可能又會藉著舉辦奢華宴會，或蓋更大的房子來取得認同。

三、成功和失敗經驗會影響目標設定

　　許多學者探討個體所設定的目標本質。通常，他們認為每個人在達到目標後，會再設定新的或更高的目標；也就是說，每個人都會提高抱負水準（levels of aspiration）。這可能是因為在達到較低目標後，就會對自己的能力有信心，而想要去完成更高階層的目標；相反的，如果現階段的目標並沒有達成，就會降低抱負的層次。因此，目標選擇是受成功或失敗的經驗所影響。例如：如果有一位大學學生，當無法順利進入醫科就讀，可能會轉而選擇牙科。

　　個體行為的本質和持續性，深受是否能達成特定目標所影響，而這些期望通常是根

據過去的經驗所形成。如擅長攝影的人，為了能拍出令人滿意的照片，會花錢去購買一臺較好的照相機；而無法拍出好照片的人，就不會想要將相機升級，甚至會失去對攝影的興趣。

成功或失敗經驗對目標選擇的影響，提供了行銷人員許多啟示。目標的設定應該考慮到合理性，廣告的內容不應誇大。消費者評估產品和服務時，常常是基於期望與客觀功能表現之間差距的大小和方向所決定。因此，即使再好的產品，若廣告過於誇大不實，而使消費者形成不真實的期望時，將難以使其滿足，因而降低購買慾望；同樣的，如果某項產品的功能表現超過了消費者原先的期望，則會得到很大的滿足。

四、替代性目標

當個人無法完成特定的目標時，就會轉而尋求替代性目標（substitute goal），雖然替代性目標無法完全取代原先的目標，但它能消除心理不悅的緊張感。值得一提的是，原先的目標若遭致連續性的剝奪，則替代性目標可能會取而代之。舉例來說，某人因為想減肥而不再喝全脂牛奶，久而久之，卻真的喜歡上脫脂牛奶；某人因買不起BMW，而說服自己買一輛運動型且更便宜的日本車。

五、挫折

每個人在無法達成目標時，經常會有挫折感，而之所以無法達成目標，可能是因為個人（例如：體能或財務資源有限），或實體、社會環境（如，暴風雪導致假期延後）的因素所致。不論原因為何，每個人對挫折的反應都不相同，有些人會設法找出障礙的原因，並想辦法解決，如果無效，再選擇其他的替代性目標；有些人則調適性較差，認為無法達成目標是個人無能，而這種人可能會採取防衛機制，以保護自我不再受到傷害。

產品可能是創造反應挫折的概念，例如：消費者可能會因扔掉新鮮未使用且只購買幾天的魚而感到沮喪。產品儲存包含食品封口機、包裝袋及容器，讓消費者可以保存易腐爛變質的食品，使其在不被凍結下而保留更多風味。此外，易於使用的線上助理與電腦用戶聊天，將很多的挫折與漫長等待，透過「常見問題」或撥打求助熱線，來舒緩煩人的指示。

六、需求多樣性和目標變化

消費者的行為通常可滿足不只一個需求，事實上，正因為如此，個體通常會選擇能

同時滿足多項需求的目標，例如：我們買衣服除了保暖和不失禮外，還隱含了個人及社會的需求。

　　任何人都無法從行為準確地推斷動機，擁有不同需求的人們可能會尋求相同的目標，以滿足這些需求；但是，擁有相同需求者卻不見得會藉由相同的目標來滿足。由以下的例子可以說明此現象：有五個人都非常熱衷社區活動，而在相關組織中表現活躍，但卻抱持著不同的理念。第一位是關心社區居民的權益；第二位關心的是日益增加的犯罪趨勢；第三位是希望從組織中得到社會接觸；第四位是想在群眾中享有指揮、領導的權力；第五位則是希望藉由該組織日益增長的聲望，彰顯自己的地位。

　　同樣的，五位擁有相同需求（例如：自我需求）的人，卻藉由不同的方法以獲得滿足。第一位透過晉升及擁有專業性職業生涯而獲得肯定；第二位則是積極地從事政治活動；第三位參加區域馬拉松比賽；第四位去接受專業性的舞蹈訓練課程；最後一位則希望在課堂討論中引起注意。

第二節 　動機理論

壹、驅力理論（Drive Theory）：降低緊張而產生動力

　　「驅力理論」重視的是會引起不愉快狀態的生理需求，當人們有這種不愉快狀況時，就會想辦法降低由它所引起的壓力，因此降低壓力成為主導人類行為的重要因素。一個人在飢餓的時候可能會急躁不安，這種狀態會產生一些目標導向的行為，以降低這種不安的狀況，回到一種正常的安定狀態。

　　這些可以降低壓力的行為，可以透過學習的過程而重複出現，也會受到其他因素的影響而增加驅力。假如你已經24小時未進食，此時你想進食的動機，比剛吃完飯大很多，所以這種驅力的大小，與你距離理想狀況的距離有關。

　　但驅力理論在解釋某些人類行為時，會產生與預測相反的結果，人類經常會做一些增加壓力的行為，例如：你若預計與他人共進一頓豐盛的晚餐，即使在下午已經很餓，還是會放棄吃零食的機會，使自己更加飢餓。或是看恐怖電影，使自己更加緊張。

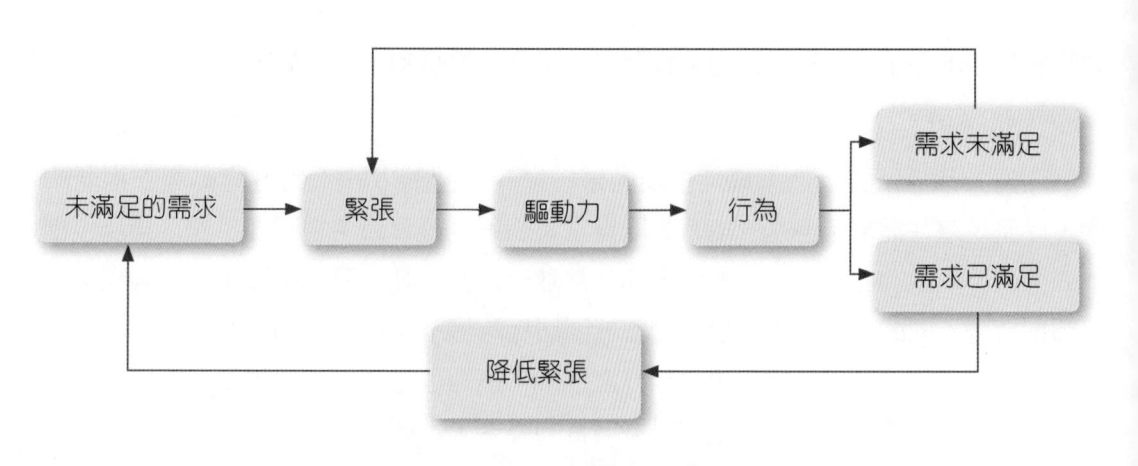

圖4-2　驅力理論的動機觀點

貳、期望理論（Expectancy Theory）：因正向誘因而產生動力

目前的一些動機理論大部分重視認知的因素，而非只有生理因素。期望理論認為，行為受到為達成某種結果的動機所拉動，而非出自內在因素的推力。我們選擇某一項產品，因為我們認為這種結果，對本身的貢獻更大。因此，在期望理論中的驅力，包括生理及認知的兩種不同需求。

動機除了具有強度外，也具有方向性，它是一種目標導向的行為，以滿足特定的需求。行銷者的目的就是說服消費者按照他們所提供的方法，來達成這個目標。例如：消費者可能會決定購買衣服，但是不同的廠牌、式樣或質料，都會帶給消費者不同的利益，行銷者必須說服消費者他們所提供的，是他最好的選擇。

參、動機激發狀態

個體需求中，絕大部分在多數時間中是處於潛在的狀態，在任何特定時刻，有些需求會受到個人的生理狀況、情緒或認知過程等內在刺激，或是外在環境刺激而激發。

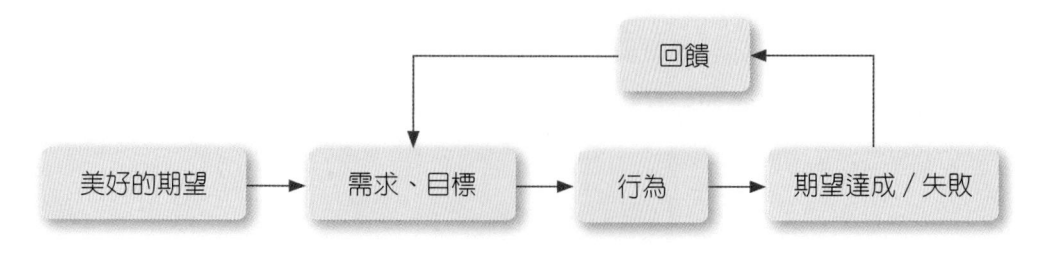

圖4-3　期望理論的動機觀點

一、生理性激發

生理需求取決於個體當時的生理狀況，例如：血糖降低或胃收縮會引起飢餓的需求；賀爾蒙的分泌會引起性需求；體溫降低會顫抖，進而引發對溫暖的需求。大多數身體的反應都是不自覺的。舉例來說，某人身體發抖就會打開家中的電暖爐，以減輕這種不舒服感，甚至會去買能保暖的睡衣以禦寒。

二、情緒性激發

有時幻想會激發潛在的需求。當人們無聊或是受到挫折時，就會胡思亂想（自閉思想），他們會想像各種欲求的情況，而這些想法會激發潛在的需求，造成不舒服的緊張感，促使他們付諸行動。舉例來說，一位年輕女性幻想激情，可能會花費時間在網路聊天室中；某人則因夢想當一位小說家，而去應徵出版社的工作。

三、認知性激發

有時候，一個隨意的想法就能夠激發潛在的需求。廣告是指在喚起需求的線索，如果沒有這些線索，需求可能會保持休眠狀態，創意廣告引起這些需求，並在消費者心中建立心理不平衡。例如：一個以「家」為訴求的廣告，可能會喚起離家在外的遊子對父母的思念，這亦正是許多長途電信業者用來作為廣告訴求的題材，以促銷公司提供的優惠減價方案。

四、環境性激發

當人生活在越複雜且高度變動的環境中，需求受到激發的機會就越多；相反地，如果處在單純的環境，需求受激發的情形就越少。這正說明為何對低度開發國家的人民來說，電視所產生的影響效果利弊皆有，因為，它能讓當地人民看到各種生活型態和昂貴的物資，激發他們的慾望，豐富他們的生活；但卻也使沒有錢、沒有接受教育、沒有希望的人們感覺到挫折，反而採取一些激進、攻擊性的防衛機制，如搶劫、聯合抵制，甚至造反等舉動。

關於動機激發現象，有兩種不同的詮釋觀點。行為學派（behaviorist school）認為，動機是一種機械性、無意識的過程，行為只是對刺激做出的反應，而忽略意識層次的思考。刺激反應理論的一個明顯例子，就是讓消費者置身於購物情境中，誘使其對外在刺激做出反應。根據這個理論認為，消費者的認知控制是有限的，在這種情境下，消費者無法有任何的「主動行動」，他只會因應刺激產生「反應」。而認知學派

（cognitive school）則相信，所有的行為都是目標導向的，需求和過去經驗將被推論、歸類，以及轉化為態度和信念，以作為行為的影響來源，而這些影響來源可幫助個體採取能滿足需求的行為。

第三節 》動機的分類與衝突

壹、動機分類

Hahha與Wozniak（2001）將動機區分成：(1)有意識－無意識；(2)高度－低度迫切；(3)正向－負向；(4)內在－外在；(5)理性－情緒，有關各種動機分類之說明如下所述：

一、有意識與無意識動機

動機可以是有意識的（Conscious）（有時是指明顯性）與無意識（Unconscious）（有時是指隱藏性），在許多的例子中，消費者的動機能夠意識到，表示個人的行為能夠清楚地被他人所了解，因為消費者了解他們本身可察覺到的動機，這些動機並不需要被激勵。然而，有時候消費者的動機是屬於無意識的，人們無法了解為何會作出此種特殊的行為。例如：賭徒整天沉迷於賭局之中，他們為了賭博，卻情願冒著失去財富、工作或甚至是家人的風險。

二、高度迫切與低度迫切動機

高度迫切（High Urgency）需求，必須立即獲得滿足。例如：在寒冷的冬天，消費者需要建造一個火爐來取暖。在缺乏時間比較商品時，消費者必須購買一件套裝來應付即將來臨的工作面試，所以消費者有可能會喪失獲得最佳價值的機會。至於滿足低度迫切（Low Urgency）需求的行動則可以較為遲緩，消費者有充裕的時間逛街選購，並在購買前比較各個評估方案。在經濟蕭條時，消費者傾向延緩一些耐久性商品的購買（如：地毯、家具），因為購買這些產品並不是那樣迫切，可以延後購買。

三、正向與負向動機

動機就方向性而言，可區分成正向動機（Positive Motivation）與負向動機（Negative Motivation）兩種，人們可能會感覺到一股驅動力促使自己趨向（toward）或是避開（away）某物或情境。有些心理學家認為正向動機就是需求或慾望，而負向

動機就是恐懼或反感。例如：人們為了填飽肚子而上餐館；基於安全緣故，避免坐飛機（Schiffman and Kanuk, 2000）。

　　此外，人類因有各種需求的產生，進而引發人們採取行為的動機，藉以滿足需求。而需求的種類相當繁多，有時被分成非常廣泛的類型（如效用功能型與娛樂經驗型），有時則細分的非常詳盡。以下有關需求的分類，是界於此兩者之間（Blackwell, Miniard and Engel, 2001）。

1. 生理的需求（Physiological Need）

　　生理需求是消費者需求最基本的種類（賴以維生），隨著家庭配送的興起，需求的滿足只是撥一通電話而已。生理需求除了吃與喝之外，睡與性亦是重要的，也孕育出許多產品的類型。

2. 安全與健康需求（Safety and Health Need）

　　安全的需求引起購買輕型武器的動機，以及其他個人保護的裝置、百葉窗、家庭安全系統。即使安全不是主要的購買動機，仍然是一個決定的主要因素。相同的，維持與改善健康的需求，包括心理與生理方面，根據這樣的特性，許多的商品與服務應運而生。

3. 愛與友誼的需求（The Need for Love and Companionship）

　　產品被視為是愛與關心的符號（Sidney, 1959），例如：花、糖果、問候卡片等，提供我們對某人情感的象徵。愛與友誼的需求可解釋為什麼大部分的美國人養了這麼多的寵物，美國最受歡迎的寵物依序是貓、魚、狗。

4. 財務資源與保證的需求（The Need for Financial Resources and Security）

　　財務安全的需求也擴展到我們身邊重要的人，意即只要我們存活並持續工作著，我們的家人將受到照顧，基於這個理由，有數以萬計的消費者購買「人身保險」，它滿足了我們對於確保愛人的財務安全之需求，而保險業則在這種需求上提供良好的服務。

5. 娛樂的需求（The Need for Pleasure）

　　消費者以各種不同的方式來滿足他們對娛樂的需求，雖然我們基本的生理需求導致食物的消費，但是有時即使肚子不覺得餓，也會產生對食物的消費。例如：「單純為了享受消費經驗」等。而娛樂事業與玩具事業，則是建立在消費者對享樂的需求上。

6. 社會形象需求（Social Image Need）

　　社會形象是建立在一個人對其他人接受自己的關心程度，反應出我們對社會環境的某種形象之需求。例如：人們購買什麼樣的產品、居住何處、開何種車、穿何種衣服、

聽何種音樂等，皆會影響我們的社會形象。

7. 擁有的需求（The Need to Possess）

需求的擁有是消費者對於生活品質追求的一種證明，由於消費者的慾望是無窮的，因此這是一種成長的需求。人們期望更好的生活、更大與較好的產品以及較佳的服務，亦即「舒服」趨使著消費者對擁有的需求。另一方面，擁有的需求在衝動購買上扮演著重要的角色。

8. 給予需求（The Need to Give）

給予需求不只限定在金錢上，也包含了贈送他人作禮物的產品。給予自己本身的需求，乃以自我禮物的方式來呈現，「自我禮物」是我們所購買或作為獎賞、慰藉、激勵自己方式的產品（David and DeMoss, 1990）。

9. 資訊的需求（The Need for information）

許多產品的購買與消費，可歸因於對資訊的需求。目前網路變得如此受到歡迎的理由之一，是因為網路能容易地滿足消費者對資訊的需求。消費者對資訊的需求在說服過程中，扮演重要的角色。假使人們正計畫對一特定產品種類作第一次的購買時，正好觀看到此一產品種類中的某一品牌之廣告，則此刻人們對相關產品資訊的需求，將導致人們更加注意廣告中所訴說的一切。

10. 變化的需求（The Need for Variety）

所謂「變化是生活的調味料」，當每日有太多相同的事物反覆出現時，很快地生活將變得枯燥乏味，而這也意謂著產品的消費，有時購買某一商品，只是為了想要有不同的嘗試（Llaine, 1999）。

四、內在與外在所激發的動機

行為也可分為由內在所激發或是由外在所激發，在內在動機（Intrinsic Motivation）的案例中，個人行為受活動產生的內在樂趣所驅使，而行為可以是一種獎勵，例如：一位熱衷的高爾夫球員，由於比賽本身充滿喜悅與樂趣，所以他可能花費許多時間與精力在高爾夫球上。另一方面，外在動機（Extrinsic Motivation）則促使個人去獲得活動的獎勵，高爾夫球好手可能為了獲得獎品與豐厚的獎金而參加比賽，在這樣的例子中，並不是因為比賽本身樂趣而激起參與比賽的動機，其真正的動機是為了希望獲取獎金。

五、理性與情緒動機

　　有些消費者行為學家將動機區分成理性動機（Rational Motives）與情緒動機（Emotional Motives），理性動機是經由明智與邏輯的過程所喚起，強調目標、效用、目的，像是經濟、耐用、品質與可靠性。理性導向的廣告會提供明確、有意義、真實的訊息，例如：連鎖速食店廣告他們的漢堡是百分之百純牛肉；長途電話業者（如：AT&T、MCI）則藉由強調理性的訴求，例如：低價或高通話品質來促銷他們的服務。另一方面，情緒動機在目標選擇上仰賴主觀準則。情緒購買常是新奇古怪，而不是建立在資訊與購買前細心考量的基礎之下。

貳、動機衝突

　　目標具有正向或負向的價值，當目標具有正向價值時，消費者會透過各種不同行動達成該項目標。但是並不是所有的行為都希望達成某項正向的目標，有時這項行動可能是希望避免一項負向的結果，例如：有狐臭的人，可能會使用除臭劑，以免引起他人的反感。

　　但是因為一項購買決策，可能會同時受到多項動機的影響，消費者有時會發現，這些不同的動機會產生衝突。行銷者的目的是滿足消費者的需求，應該設法解決這樣的衝突。一般來說，衝突的形式有三種：即雙趨、趨避及雙避衝突。

一、雙趨衝突（Approach-Approach Conflict）

　　這是一種消費者必須在兩種希望達成的選擇中，選擇出一種可能的結果。例如：放假時，他必須選擇回家和家人共渡愉快的假期，或與朋友一起去度個有趣的滑雪假期，這時就產生了雙趨衝突。

　　在這種衝突中做了選擇之後，產生的不平衡感覺可以透過「認知失調」的過程來化解。認知失調的理論是基於人們希望所過的生活，能夠充滿秩序和一致性的假設所形成。當他的行為或信念產生衝突時，就會產生壓力，人們會想辦法來降低這種不一致性，以降低因壓力所造成的不愉快。

　　這種失調的狀況，經常是在消費者必須在兩種可能結果中作一個選擇時產生，當然兩種選擇各有優缺點，在進行選擇之後，消費者會儘量強化所選擇的決定的優點，而忘掉未被選擇的決定的優點，以強化消費者認為他所作的決定是正確的信念，來降低心中的壓力。行銷者可以同時強調產品的多種優點，讓消費者覺得該項產品的利益較高。

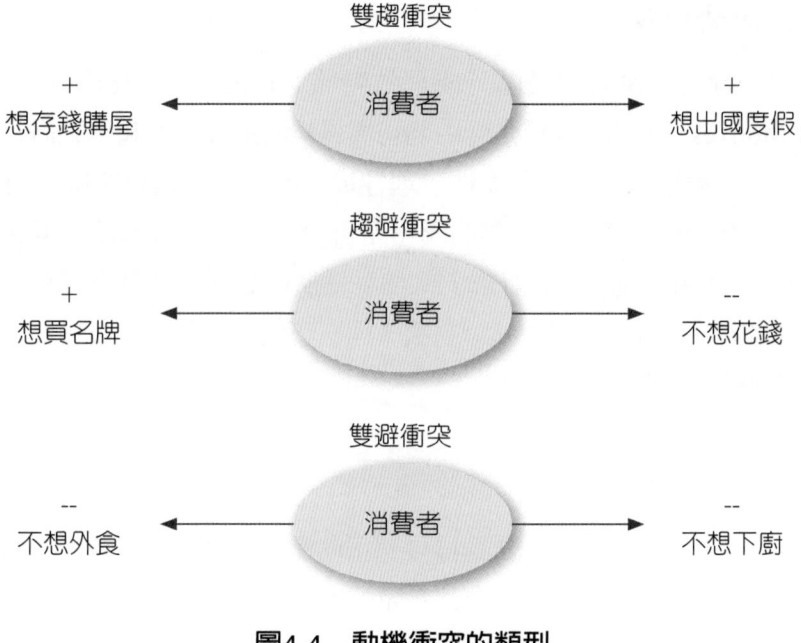

圖4-4　動機衝突的類型

二、趨避衝突（Approach-Avoidance Conflict）

　　許多我們喜歡的產品或服務也會具備一些缺點，會使我們既想購買，卻又不敢購買，容易產生猶豫不決的現象。例如：購買貂皮大衣時，一方面喜歡它的舒適、名貴，另一方面又怕遭到迫害野生動物的惡名。此時行銷者應了解消費者的疑慮，並予以消除。例如：L'OREAL是十分名貴的化妝品，價格相當昂貴，有些婦女覺得買了之後，似乎不是那麼自在，於是它的廣告強調，「只有我才夠資格用它」，它是一種成功婦女在辛勞工作後給自己的獎賞，藉以消除這些婦女的不安。

三、雙避衝突（Avoidance-Avoidance Conflict）

　　有時消費者覺得他們處於兩難的局面，必須在兩個不喜歡的選擇中作決定。例如：停止吸菸、或繼續吸菸而健康受損；或是花許多錢修一輛舊車，還是花錢買新車。此時可以提供更多的選擇或把不利的地方消除，例如：利用汽車貸款，以減輕金錢上的壓力。

第四節 ▶動機和需求理論

　　多年來，心理學家和其他對人類行為有興趣的學者，試圖整理出人類的需求種類，各家所持的看法無論在找出的需求內容，以及數目上都有很大的差別。雖然在特定的生理需求方面，大家的看法並無太大的不同，但在心理需求方面，就有相當的分歧。

壹、馬斯洛需求層級理論

　　臨床心理學家馬斯洛（Maslow）博士，根據人類需求層級建構了一個廣為人們所接受的動機理論。馬斯洛的理論界定了五項基本需求層級，依重要性分別是由較低層級的生理（biogenic）需求到較高層級的心理性（psychogenic）需求，此理論假設人們會先滿足較低層級的需求後，才想到較高層級的需求。且最低層級的需求若長期無法獲得滿足，將激發行為，直到滿足需求後再產生較高層級的新需求。當需求感到「相當」滿足時，新的（及更高階層的）需求就會顯現，依此不斷循環。當然，如果較低層級的需求又受到剝奪（例如：口渴或飢餓），則可能會暫時展現其影響力。圖4-5是馬斯洛的需求層級圖（Maslow's hierarchy of needs），由圖中可以很明顯地看出每一層級是互相獨立的。然而根據理論的內容，每個層級間多少有些重複性，而且沒有任何需求是能夠被完全滿足的。所以，即使是比目前最具主宰性的需求層級更低者，對行為仍舊有些影響力。而最具主宰性的需求層級，是指未獲滿足的需求中最低層級者，其往往是影響行為最主要的驅動力。

一、生理需求

　　在需求層級理論中，生理需求是人類首要的基本需求。這些需求主要是維持生命的延續，包含食物、水、空氣、房屋、衣服、性等，所有的生物需求，事實上都被列為主要需求。

　　根據馬斯洛的說法，當人們長時間無法獲得生理需求的滿足時，它就具有主宰性。例如：當一個人感到非常飢餓時，他滿腦子所想的都只有食物。在一個安定富裕的國家，人民的生理需求普遍來說都已獲得滿足，於是便會追求更高層級的需求；然而，流浪漢或者落後國家的人民，所關心的就是如何能滿足生理需求，亦即對食物、衣服和住所等基本需求的渴望。

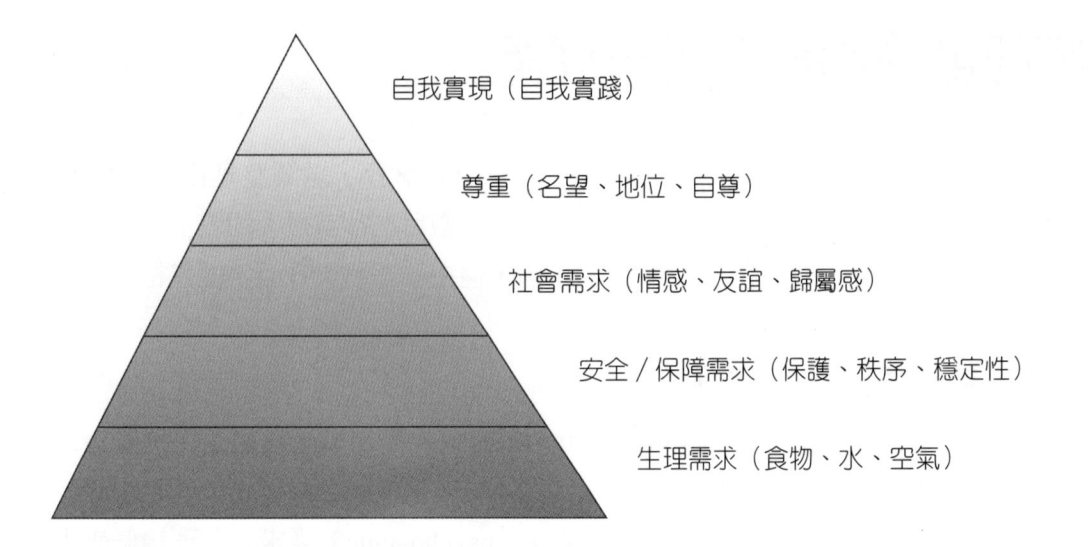

自我實現（自我實踐）

尊重（名望、地位、自尊）

社會需求（情感、友誼、歸屬感）

安全／保障需求（保護、秩序、穩定性）

生理需求（食物、水、空氣）

圖4-5　馬斯洛的需求層級架構圖（Maslow's hierarchy of needs）

二、安全需求

在第一層級的生理需求得到滿足後，安全和保障需求就成為影響行為的主要驅動力。此類需求所關心的是個人的身體安全，包括個人生活和所處環境的秩序、穩定性、常規性、熟悉感，以及可控制性等。健康醫療、儲蓄、保險政策、教育，以及職業訓練等，都是人們藉以滿足安全性需求的方法。

三、社會需求

馬斯洛層級中的第三階層需求，包括了愛、情感、歸屬感與接受度，人們會尋求溫暖的、滿足的人際關係，以及家人的愛和關懷。正因為人們對社會需求的重視，許多產品類別也紛紛將此列為廣告訴求重點。

四、尊重

當社會需求受到一定程度的滿足後，馬斯洛的第四層級需求就會出現，也就是尊重。此尊重可能是內在導向或外在導向。內在性尊重包括自我接受、自尊、成功、獨立，以及對工作成就的滿意感；外在性尊重則包括聲望、名譽、地位，以及獲得他人的認同。

五、自我實現需求

馬斯洛的需求層級理論的最高層級為自我實現需求，此需求是個人想要去實現其

潛能——傾全力達成欲求的境界。依據馬斯洛的說法，即指「只要能做到，就必定可達成」，而每個人的表達方式則並不相同。舉例來說，一位運動員竭盡心力、努力練習，希望能成為閃亮的奧運之星；一位藝術家希望從他的作品中表現自己；而科學家則希望能研究出一種新藥徹底治療癌症。馬斯洛認為，自我實現需求不一定是創造性的唯一動力，但通常確實能帶給人們一些創造力。很多大型公司都鼓勵員工超越現有的工作表現，追求自我實現。

◆ 需求層級的評估與行銷應用

　　馬斯洛的需求層級理論反映了一般大眾的行為動機，此概念也蔚為大眾所接受。然而，也正因為此理論過於合乎邏輯，而導致難以解釋為何某種需求一定要比另一種需求先獲得滿足不可？在現實社會中，需求有可能是跨層級的跳躍，這可能是因為生長的背景、個人條件、所處情境因素的不同，而有所不同的需求情形出現，也許未來還有待進一步驗證。

貳、ERG理論

　　Alderfer（1969）以Maslow的需求層級理論為基礎，進行了更接近實際經驗的研究，因而提出ERG需求理論，其目的是為了讓理論能更加契合實證之現狀。對於人類的需求行為，Alderfer認為，人們共存在三種核心的需要，即生存（Existence）的需要、相互關係（Relatedness）的需要和成長發展（Growth）的需要，他認為需求沒有絕對優先順序之差異。

　　生理需求意指生理與物質方面之需求，其對應於Maslow需求層級理論中的生理與安全需求；關係需求則為環境中與他人之人際關係，對個體而言，此需求是倚靠與他人之間情感及相互關懷而得到滿足，此與Maslow的社會、自我需求相呼應；至於成長發展係指尋求發揮潛能，以促使自我發展之需求，此需求則對應於Maslow需求層級理論中的自我實踐之部分。

　　ERG理論除了用三種需要替代了五種需求以外，與Maslow需求層級理論相異的是：人在同一時間可能有不只一種需要產生作用；如果較高層次需要的滿足受到抑制的話，那麼人們對較低層次的需要的渴望會變得更加強烈。馬斯洛的需求層級是一種剛性的階梯式上升結構，即認為較低層級的需求必須在較高層級的需求滿足之前得到充分的滿足，兩者具有不可逆性。而相反的是，ERG理論並不認為各類需要層次是剛性結構，比如說，即使一個人的生存和相互關係需要尚未得到完全滿足，他仍然可以為成長發展

的需要工作，而且這三種需要可以同時產生作用。

此外，ERG理論還提出了一種叫做「受挫─回歸」的思想。Maslow認為當一個人的某一層級需求尚未得到滿足時，他可能會停留在這一需求層級上，直到獲得滿足為止。相反地，ERG理論則認為，當一個人在某一更高等級的需要層次受挫時，那麼作為替代，他的某一較低層次的需要可能會有所增加。例如：如果一個人社會交往需要得不到滿足，可能會增強他對得到更多金錢或更好的工作條件的願望。也就是說，ERG理論認為，多種需要可以同時作為激勵因素而產生作用，並且當滿足較高層次需要的企圖受挫時，會導致人們向較低層次需要的回歸。因此，管理措施應該隨著人的需要結構的變化而做出相應的改變，並根據每個人不同的需要制定出相應的管理策略。

因此，Alderfer的ERG理論之管理意涵如下所示：

1. 人可能會有數種需求發生，而非單一需求而已；
2. 當較高層次的需求無法得到滿足時，退而滿足較低層次需求的慾望會加深，相異於Maslow需求層級理論的固定階梯式發展。

參、麥克里蘭的成就動機理論

亦有學者以麥克里蘭（McClelland）的成就動機理論，解釋消費者的行為動機。麥克里蘭將人類的動機分為成就需求（Needs for Achievement）、權力需求（Needs for Power）與親和需求（Needs for Affiliation）三種，這些需求與馬斯洛的分類有些關聯，而每種需求對消費者的行為又有不同的影響。

權力的需求是指消費者想要控制他們的周圍環境，包括對他人和各種事物的控制。這種需求和自我的需求有關，許多人在他們可以對環境的控制力提高之後，會加強他們對自己能力的肯定。例如：有些汽車廣告強調汽車的加速性及馬力，然而這些性能受到法律及路況的限制，在現實生活中並不十分實用。

感情方面的需求研究已經非常豐富，它認為人類的行為受到需要有朋友、歸屬的感覺及需要被接受的影響。具有高度感情需求的人，對於其他人的社會依賴程度很高，他們會選擇那些可獲得朋友認同的產品或服務。例如：和朋友一起逛街、進餐等。

成就需求高的人，會把追求個人成就的過程當成一種目標，它與馬斯洛的自我實現需求有很大的關係。這些人通常具有高度的自信心，對環境的敏感性很高，喜歡回饋。例如：有些人參加競賽的目的，並非完全在贏得獎品，有人是在乎其奮鬥的過程，他們對自己動手做的產品興趣很高。

第五節 ▶道德與消費動機

　　由於行銷人員無法創造需求，而只能喚醒消費者之潛在需求，故可能促使採取不當行為。這些行為可能並無不法，但卻有道德問題。

　　廠商或行銷人員常鎖定較無防備心理者，如兒童（食品）、青少年（信用卡）、老年人（保險），因其對產品或服務所擁有的知識與經驗較為陌生或缺乏，無法仔細評估產品與服務之適合性。廠商常透過強力的廣告進行不當行為，例如：並非透過醫師，而是透過電視、電臺廣告、行銷人員進行賣藥。

　　對於所進行之不當行為，應透過社會力量，有效的抑制不道德行銷行為。

本章摘要

- 驅力理論重視的是會引起不愉快狀態的生理需求,當人們有這種不愉快狀態時,就會想辦法降低由它所引起的壓力,因此降低壓力成為主導人類行為的重要因素。

- 期望理論認為行為受到未達成某種結果的動機所拉動,而非出自內在因素的推力。我們選擇某一項產品,因為我們認為這種結果,對我們的貢獻更大,因此在期望理論中的驅力,包括生理及認知的兩種不同需求。

- 動機就方向性而言,可分為正向動機與負向動機兩種,人們可能會感覺到一股驅動力,促使自己趨向或避免某物或情境。有些心理學家認為,正向動機就是需求或慾望,而負向動機就是恐懼或反感。

- 馬斯洛的需求層級對於動機理論有很大的影響,他將人的需求分成生理、安全、社會、尊重及自我實現五個層級。他認為這種需求的先後順序是固定的,在下一層級的需求沒有滿足前,不會產生更高層級的需求。行銷者可以把這些需求與產品或服務所提供的利益結合,以滿足消費者特定的需求。

- 權力的需求是指消費者想要控制他的周圍環境,包括對他人和各種事物的控制。這種需求和自我的需求有關,許多人在他們可以對環境的控制力提高之後,會加強他們對自己能力的肯定。

- 認知失調的理論是基於人們希望所過的生活,能夠充滿秩序和一致性的假設所形成。當他的行為或信念產生衝突時,就會產生壓力,人們會想辦法來降低這種不一致性,以降低因壓力所造成的不愉快。

5

Consumer Learning
消費者學習

Wu-Nan Book Inc

Goodness Publishing House

智慧型手機改變人類生活型態

近期英國一名詩人蓋瑞（Gary Turk）創作了一首名為「Look Up」的詩，内容提及智慧型手機與社群網站等對人類的影響，觸動許多低頭族的心，並呼籲大家能抬起頭看看世界！

科技日新月異，智慧型手機普及，社群網站變成許多人生活中不可或缺的一環，甚至將社群網站與自我價值劃上等號，人與人之間的交流逐漸減少，熱情的談話内容也被冰冷的文字取代，不過，看完蓋瑞這支影片，也許能引起低頭族的反思，改變未來的生活方式。

影片中，不僅提及「雖然擁有422位朋友，但卻仍感到孤單」，還指出所謂的社交媒體，其實是社交的相反，當打開電腦即等於關上門，並稱「我們只分享自己最好的一面，卻不帶真實的情感」。

這支影片點出現代人將社群網站當作評斷生活是否精彩的標準，並呼籲大家別再忍不住滑手機，而是該重新學習與人相處，抬頭看看生活周遭所發生的人、事、物。影片内容既真切又說中低頭族的心聲，引人省思並獲得熱烈迴響。

科技日新月異，智慧型手機的產生促使消費者改變其生活型態，甚至習慣使用社群網站來分享彼此近況，亦促成低頭族的產生。

資料來源：Yvette Lee，「破3千萬點擊！智慧型手機時代的反思，觸動全球低頭族～」，今日新聞，2014/05/09。

由於各學習理論對學習歷程抱持不同的看法，因此，很難對學習下一個普遍的定義。然而，對行銷人員來說，可將消費者學習視為個人取得購買與消費知識、經驗的過程，而這些知識與經驗可以運用在未來相關行為上。關於其定義，有幾項重點是值得注意的。

首先，消費者學習是一種歷程，即它會因新知識的取得（可能從閱讀、討論、觀察及思考中取得）或實際經驗，而不斷地發展與改變。新知識及個人經驗對個體來說都是重要的回饋，更可作為未來在類似情境中行為反應的基礎。

經驗在學習中所扮演的角色，說明學習並非全為刻意的尋求。雖然大部分的學習是有意圖的（刻意搜尋資訊的結果），但是，有很多的學習是意外的、或非經刻意努力的。例如：有些廣告會誘導學習，儘管消費者的注意焦點不在此處（焦點在雜誌的文章，而非封面廣告上）；也有些廣告會受到消費者的主動搜尋，以助其制定相關購買的決策。

學習這個措辭，事實上涵蓋的範圍極廣，從簡單、幾乎是反射的反應，到抽象觀念的學習，以及複雜問題的解決。學習理論學者認為，學習的類型有許多種，並分別提出獨特的學習模型，來解釋其中的差異。

雖然觀念分歧，但學習理論學者一般都同意，學習的發生必須具備某些基本要素，這些要素包括：動機、線索、反應，以及增強作用。由於本章中會不斷出現這些概念，因此，以下先說明其意涵。

第一節 》行為學習理論——古典制約與工具性制約

行為學習理論有時被稱為刺激——反應（stimulus-response）理論，依據一前提，對特定外在刺激產生可觀察的反應意謂著學習已經發生。當一個人對已知刺激產生可預期的行動（反應）時，即表示發生學習現象。行為理論並不那麼關心學習的歷程，他們所重視的是學習的投入與結果，投入指的是消費者從環境中所選擇的刺激，結果則是可觀察的行為。與行銷相關性較高的行為學習理論為古典制約（classical conditioning）和工具性（操作）制約〔instrumental (operant) conditioning〕。

壹、古典制約（classical conditioning）

　　早期古典制約學者認為，所有的生物體（包括動物與人）都是較為被動的實體，可以透過重複（或「制約」）教導某些行為。而在長期採用下，「制約」這個字，已意指因不斷重複接觸，對某特別情境產生的自發性反應。例如：你之所以每次一想到要拜訪某人就會頭痛，可能是受到多年來，無趣的會晤經驗所制約的結果。

　　俄國生理學家巴弗洛夫（Ivan Pavlov）是第一個提出制約現象，並以其作為學習模式者。依據巴弗洛夫的理論，制約學習之所以發生，是因為某刺激與另一個會引發已知反應的刺激重複配對出現，久而久之，即使單獨呈現，亦可導致相同的反應。制約學習理論（conditioned learning）的起源，來自於巴弗洛夫對狗進行的實驗。實驗中，刻意讓這些狗挨餓，使牠們產生高度食慾，巴弗洛夫搖鈴之後，立刻將食物放到狗的面前，於是，狗兒們自動產生流口水反應。在經過充分的重複數次後，搖鈴並隨即給予食物的配對下，發生學習（制約）現象。之後，即使鈴聲單獨出現，狗也會流口水。因為，狗將鈴聲（制約刺激）與食物（非制約刺激）聯想在一起，聽到鈴聲時，也會像看到食物一樣，產生流口水（非制約）的反應。對食物的非制約反應，變成對鈴聲的制約反應。圖5-1顯示這個理論的模型。另一個類似的情境是，聞到煮晚餐的香味時，會使你流口水。

　　在消費者行為的領域中，明星代言就是想連結非制約刺激（明星）與制約刺激（產品），希望明星的美好印象能轉換到產品身上，致使消費者嘗試這些新產品。

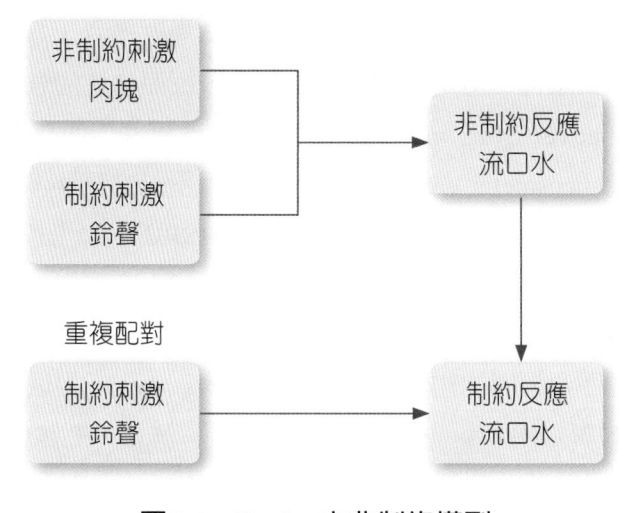

圖5-1　Pavlov古典制約模型

參考來源：Pavlov, I. P. (1927). *Conditioned Reflexes: An Investigation of the Physiological Activity of the Cerebral Cortex* (translated by G. V. Anrep). London: Oxford University Press.

一、認知性連結學習（cognitive associative learning）

古典制約其實是學習事件之間的連結關係，使生物體能預測並「再現」其環境。根據這個觀點，制約與非制約刺激（鈴聲與食物）的關聯（或連續物）會影響狗的期望，並因此影響牠們的行為（流口水）。由此看來，古典制約並不是反射動作，而是認知性連結學習（cognitive associative learning）；換言之，不是獲得新反射反應，而是獲得了新知識。依據某些研究人員認為，最佳制約——即在制約刺激（CS）與非制約刺激（US）間產生強烈連結關係——需要(1)前向制約（forward conditioning），即制約刺激在非制約刺激之前出現；(2)制約刺激與非制約刺激重複配對；(3)制約刺激與非制約刺激具有邏輯歸屬性；(4)制約刺激是新奇且陌生的；及(5)在生理上或象徵性上，非制約刺激有相當的明顯性，此種觀點稱為新巴弗洛夫理論（neo-Pavlovian conditioning）。

在新巴弗洛夫理論中，消費者可被視為一個資訊搜尋者，利用事件間邏輯、知覺關係，以及他們自己先前主觀的觀點，建構複雜的世界。制約是從環境中各事件間關聯性的展露中學習的結果，此展露創造出對環境結構產生某些期望。

二、古典制約的策略性應用

衍生自古典制約的三個基本觀念：重複（repetition）、刺激類化（stimulus generalization），以及刺激區辨（stimulus discrimination），每一個觀念對消費者行為來說，都有相當重要的策略性意涵。

重複（repetition）會強化制約刺激與非制約刺激間的關係，並且減緩遺忘的速度。然而，有助於保留記憶的重複次數卻有其限制。稍微過度學習（即重複次數超過學習所需要的量）可能會幫助記憶，但是，超過某上限時，反而會使注意力及記憶減退。這個效果，即廣告疲乏（advertising wearout），可藉由改變廣告訊息而獲得改善。有些行銷人員利用表面變化（cosmetic variations），即使用不同的背景、不同的印刷類型、不同的廣告代言人，來重複相同的廣告主題。例如：HSBC將自己定位為「全世界的當地銀行」，最近的廣告活動「不同的價值」中包含約有二十支廣告，都是以「不同的價值讓全世界變成更富足的地方」為中心主題。這些廣告說明每個人的觀點都是主觀的，反應了其價值，因此，即便相同的物體亦可以有不同的意義，端視個人的文化及觀點。以不同的物體在不同的廣告中，訴說相同的中心主題。例如：瓶罐中的藥丸可表示「預防」（如維他命）、「治療」（如抗生素）、或「解放」（如禁藥）。

雖然廣告主已了解重複的原則，但是，到底要重複多少次才足夠，並無共識。有些行銷學者主張，一則廣告只要接觸三次〔三次擊發理論（three-hit theory）〕即可：

第一次讓消費者知曉該產品，第二次告知消費者產品的攸關性，第三次則提醒他們產品的好處。但也有人認為，需要十一、十二次的重複數量，才能確保消費者真正接收到前述三種資訊。重複的效果也需視消費者接觸競爭性廣告的數量而定，競爭性廣告水準越高，干擾（interference）的可能性也越大，易使消費者忘記重複所產生的學習結果。

　　刺激類化解釋了仿效品在市場上成功的原因：消費者將這些產品與原產品產生混淆。這也解釋銷售自營品牌的零售商，之所以仿效市場領導品牌設計類似包裝的主要原因，即在於使消費者將其與領導品牌混淆，以致於誤購其產品。有些品牌名稱非常具有價值，但因仿效品使其蒙受可觀的銷售損失。

　　產品線、型式與類別延伸（product line, form, category extensions）：刺激類化原則為行銷人員應用於產品線、型式及類別延伸上。進行產品線延伸（product line extensions）時，行銷人員以原有品牌推出相關性產品，藉由原有品牌知名度和信任度，影響消費者對新產品項目之偏好。圖5-2A說明在原味優格市占率下，推出草莓口味優格；圖5-2B說明大眾品牌的產品延伸策略。行銷人員也採用**產品型式延伸**（product form extensions）手法，例如：3M便利貼延伸至3M無痕掛勾等。

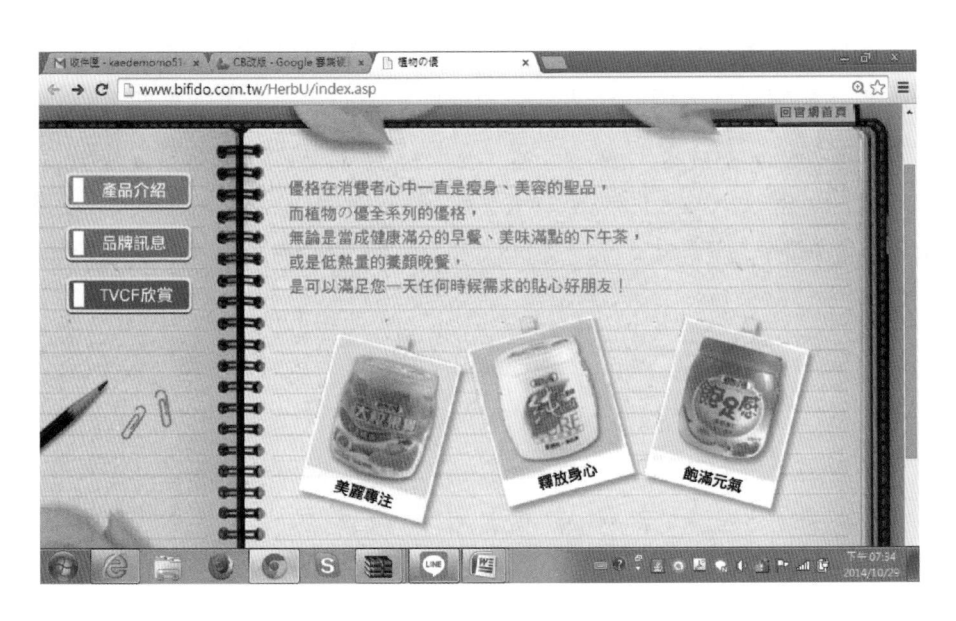

圖5-2A　廠商利用產品原有市占率，進而推出口味的變換。

參考來源：活益比菲多官方網站，http：//www.bifido.com.tw/newsite/products.asp?classid=AA201311
　　　22135410&classid1=AA201312217173212

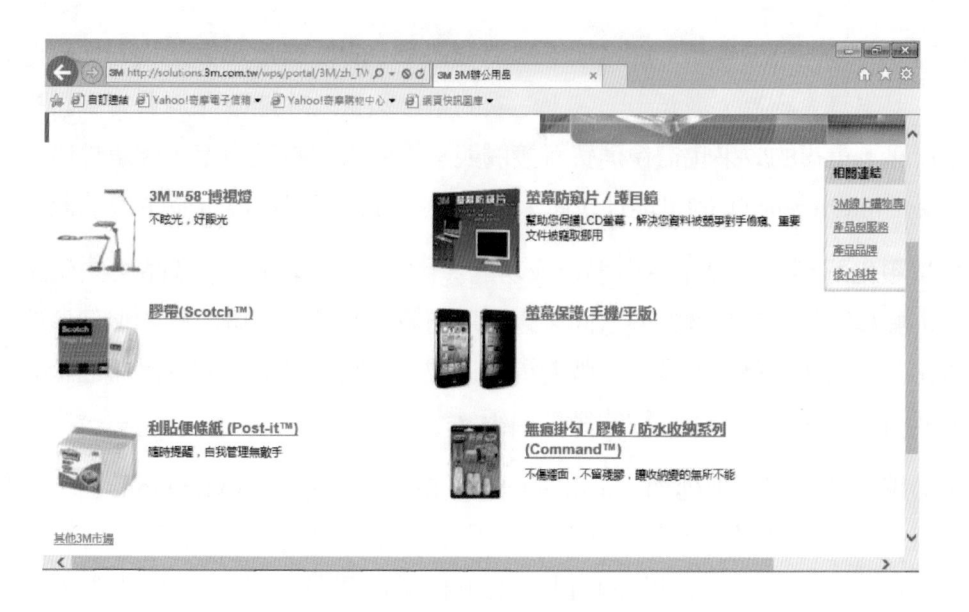

圖5-2B　大眾品牌的產品延伸策略

參考來源：3M臺灣官方網站，http：//solutions.3m.com.tw/wps/portal/3M/zh_TW/WW2/Country/

　　產品延伸策略之成功，需視許多因素而定。舉例來說，當母品牌已塑造穩固的品質形象時，且新品項與品牌有邏輯關聯性時，消費者較有可能對新的產品線、型式或類別延伸產生正面聯想。利用延伸手法，必須確保品質一致性，否則長期下來，可能會影響消費者對該品牌的信任度和評價。另外，有研究發現當品牌旗下包含多元化產品時，品牌延伸成功的可能性較高。販售相似產品之品牌進行品牌延伸時，則效果有限。該研究同時指出，名牌利益與延伸產品間可能的關聯性，是影響消費者對品牌延伸反應的關鍵因素。

　　家族品牌（family branding）：家族品牌是將公司所有的產品線，以相同品牌販售──是另一種利用消費者類化能力的策略，使其對原母產品形成的偏好，轉移至相同品牌的其他產品項目上。例如：康寶一直以此品牌名稱在產品線中，增添許多新的食品項目（如低鈉濃湯、冷凍烘烤食品、番茄汁），而使偏好康寶產品的消費者，容易接受新食品。

　　行銷人員可有效地運用家族品牌，寶鹼（P&G）便是集合在相同類別中許多個別品牌的優勢。例如：推出眾多洗衣粉、止汗劑和護髮產品（包括洗髮精）品牌。雖然這種作法成本高昂，但卻使得寶鹼在與廣告媒體磋商、爭取上架空間方面，擁有顯著的權力，也因此有效遏阻市場上競爭者的攻擊。

零售商的自營品牌也可以達到家族品牌的效果，例如：Wal-Mart過去常以廣告說明他們商店中只經銷「你信任的品牌」。現在，Wal-Mart名稱也搖身變成受消費者信任的「品牌」，並且具有相當的品牌價值。

刺激區辨（stimulus discrimination），其與刺激類化相反，乃希望個體能辨識相似的刺激。定位策略的主要目標是讓消費者有區辨相似刺激的能力，在消費者心中建立獨特形象，在消費者心中的定位是成功的關鍵。強調滿足顧客需求的獨特方式，行銷人員要消費者辨識在架上的其他競爭性產品。有別於仿冒者是藉類化市場領導品牌特性至仿冒者的產品上，領導品牌則是要消費者在眾多相似刺激物中辨識其品牌。

因此，在實務延伸上，為了能讓個體區辨相似的刺激，企業會針對商品進行些許的改變，亦即產品差異化（product differentiation）的概念產生。大部分的產品差異化策略是調整與消費者攸關性高、有意義、有價值的屬性，使其與競爭產品有所區別。然而，許多行銷人員也成功地對產品隱含利益不相關的屬性上進行差異化，例如：沒有貢獻的成分、顏色、或獨特包裝。一旦產生刺激區辨效果，要動搖品牌領導者的地位是相當困難的。因為領導者通常是市場先鋒，且已歷經許久時間「教育」消費者（透過廣告和銷售），使品牌名稱與產品產生強烈連結。而學習（連結某品牌名稱與特定產品）期間越長，消費者區辨的可能性較大，刺激類化機會便減少。

三、古典制約與消費者行為

古典制約的原則，可在行銷應用中提供理論的基礎。重複、刺激類化以及刺激區辨，都是主要的應用性概念，有助於解釋市場中的消費者行為，然而他們卻無法解釋消費者的所有學習行為。雖然，藉由重複廣告訊息，強調獨特競爭優勢，在某種程度上，可以塑造很多消費者行為（例如：購買有品牌的便利品），但仍有許多購買行為是經由仔細評估可選擇的方案後所制定的決策。消費者對產品的評價，常是以滿意度（報酬）為基礎，亦即實際的購買經驗。換句話說，是源自於工具性制約。

貳、工具性制約（instrumental conditioning）

如同古典制約，工具性制約也強調刺激與反應之間的連結性。然而，在工具性制約中，所學習到的是可引發酬賞效果的刺激。

根據工具性學習理論，學習是一連串的試誤過程。習慣的形成，是因表現某種反應或行為而得到酬賞的結果。這個學習模式，可應用在許多消費者學習情境中，說明消費者如何學習有關產品、服務，以及零售商店等資訊。舉例而言，藉由貨比三家，消費者

學習到各家商店所銷售的衣服樣式和價位，而一旦他們發現某家商店能符合其需求時，就會經常光顧這家商店，不再去其他家，且只要該商店的衣服款式一再贏得其偏好，消費者的商店忠誠度就不斷受到增強作用，重複光顧的可能性提高。

與工具性（操作）制約關係密切者是美國心理學家史基納（B. F. Skinner），根據史基納認為，大部分的學習都發生於受控制的環境中，在這樣的環境中，個人會因選擇適當的行為而獲得「酬賞」。就消費者行為來說，消費者藉由試誤歷程，了解到哪些購買行為可產生較好的結果（酬賞），而良好經驗即為「工具」，教導個體重複特定行為。

如同巴弗洛夫，史基納藉由動物實驗發展出學習模型，在其研究中，將老鼠、鴿子等小動物置於「史基納箱」中，當其做出正確動作（例如：壓下槓桿或咬到鑰匙），即可獲得食物（正向增強）。之後史基納和許多後續研究者，利用增強作用訓練鴿子玩乒乓球，甚至跳舞。而在行銷情境中，消費者會試穿數種牛仔褲品牌與款式，以找出最適合的樣式（正向增強），也屬於工具性學習，故最合適的品牌終將成其持續購買的標的。圖5-3為工具性制約模型。

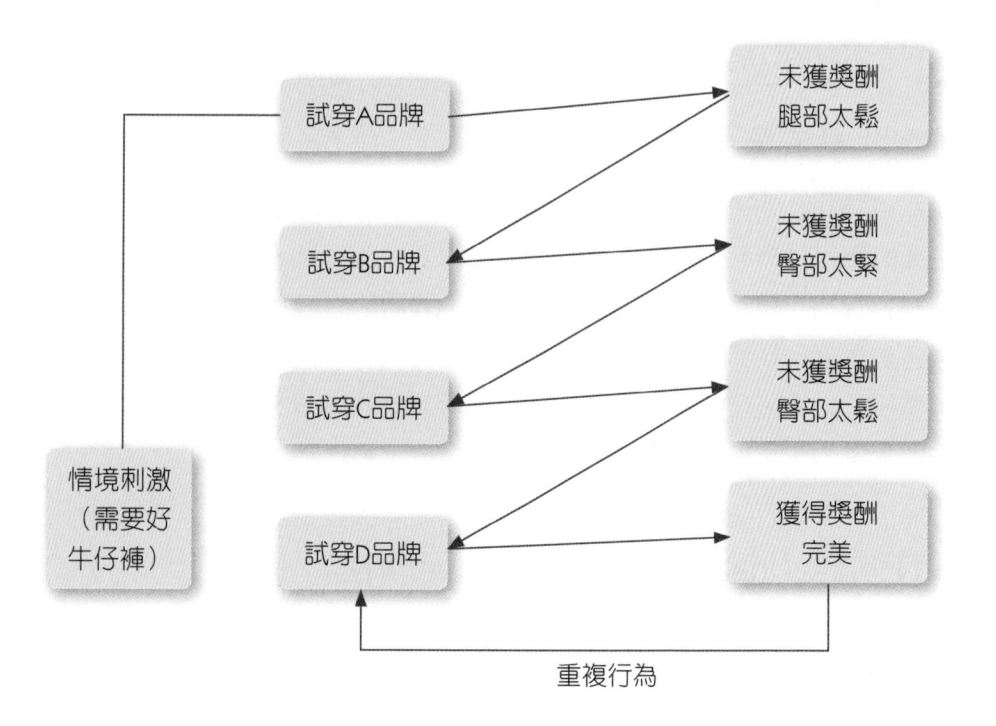

圖5-3　Skinner的工具性制約模型

參考來源：Skinner, B. F. (1953). "*Science and Human Behavior*", New York: MacMillan.

一、增強理論

在操作制約中所學習的行為通常較為複雜，可能是為了達成某一目的。例如：一些新開幕的商店，在開幕期間，可能會贈送消費者一些紀念品，希望他們養成在這裡購物的習慣。古典制約理論在應用時會有兩種不同的刺激同時出現，操作制約是在一段時間中，若出現一種行為時給予增強或獎勵，希望他們放棄另一種未予增強或獎勵的行為。消費者若在使用一種產品之後，能夠得到比較好的感覺或滿足時，自然會放棄舊有的行為。

在這段形成消費者新的購買行為期間，需要以各種不同的強化（Reinforcement）來增強消費者使用這項產品的信心。強化可以分為正向強化、負向強化、處罰及停止，這些不同的強化方法可以分別使用，也可以同時使用。

當出現某種行為時，給予獎勵就是一種正向強化。例如：消費者在穿著某名牌的流行服飾之後，立刻受到朋友的稱讚，就是一種正向的強化。而負向強化是指出現某種行為之後，就會去除不愉快的經驗。例如：讓消費者在口渴時，喝了某種飲料後，口渴的感覺立刻停止，所以有些廠商會在某些容易引起口渴的地方，免費招待消費者試飲，使消費者對於這款飲料有正向的好感。

處罰是指消費者在出現一種行為之後，給予不利的感覺，令其停止這項行為。例如：在使用了香味刺鼻的香水後，受到同伴的嘲笑，則會停止使用這種香水。而停止則是停止某項獎勵，希望他改變某項行為。例如：原來使用某一舊型電腦者，可以免費得到某種雜誌；現在新電腦出現，希望消費者購買新電腦時，可以建議客戶停止贈送雜誌，希望他能購買新的電腦，會有特殊的優惠。

二、強化時程的安排

強化時程和操作制約的學習效果有很大的關聯，基本上強化時程的安排，可分為連續式和間歇式的時程安排，若行為出現時，不斷的給予強化，就是一種連續式的強化，但是這種強化需要的成本較高，而且太多的強化，可能使得消費者習以為常，不能產生特殊的激勵效果。所以，一般廠商大都採取間歇式的時程安排，間歇式的強化可分為定時、定率、變時及變率式強化四種。

1. 定時強化（Fixed-Interval Reinforcement）

在一定的時間之後，廠商給予消費者一些強化，稱為定時的強化。不過在這種定時的強化下，消費者在這次強化完之後，往往會降低購買的數量。例如：許多百貨公司往

往舉辦換季大拍賣，許多消費者在拍賣期間購買許多產品，等到拍賣期間一過，又恢復原狀，一直到下次拍賣時才再次上門。

2. 定率強化（Fixed-Ratio Reinforcement）

這種強化是消費者在購買一定次數後，廠商給予一次強化，稱為定率強化。這種強化可以鼓勵消費者持續不斷的消費，是一種不錯的方式。例如：留下某產品的標籤幾枚，即可寄回抽獎，或是獲贈一份精美紀念品。

3. 變時強化（Variable-Interval Reinforcement）

不論期間（有可能是短時間，也有可能是長時間），給予一次獎勵，稱為變時強化，這種方式可以彌補定時強化的缺點。例如：有些連鎖商店，為了提高服務員的服務品質，會派出所謂的「神祕購物者」（Secret Shopper），若碰到服務員態度良好，會給予特別的獎勵；若表現不佳，亦會給予警告。因服務員不知神祕購物者何時會出現，所以會隨時維持良好的服務品質。

4. 變率強化（Variable-Ratio Reinforcement）

在消費者消費了某些次數之後，即給予一次強化的機會，但是他並不知道要購買幾次之後，才會得到強化。在這種情況之下，若消費者覺得強化對本身的吸引力很大，就會增加購買或使用的次數。例如：在玩吃角子老虎時，消費者知道，只要不斷的扔錢進去，不斷的拉，總有一次會贏得一些錢。

三、工具性制約的策略性應用

確保消費者對產品、服務，以及整體購買經驗的滿意度，此是正向增強的有效應用。行銷的主要目標在於極大化消費者滿意度（customer satisfaction），行銷人員必須提供最佳價值，且避免使消費者產生超乎產品性能的期望。除了使用產品本身的經驗，消費者可以由購買情境中其他因素獲得增強，如交易或服務地點的環境、員工的關注程度與服務、禮儀等。

另外，業者不應假設低價、多樣化產品就可贏得顧客滿意。相反地，能創造與顧客個人化的連結、提供多元化產品線及競爭價格，才能產生滿意及重複購買，這才是最好的正向增強。大部分便利商店運用消費集點換贈品，便是以強化正向增強為基礎來鼓勵持續消費，消費者消費越多，獎酬也就越多。

關係行銷（relationship marketing）——與消費者發展緊密的個人化關係——是另一種非產品增強的型式。預先告知消費者折扣期間，或為其保留中意的商品，等待下次

光臨時購買，均可提升消費者對該零售商店的忠誠度。能夠以電話告知其「私人」銀行員，在帳戶間移轉資金，或從事其他交易業務，而不用親自到銀行，同樣會增強消費者對銀行的滿意度。

增強的排程（reinforcement schedules）——行銷人員發現為使消費者形成忠誠，產品品質必須維持一貫水準，並讓消費者每次使用時都感到相當滿意。然而，他們也知道有些酬賞，並不需要在每次交易時均提供，偶發性酬賞也可以產生增強作用，鼓勵消費者重購。例如：航空公司有時會在登機門處為旅客升級艙等，或商店不定時廣播限時搶購等。讓消費者期待有可能獲得酬賞，亦能提供正向增強，而鼓勵其採取購買行動。

第二節 ▶行為學習理論 —— 認知學習理論

有許多學者對於人類是否能夠意識到他們正在學習的看法不一，行為學習理論者認為，只要不斷的出現各種制約刺激，人類就會自動的學習。認知學習理論者認為，即使這種十分簡單的影響過程也受到認知因素的影響，消費者要認知到某一刺激會產生某種反應，這種認知的過程就是一種心智活動。

壹、認知學習

「認知學習」（Cognitive Learning）是一種心智程序的結果，它與行為學習理論的差異是在於它強調內心學習過程的重要性，這種觀點將人視為問題的解決者，他會利用從各方面所得到的資訊，來控制環境，強調的是在學習過程中的創造力及洞察力。

認知學習的研究始於Kohler（1925），他將一隻猴子關在一個籠子裡，然後把香蕉放在籠子外面猴子用手拿不到的地方，籠子中放著一根棍子，猴子必須學習利用棍子才能取得香蕉。在這個實驗中，它的學習過程不是靠刺激和反應而得到的結果，而是須透過一些心智的洞察力，才能得到理想的結果。

在認知學習中，消費者對於產品的知識，會影響到他所能想到的解答，所以行銷者的作用，就是將廣告的訊息，有效的放置在消費者心中相關的位置，影響這種過程的因素，最主要有兩個，一是重述，二是修飾，三是模仿或觀察。

一、重述（Rehearsal）

重述是指在心中重複一段資訊，或更進一步的在短期記憶中，重新溫習一段資

訊，有人將它形容成一種在內心的演練。重述扮演著兩種重要的功能，首先它使我們暫時將這個資訊放在短期記憶中。例如：我們在電話號碼簿中，看到一個號碼後，會先在內心重述一次，以便我們能夠撥出這個電話。

其次，我們會在內心中不斷的重述，以便將其放到長期記憶中，作為日後作用。例如：經過幾次重述之後，我們會把某朋友的電話號碼記住，以後不用查電話號碼簿，也可以打這個電話。但是並不是所有的資訊都很容易重述，若消費者能夠發現這個資訊很有趣，或這個資訊與他原有的資訊有很高的相關性時，比較容易重述。

二、修飾（Elaboration）

修飾是指將所得到的資訊，進一步的調整，以便於記憶。例如：有一個人的電話號碼是8825252，你可以把它想像成「爸爸餓我餓我餓」，將一個普通的電話號碼轉變成比較具體的形象之後，在記憶上會比較容易。

而且在將資訊作進一步的修飾之後，可以發現它與我們原有資訊之間的關聯性會越大，會有更多不同的方式可以取回這些資訊，而這種對資訊的修飾，受到動機和能力的影響。當消費者對於一個資訊的興趣越高時，就越想去修飾一個資訊，以便容易記住這個資訊。例如：想要買個人電腦的消費者，他對於相關資訊的修飾動機，比不想買個人電腦的消費者高。

另一個因素是個人的能力，越多知識的人，就越容易修飾相關的資訊。例如：一個知道原有OS2有什麼樣功能的人，就比較能夠了解WINDOWS系列與原有的OS2間的差異，對於吸收這些新的資訊較簡單。另外也有一些環境因素，也會影響修飾的能力，例如：環境太吵雜或心情不好。

三、模仿或觀察（Modeling or Observational）

學習理論學者發現，在缺乏直接增強（無論正向或負向）的情形下，還是有大量的學習是透過模仿（modeling）或觀察學習（observational learning），又稱為替代學習（vicarious learning）而習得。他們觀察別人在某些情況（刺激）下的行為反應，以及隨後產生的結果（增強），然後在面對類似的情境時，模仿受到正向增強的行為。因此，模仿是個體透過觀察他人的行為、行為的結果，所產生的學習過程。他們的模仿對象，通常是因為具有某些特質，如外表、成就、技術，甚至是社會地位，而令其欽佩者。

廣告人員認知到觀察學習的現象，所以在選擇模特兒時格外謹慎 —— 無論有無名

氣。例如：青少年看到一則廣告，描述使用某種洗髮精可滿足其社會性需求，則會想要購買此產品；或者接觸一則廣告，說明健壯的年輕運動選手均食用Wheaties——「優勝者的早餐」——他也會想仿效。確實，替代（或觀察）學習，是目前許多廣告的基礎，選擇目標消費者認同的模特兒，可產生替代性學習的效果，使消費者在面對相同問題情境下，採用其所代言的產品。兒童從其父母、兄長，學習大部分的社交行為和消費者行為，他們模仿那些受到酬賞的行為，希望自己採取同樣行為時，也可以得到獎賞。

　　有時廣告會描述某些行為可能導致的負面結果，尤其是公共政策的廣告，常顯示抽菸、開快車、吸毒的後果。藉由觀察其他人的活動，以及因而產生的結果，消費者替代地學習到正確行為。

貳、提高記憶效果的方法

　　當消費者具有動機，而且又有能力在接收資訊時加以修飾，則行銷者的工作就較簡單，他只需要確定消費者曝露在廣告下，而且正確的了解行銷者所欲傳達的訊息。但是周圍的環境太過複雜，所以行銷者需要設計出一些能使消費者容易記憶的方法。

一、圖形

　　研究者認為我們在儲存知識時，可以用語意或圖形來儲存，若能夠同時以兩種不同的方式儲存，可以讓我們在取用時更方便，而且記憶的能力可以加倍，所以若能把產品的品牌、特性和一些圖形產生關聯，將有助於消費者的記憶。

二、具體的字

　　要引起消費者圖形的聯想時，最好使用具體的字，例如：樹、衣服等，會比用一些抽象的字，例如：道德、正義等有效。因為抽象的字眼較不容易具體化，例如：黑貓蚊香或鱷魚蚊香。

三、自我關聯

　　當看到的東西與自己有關時，消費者的注意力會提高。例如：一位消費者買了一輛新車之後，若在街上看到同一類型的車，此時最容易引起消費者的注意。在廣告中若使用一些與消費者有關的現象，或消費者所關心的事來作廣告，也可以得到較高的注意，並將其與消費者原有的經驗作連接。例如：「大茂黑瓜」的廣告，就以初一、十五要吃素，來引起吃素者的注意。

「代理學習」（vicarious learning）是透過觀察別人的行為及其結果來學習的過程，所以又可稱為觀察學習。當人在觀察別人的行為時，就在不斷的累積相關資訊，以作為日後行為的參考。代理學習對於日後行為的影響程度，受到許多因素的影響。人們喜歡模仿那些地位或聲譽較高或與他們本身較類似的人，例如：很多廣告利用歌星、影星或運動明星作為廣告模特兒，就是運用了代理學習理論。

為了使代理學習具有效果，須要符合下列四個條件：

1. 消費者的注意力，必須集中在這個人身上。

2. 消費者必須記得這個人所說過或做過的事情。

3. 消費者必須具備有做這項動作的能力。

4. 消費者必須有做這項動作的動機。

第三節 》記憶

壹、資訊處理與認知學習

不是所有的學習都是重複嘗試的結果，有些是源自於消費者思考和問題解決過程，突發性學習也可能發生。遇到問題時，我們有時會立刻想到解決的方式。但通常，我們會蒐集資訊，仔細評估所學習到的事情，以針對目標制定最佳決策。

以心智活動為基礎的學習稱為認知學習（cognitive learning）。認知學習理論認為，最能表現人類特徵的學習類型是問題解決，藉此可使個體對環境擁有一些控制力。認知學習理論與行為學習理論不同之處，在於其認為學習包括複雜的資訊處理歷程，不強調重複、獎酬、與特定反應間的關聯性，而重視動機的角色、以及產生期望反應所經歷的心智過程。認知學習討論範圍始於人類的記憶——資訊處理的主要工具，接著提出認知學習的理論模式，最後，討論數種認知學習的形式。

貳、資訊處理（information processing）

人類一如電腦，會處理所接收到的資訊。資訊處理（information processing）與消費者的認知能力，以及待處理資訊的複雜程度有關。消費者處理產品屬性、品牌、品牌間比較，或更為複雜的資訊。品牌訊息中揭露的屬性內容，以及可供選擇的產品數目，會影響資訊處理的強度與程度。而具有高認知能力的消費者，顯然較低認知能力者，可

以獲得更多產品的資訊、考慮更多產品屬性、選項。

　　消費者對一個產品種類的經驗越多，則其對產品資訊的運用能力就越強。制定新購買決策時，對產品種類越熟悉，認知和學習能力越強，特別是處理與技術有關的資訊時。有些消費者藉由類推而學習，亦即以熟悉產品的資訊轉移至新的或不熟悉的產品，以加強他們的理解程度。

參、消費者如何儲存、保留與擷取資訊

　　資訊處理歷程中最重要的部分是記憶。我們將檢視資訊如何儲存於記憶內？如何被保留？如何被擷取？因為資訊處理是一階段、一階段地發生，一般認為記憶有個別、依序的「存放室」；多數認知研究的重點，皆在於探討資訊儲存、保留，以及擷取等議題。

　　由於資訊處理是階段性的，一般相信，記憶有分開、連續的「儲存空間」，在資訊被進一步處理之前，可加以暫存。這些儲存空間包括：感覺儲存（sensory store）、短期記憶（short-term store）、及長期記憶（long-term store）。

　　感覺儲存所有資料都是透過感官接收；然而，感官並不像照相機，可以轉送完整的影像。反之，每個感官接收分割的資訊片斷（例如：一朵花的味道、顏色、形體，以及感覺），然後，同步傳送到大腦，於是，瞬間知覺受到同步處理，而形成個別完整影像。影像的投入，只會在感覺儲存（sensory store）中持續1、2秒，假如沒有加以處理，就會立刻消失。我們不斷受到環境刺激的衝擊，而且下意識地排除大部分我們不「需要」，或無法使用的資訊。對行銷人員而言，這意味著，雖然要讓資訊進入消費者的感覺儲存中並不難，但要形成持久的印象卻不容易。更甚者，大腦會自動且下意識地將所有知覺「加上」正面或負面價值，持續保留著，除非接受到更多資訊，才有更動可能性，這正足以解釋為什麼第一印象相當持久，以及何以過早將產品引進市場可能是危險的作法。

　　短期記憶（short-term store）是真實記憶的階段，在此階段中，訊息會受到處理，且保留一小段時間。個體都有在電話簿中查詢電話號碼，卻可能在撥號之前就忘記的經驗，顯示短期記憶的易逝性。假如短期記憶中的資訊被複誦（即資訊在心裡重複），則會轉入長期記憶中，轉換過程則約需花2到10秒時間，而沒有被複誦和轉換的資訊，可能在30秒或更短時間內就會消失。一般而言，短期記憶可以保存的資訊量僅有四項或五項。最近一項實驗說明短期記憶的運作，一研究員走近一路人問路，當路人回答時，一

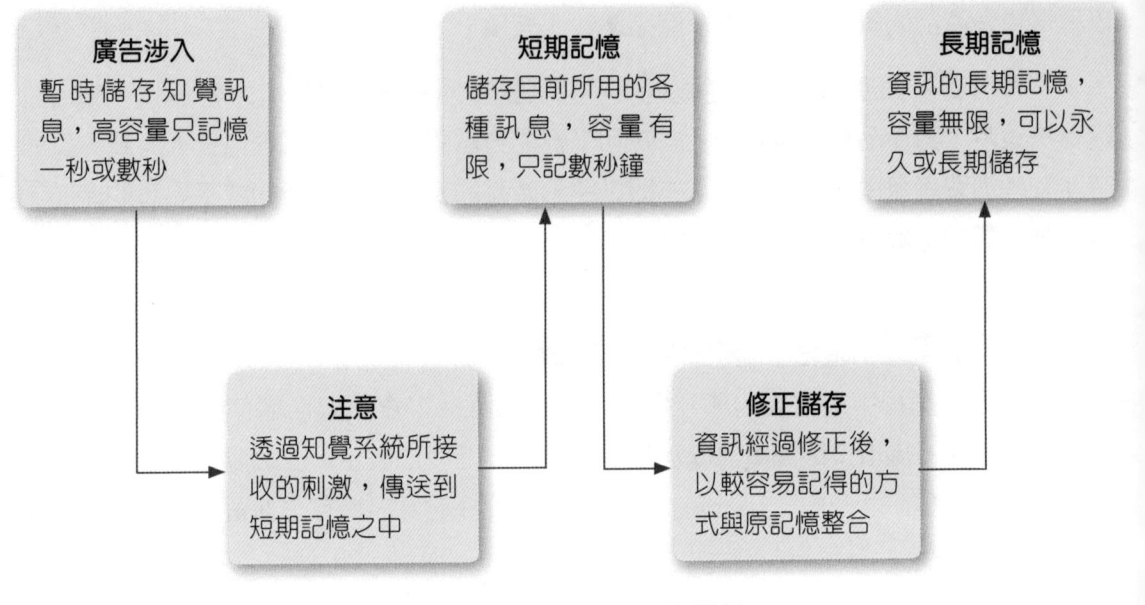

圖5-4　記憶系統之間的關係

群帶著大型門板的工作人員插入研究者與路人間，藏在門板後方的研究員換人了，大約僅一半的路人注意到他們是在與不同的人交談。

　　長期記憶相對於短期記憶中資訊只能維持少數幾秒，長期記憶（long-term store）可保留相當長的時間。雖然到達長期記憶的資訊，也可能在幾分鐘之內就忘記，但通常都可保存幾天、幾星期，甚至幾年。例如：最近一項關於開過三代的汽車消費者的研究發現，最早的記憶及駕駛經驗定義了汽車品牌，並影響後來一生的汽車品牌偏好。圖5-4描繪資訊在廣告涉入、短期記憶和長期記憶之間移轉的過程。

　　複誦與編碼可以由短期記憶移轉到長期記憶的資訊量，與資訊被重述（rehearsal）的次數有關。未藉由重複，或與其他資料產生關聯的投入，會漸漸消逝，而最終遺失。資訊量過多時，也可能遺失。例如：如果短期記憶同時由感覺儲存中接收大量的投入，它可能只能處理二或三項資訊。

　　學習一圖像比學習一語音更快，但兩類的資訊對形成一完整心智影像都是很重要的。比起沒有任何語音的說明，一廣告附有圖例及人的經驗更可能被編碼及儲存。高影像文案與低影像文案相比，前者被回憶的可能性較高。一項研究發現，廣告記憶目標強化對文案、圖像、品牌設計的注意，而品牌學習目標產生對文案的注意，但也同時阻斷了對圖像設計的注意。或許我們可做成結論：以文案為主的廣告激起了品牌學習，而以圖像為主的廣告激起了廣告欣賞。

　　複誦的目的是將資訊保留在短期記憶中，以便進行編碼（encoding）。編碼是選擇適當文字或圖片，用以代表知覺標的物的過程。例如：行銷人員利用品牌符號幫助消費者將品牌編碼，其中，Lacoste在自家產品上印有鱷魚標誌，曼秀雷敦有自己的象徵人物小護士，戴爾電腦以e作為標識，蘋果則使用一時髦、獨特的標識。

　　消費者對商業廣告的編碼，與其播放期間（或相鄰）的電視節目有關。有些節目內容，需要觀眾投入較多認知資訊處理（例如：發生引人注目的事件），而當觀眾對節目本身付出的認知資訊越多時，對廣告資訊的編碼與儲存則變少。由此可知，在戲劇性節目中，需要較少認知處理的廣告，會比需較多認知處理的廣告來的有效。相當沉迷於某一電視節目的觀眾，對於其間或相鄰之廣告，會有較正面的反應，且有更強烈的購買意圖。近期常接觸相關的資訊，亦會加速編碼。研究發現，在廣告活動開始前，宣傳可促進其後廣告品牌的回憶。

　　當消費者接觸到過多資訊〔稱為資訊超載（information overload）〕時，在資訊編碼及儲存方面可能會有困難。因此，在大量的廣告種類中，要消費者記憶新品牌的產品資訊並不容易。在有限時間中給予消費者過多資訊，會變成認知過度負荷的情形。超過負荷的結果會使消費者產生沮喪、混淆，甚至不良的購買決策。

　　保留資訊不只是在長期記憶中等著被擷取；相反地，它們會不斷地被組織與重整，以及反映新的資訊連結。事實上，許多資訊處理學者認為，長期記憶是由結點（及概念），以及結點間連結關係所形成的網路。當個人對某主題所擁有的知識越多，他們會擴展概念間的關係網路，或搜尋更多的資訊，這個過程稱為啟動（activation），即將新舊資料進行連結，使資料更具意義。廣告中的代言人，可以啟動消費者對產品名稱的記憶。當線索一啟動，此呈現在心中全部關聯性的整體包裝稱為基模（schema）。

　　儲存在記憶中的產品資訊，較有可能是按照品牌區分的，而且消費者會依據既有組織方式，詮釋新資訊。消費者每年面對數以千計的新產品，進行資訊搜尋時，主要視其與記憶中產品類別之相似或差異度而定。因此，對新產品而言，消費者可能回憶起熟悉的相同品牌，但對過去不熟悉的品牌則須花較多時間才能回想起來。

　　有研究探討品牌銘記（brand imprinting）現象，即藉由訊息建立品牌識別，並認為其有助於便利消費者學習與保留品牌資訊。另有研究指出：品牌的聲形符號（sound symbolism）（例如：字音所含有的意義）和語言特徵（linguistic characteristics）（例如：特殊拼音），也會影響品牌名稱的編碼與保留。

　　消費者會重新編碼以容納更多資訊〔稱為資訊群（chunking）〕，對行銷人員而

言，找出消費者可以處理的資訊群（chunking）種類與數量是很重要的。當廣告提供的資訊群與消費者的參考架構不符合時，回憶程度可能會受到阻礙。先驗知識的程度也是很重要的考量，當消費者擁有較豐富的產品知識時，可以吸取更複雜的資訊。因此，刊登在 PC 雜誌或 Wired 等專業雜誌中的電腦廣告，可以比呈現於一般性雜誌者，如 TIME，提供更多、更詳細的技術性資訊。

資訊以兩種方式儲存在長期記憶中：順序性（episodically）（依事件次序）和語意性（semantically）（依重要性）。人們可能記得上星期六曾去看電影，此即順序性記憶能力；而若能記得情節、明星、導演，則屬於語意性記憶能力。許多學習理論學者相信，語意類型的記憶，可組織成許多架構，以便於將新資料與先前經驗進行整合。例如：為了儲存新印表機品牌與款式，個體必須將其與先前所擁有的相關經驗，如印表機速度、列印品質、解析度等產生關聯。

擷取（retrieval）為我們由長期記憶中取回資訊的過程。擷取經常被情境線索觸發，例如：當在商店或電視上見到一產品時，我們會自動擷取已經在大腦中可用的訊息。如果這品牌是獨特且經常出現、或曾有難忘的使用經驗時，則擷取速度將比少見的品牌快許多。有些科學家使用腦部影像技術檢視資訊的擷取，例如：當男人見到很酷的跑車時，他們的獎勵中心將被啟動。將消費者區分成喜歡可口可樂、百事可樂兩類並給予盲目口味測試，研究指出，大腦不同區域正在工作，當嚐到其中一口味時，大腦的獎勵系統被啟動。但當被告知是喝下何種品牌時，大腦的記憶區被啟動，並推翻了原喝下但尚不知時的偏好。

當訊息元素與廣告訊息有相關時，即使略顯突兀（或非預期性），同樣亦可滲透入消費者的知覺視框，改善其對廣告的記憶程度。例如：在一則防止髒汙且容易清洗的地毯廣告中，一對穿著優雅的夫婦端坐在美麗的餐廳，男主人卻一不小心，將食物、花以及瓷器打碎，散落在地面。演員的優雅、高級的布置，使意外顯得不相稱、及不可預期，然而這個訊息仍具有高度相關性，意即這舉動所導致的髒亂問題可以輕易被清除，且不留汙漬於地毯上。因為這廣告非常戲劇性，一旦當消費者置身於後續廣告中的任一元素中，它很可能就被記起（或被擷取）。至於與廣告突兀且不相關的元素，即使可穿透消費者知覺視框，卻無法提升其對產品的記憶程度。例如：廣告中呈現一位裸女坐在辦公家具上，很有可能會吸引消費者的注意，但是卻不會增加其對產品或品牌的記憶程度。最近的實驗，以記憶及以實物刺激選擇四種甜點，發現以記憶為基礎的產品選擇較受感覺（如渴望美食）所引導，而以實物刺激為基礎的產品選擇較受謹慎的考慮（如理性的節食需求）所引導。

　　干擾在一個產品種類中，競爭性廣告越多，消費者對特定廣告的回憶率就越低，這些干擾效果（interference effects），是因為競爭性廣告造成混淆，以及擷取困難所致。然廣告也可能成為競爭品牌的擷取線索，例如：消費者將勁量電池與金頂鹼性電池產生混淆。干擾的程度，視消費者先前經驗、對品牌屬性資訊的先驗知識，以及決策當時可得的品牌資訊量而定。干擾類型可分為兩種，新的學習（New learning）可能干擾先前儲存的資料；此外，舊有的學習（Old learning）也可能干擾新近學習。

第四節　品牌忠誠

　　品牌忠誠是消費者學習的最終期望目標，然而，對此概念並無單一定義，行銷人員同意品牌忠誠含有對品牌的態度、真實行為，而此二項皆須被量測。態度衡量（attitudinal measures）關切消費者對產品與品牌的整體感覺（即評價）、及購買意圖。行為衡量（behavior measures）則著重於可觀察的真實行為，諸如購買品牌、購買量、購買頻率、及重複購買等。

　　偏好工具性制約理論的行為學者相信，消費者之所以形成品牌忠誠，是因為經過初步採用後，獲得相當程度的滿足感，在增強作用下，產生重購行為。另一方面，認知研究者則強調心理歷程在建立品牌忠誠時扮演的角色。他們相信，消費者從事廣泛性問題解決時，會進行品牌與屬性的比較，而產生較強烈的品牌偏好與重複購買行為。因此，品牌忠誠是知覺產品優越性、消費者滿意度、及購買行為本身等態度成分，所產生的綜合結果。

　　對認知學習理論者而言，行為定義（如購買頻率，或占總購買量的比例）缺乏嚴謹度，無法藉此區分真正品牌忠誠者與假性（spurious）品牌忠誠者。假性品牌忠誠者可能是出於習慣、或僅一品牌別無選擇，而持續購買某品牌。其他消費者制定決策時，多半是從多種可接受方案中〔如喚起集合（evoked set）〕進行選擇。在特定產品類別中，可接受的品牌數目越多，消費者越難成為個別品牌忠誠者。相反地，當產品所面對的競爭程度較低，或者購買頻率很高時，較有可能形成品牌忠誠。因此，對特定品牌、服務和商店抱持良好態度，並經常重複購買，似乎是消費者忠誠的必要成分。購買忠誠導致較高的市占率，而態度忠誠經常使得行銷人員為其品牌制定較高價格。

　　整體來說，消費者忠誠取決於三個因素：(1)個人風險規避或尋求多變程度；(2)品牌聲譽及替代性品牌之可得性；(3)社會群體影響和同儕推薦。而由這三個因素產生

四類忠誠型態：(1)無忠誠──不曾購買，對該品牌無任何認知依附感；(2)渴望性忠誠──未曾購買，但由個體社會環境中習得對品牌形成強烈偏好；(3)慣性忠誠──出於習慣與便利而購買該品牌，然而對該品牌並無情緒性依附感；(4)高度忠誠──高度偏好該品牌，且展現重複購買行為。依此觀點，顯示消費者涉入程度與品牌忠誠度的認知、行為構面有共變性，例如：由於社會觀點認為車子是很重要的消費財，而有些汽車品牌（如賓士）可彰顯購買者之聲望與成就，因此，即使消費者目前並未購買該品牌，但仍具有相當涉入程度與依戀感（渴望性忠誠），而當其有足夠預算時，極可能採取購買行為。在低涉入情況下，則可能因接觸、品牌知曉，然後形成品牌習慣（慣性忠誠）。事實上，面對低涉入決策，消費者難以區辨品牌間差異性，而會因熟悉性與便利性重複購買某特定品牌。另一方面，高度忠誠屬於真正忠誠者，對品牌擁有強烈承諾，儘管競爭品牌提供各項誘因，也較不可能轉換品牌。

為形塑及維持品牌忠誠，行銷人員常設計許多獎酬忠誠方案。研究顯示，品牌經理相信獎酬忠誠方案推升漸進式購買行為，在該研究中提出三種獎酬忠誠方案（見表5-1），並說明不同市場區隔族群之購買模式，應客製化獎酬忠誠方案的選擇性。

表5-1 三種品牌忠誠度之獎酬方案類型

獎酬方案	會員通訊	折價券	商品
低 （一般超市）	每月提供單頁會訊，告知一般大眾各項產品資訊	不一定提供	只要集滿幾點貼紙，即可獲贈指定商品
中 （連鎖超商）	每月提供製作精美之產品目錄，告知會員各項產品訊息	在會訊中提供臺幣100元折價券，用於購買各項產品	只要集滿55點貼紙，再加指定金額，即可換購指定商品（如咖啡杯或T恤）
高 （百貨公司）	每季提供製作精美之產品目錄、競賽方式，告知會員各項產品訊息	在會訊中提出滿額贈、或促銷之商品組合	單次滿購物金2,000元以上，即可獲贈免費商品

本章摘要

- 消費者學習是個人取得購買與消費知識、經驗的過程,而這些知識與經驗可以應用在未來的相關行為上。雖然有些學習是意圖性的,但有更多學習是偶發的。與學習有關的概念,包括動機、線索、反應與增強。

- 關於學習,有兩個主要的學派——行為理論與認知理論,兩者皆可增進對消費者行為的了解。行為學家視學習為對刺激產生的可觀察反應,而認知學家相信學習與心理歷程有關。

- 三個主要的行為學習理論是古典制約、工具性制約,以及觀察學習。古典制約的原則可應用於行銷策略中,包括重複、刺激類化,以及刺激區辨。新巴弗洛夫理論視傳統的古典制約為認知性連結學習,而非反射動作。

- 工具性學習理論者相信,學習是經由一連串的試誤過程而發生,正面的結果(即報酬)會產生重複行為。正向增強與負向增強皆可被用來鼓勵期望的行為。重複的排程會影響習得資料的保留時間。增強排程可以是全部(持續)或部分(固定比率或隨機比率)性的。集中重複會比分散重複產生較多的初始學習效果;然而,分散增強通常會使學習較持久。

- 認知學習理論認為,最能表現人類特點的學習類型是問題解決。認知學者關心的是人類的心智如何處理資訊:如何儲存、保留與擷取。根據記憶的結構與運作模型建議,有三個獨立的儲存單位:感覺儲存、短期記憶,以及長期記憶。記憶的處理包括複誦、編碼、儲存,以及擷取。

- 涉入理論指出,對於重要性低,或相關性低的任務,消費者只會從事有限的資訊處理;而在相關性高的情境中,將從事廣泛的資訊處理。依據腦側化理論推論,電視是低涉入媒體,會產生被動式學習:而平面與互動式媒體,則可鼓勵更多認知性的資訊處理。

6

Consumer Attitude Formation and Change
消費者態度形成與改變

Wu-Nan Book Inc

Goodness Publishing House

韓流風潮席捲臺灣

　　戲劇帶動韓國的觀光等產業，讓許多國家都興起了「韓流」，也相對對韓國都升起一股朝聖的潮流，這股風潮也吹向郵輪，麗星郵輪船隊將舉行一連三星期的「海上韓國風潮」，帶給民眾一場「韓風」的體驗。活動時間將在3月7至30日舉行，不管目的地在哪，都將能感受這股「海上韓國風潮」之航。

　　「處女星號」現正以新加坡為母港，提供到訪麻六甲、布吉、檳城、浮羅交怡及吉隆坡的航次。「處女星號」將打響頭炮，率先在星期日、三、四、五晚上於地中海自助餐餐廳推出韓式美食；或到皇府中國大酒樓、侍軍日本料理和24小時營業的藍湖咖啡座，品嚐多款由客席韓國廚師烹調的正宗韓國菜、新式韓式混合菜，例如：韓式燒烤、泡菜炒飯等。晚上，旅客亦可以與親朋好友到船上酒吧暢飲韓風飲料、韓國啤酒、米酒、燒酒，放鬆身心。

　　並安排一系列的娛樂節目及活動，包括韓國流行歌曲樂迷不可錯過之韓國女高音的表演和「韓國流行曲Bingo」，與酷似韓國巨星PSY、Wonder Girls和Super Junior等模仿秀；船上的娛樂部員工更會教授近期韓國流行的排舞，並有多齣韓國電影於麗都歌劇院上演。

　　穿上韓國傳統服飾的模特兒會於「韓國風潮時裝展」中展示韓國傳統文化，在天橋上盡顯美態，亦示範如何穿搭層層疊疊的傳統韓服。船上亦會教授基本韓國知識，例如：紙扇、面具及燈籠製作班和有趣的遊戲等。

　　「韓流」風潮的興起，吸引了許多臺灣年輕人的模仿風潮或甚至是熟女的喜愛，韓國在許多臺灣消費者的心目中彷彿是世界第一，無人能及，愛上某個東西或是某個明星代言，就可以愛到無怨無悔、海枯石爛，這種普遍的消費者現象及牽涉到「態度」的呈現，進而影響其購物行為。

資料來源：
1. 洪書琪，「『韓』流擋不住，郵輪也掀風潮」，蕃薯藤，http: //history.n.yam.com/travelrich/travel/20140227/20140227135063.html, 2014/02/27。
2. 「韓流風，你跟上了嗎？！」，市調網，http: //www.gosurvey.com.tw/gosurvey/societyFact.do?sn=14701011cbd0000090ec, 2014/06/09。

消費者對許多事物都持有個別態度，諸如產品、服務、廣告、直接郵件廣告信函、網際網路和零售商店等。當被詢問到是否喜歡一項產品（例如：卡西歐手錶）、一種服務（例如：國泰航空）、一家特別的零售商（例如：家樂福）、一個直銷業者（例如：www.Amazon.com）、或廣告主題（例如：全國電子——「揪甘心ㄟ」），即意謂著要我們表達對這些事物的態度（attitude）。並且，對某一特定產品或廣告（或任何相關產品的行銷訊息），消費者相當有可能分別對這個產品和它的廣告有不同的態度（例如：不喜歡產品，但喜歡它的廣告）。

在消費者行為領域中，若能充分了解消費者的態度，將可提供行銷人員寶貴的策略性建議。舉例來說，近年來全世界吹起自然風，消費者對含有天然成分的沐浴精、身體用品或化妝品需求若渴，而這股趨勢很明顯地與當下消費者對「自然」概念的偏好，以及對「合成」產品的排斥有關。然而事實上，消費者對天然物品的正向態度，並非源自於任何系統性的證據確實支持此類產品較安全、功效較好。

為深入了解消費者行為的動力來源，相關研究者多採用態度調查，來探討許多行銷議題。譬如，以態度研究判斷消費者對一項新產品的接受度、了解目標區隔群眾為何對新的促銷主題未產生預期的正向反應，或者預測目標消費者對新的包裝設計可能抱持的看法等。以Nike, Reebok運動品牌為例，就常分別針對不同目標消費者進行態度調查，以發掘他們對各種運動鞋尺寸、合適性、舒適度和流行性等各方面的看法，甚至對新設計概念、功能特色的反應。他們也經常探測消費者對自家廣告的反應情形，以了解對消費者態度可能造成的影響。本章將探討態度研究在消費者行為中扮演的角色、態度研究之所以深受消費行為研究者關注的主要原因，以及進行態度研究時可能遭遇的難題、挫折與挑戰，其中將特別論述態度形成、態度改變和相關的策略行銷議題。

第一節 》態度的特性與功能

態度（attitude）是對人、事、物的一種持續性或一般性反應，可能會持續一段時間，可能會牽涉到喜歡或不喜歡等評價，具有預測行為傾向的功能。我們對於產品的態度，受到許多因素的影響，行銷者的目的就是試圖改變人們現有的不良態度，強化現有的良好態度，或者促使人們對新的或改進後的產品，創造新的態度。此外，態度還具有以下幾種特性：

壹、態度的特性

一、態度有特定的對象（標的物）

　　由消費者取向界定態度「標的物」（object）這個詞彙，主要是指與消費或行銷有關的各種實體或概念，諸如產品、產品類別、品牌、服務、所有物、產品使用、問題原因、議題、人物、廣告、網址、價格、媒體、或者零售商等。一般來說，態度正是消費者對標的物所形成的整體性評估。

　　執行態度研究時，一定會針對某一項特定的標的物（object specific）進行調查。比方說，如果我們想了解消費者對三種手錶品牌的態度，那麼我們所欲探討的標的物可能包括：Panasonic, AT&T 和 Uniden；如果我們想了解對洗衣機主要品牌的態度，則相關的「標的物」應包括GE, Maytag, Whirlpool, Kenmore和LG等。

二、態度是一種習得的傾向

　　消費行為研究者大多已形成共識，認為態度是習得的，在形成過程中，深受直接使用經驗、口耳相傳、大眾傳播廣告、網際網路、或者各種直接行銷（例如：零售商目錄）活動的影響。值得說明的是，態度雖可能由行為造成，卻未必等同於行為，態度所反映的只是對標的物一種正向或反向的偏好與評估。而由於態度是習得的傾向（learned predispositions），具有激勵的特質。因此，可能驅使消費者採取趨向（toward）或避開（away）特別的行為。

三、態度具有一致性

　　態度的另一項特質是使其與行為間保持一致性。不過，儘管態度具有一致性（consistency），卻非永久不變（關於態度改變的部分，將於本章稍後討論）。

　　首先，我們必須解釋一致性的意義。在一般正常的情況下，消費者的行為應該與其所表達的態度互相吻合。比方說，如果有一位臺灣的消費者較偏好德國車而非日本車，那麼，將可預期他在購車時會優先考慮德國車。換句話說，只要消費者有自由選擇的權利，可以依照自己的偏好做決策的話，那麼他所表現的行為將與態度一致。然而，正因有許多外在條件的限制，使得態度與行為間不盡然能保持一致性。就上述案例來說，可能由於經濟能力不足，該消費者發現日本車比德國車是更為實惠的選擇。所以，在探討消費者態度與行為之間的關係時，必須考慮各種情境因素的影響效果。

貳、態度的功能

此外，態度是構成消費者行為的重要因素，因為它在保持消費者生活方式的連貫性，以及增加生活方式的意義和表現方式等，在這方面，態度不但發揮重要作用，同時也幫助消費者在適應困難處境時，表現他們的價值觀念，組織他們的知識。除此之外，在受到威脅時，態度也發揮了保衛自我的特殊功能。態度具有以下四種功能：

一、知識的功能

態度能幫助生活複雜，身處多變化世界的消費者組織並簡化知識。不管這種知識正確與否，它仍將指導或影響該消費者的行為。例如：有人認為「可樂的味道都一樣」，反應了他們對可樂的態度，行銷者可以設法改變這種態度。百事可樂就作了一次味道測試，結果證明消費者對百事可樂的偏好勝過可口可樂。然後在廣告中，以「百事的挑戰」為主題，說明百事口味比其他可樂好。

二、價值表達的功能

許多態度能表達消費者所堅持或認為很重要的價值觀念，因此當消費者重視環保的價值觀念時，就會購買那些比較不會造成汙染的產品，這便是一種基本價值觀念的表現。由於絕大多數產品都象徵性的代表一種特別形象，如果消費者有著與產品形象所表現出來相類似的價值觀念，更容易對該產品持有良好的態度。

三、自我防衛的功能

當我們處於受威脅或不舒服時，態度還能保護自我，諸如使用補償、合理化的防衛技巧，以加強自我保護的態度。例如：一些缺乏安全感的消費者，可能喜歡一種具有大馬力的汽車，因為汽車的此一特性，使他們的不安得到了保護。

四、調整的功能

態度也具有一種調整的功能，使得一個人在心理上適應新的或困難的處境。就消費者而言，我們會根據其他人的反應，來調整我們的態度，以保持心理平衡。有些人根據個人的偏好，買了一條非常奇特的褲子，卻受到朋友的取笑，他可能會改變對朋友或褲子的態度，以取得平衡。認為朋友不懂得欣賞，或這件褲子沒有他原來認為的那麼好。

圖6-1　態度由認知、情感、行為意圖三要素所構成

第二節 》態度的ABC要素與效果層級

　　態度由三個要素所構成：感情（Affect）、行為（Behavior）意圖和認知（Cognition），如圖6-1所示。感情是指消費者對於一特定主體的感覺；行為是指消費者是否會有想要購買某一產品的意願（有意願不一定會產生行為）；認知是指消費者對於某項產品的信念，它是由個人對客觀事物的信念與知識所組成。

　　1. 認知成分──三要素態度模式中的第一個元素為認知成分，是指因直接經驗，或者由各種管道所獲得的資訊，經整合後，對態度標的物形成的知識與知覺。此知識與隨之產生的知覺形成所謂的信念（beliefs），代表消費者相信此標的物擁有某些屬性特徵，以及不同行為可能產生的特別後果。

　　2. 情感成分──消費者對於一項產品或品牌的情緒或情感反應，構成態度中所謂的情感成分，消費行為研究者認為此情緒或情感成分在本質上屬於評估性的（evaluative）。換言之，情感成分代表著消費者對態度標的物直接或總體性的評鑑（即消費者喜歡或不喜歡此標的物，或者評估此標的物為好的或不好的）。

　　3. 行為意圖──代表個體對態度標的物，採行某種特別行動或行為的可能性（likelihood）與傾向（tendency）。在行銷與消費者研究中，行為意圖成分常常意指消費者的購買意圖（intention to buy），購買意圖量表即被用以衡量消費者購買某項產品或表現某種行為的可能性。

　　這三個態度的要素與消費者的動機有關，不同消費者對於同一項產品的態度形成，可能有不同的影響順序，研究者發現有四種不同的影響發展程序，如圖6-2所示：

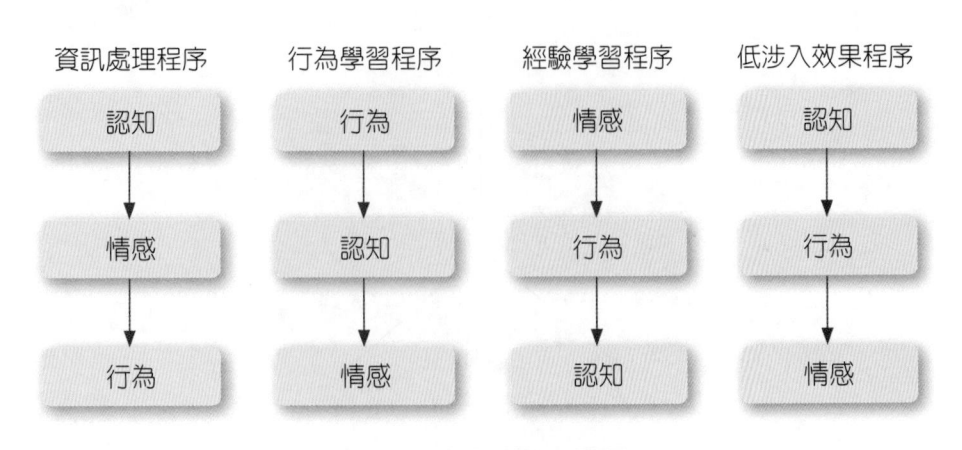

圖6-2　態度的效果層級

一、資訊處理程序

在資訊處理程序下，消費者先進行認知思考，然後透過情感，最後才採取行動。就消費情境來說，消費者事先透過一連串的主動資訊搜尋，來形成對於該產品的信念，再基於此一信念，進行產品品牌評估，從而發展出特定的產品態度，並據以作成購買決策，最後根據決策採取購買行動。

這種學習程序是標準態度的形成方式，常出現在高度涉入的購買行為。通常消費者會有高度的動機，去搜尋相關的資訊。所以，當消費者認為購買對他的重要性很高，或是使用這項產品的時間很長、以前從來沒有購買類似產品的經驗、或是使用時的外顯性很高、購買錯誤的風險性很高時，消費者都會比較慎重的進行這項決策。

二、行為學習程序

行為學習程序是指因為環境上或情境上的因素，促使消費者在未來形成情感與信念之前，便先採取行為。因此，在行為學習程序中，行為最先出現，接著根據該行為形成認知，最後才是情感。在這種情狀之下，根據他們對於產品的模糊印象即進行決定，例如：在購買柔情200面紙時，他們可能只知道這種面紙能抽取兩百次，至於品質好壞或其他屬性，則尚不明瞭，也沒有特殊的品牌偏好，只是購買時，在貨架上看到這種產品之後，就決定購買。

三、經驗學習程序

消費者首先依照他們的情感為基礎來評估某一品牌。當整體的感覺不錯時，消費者便會採取購買行為；至於對該品牌的屬性認知，則是在購買行為之後才形成的。消費者

的主要購買動機是在於他對消費該品牌的經驗期望。例如：消費者可能在商店中看到商品，並在店員的慫恿下購買了產品，回家後經過實際的產品使用，才發現該產品品質並不好，自己並不喜歡該產品。

　　在經驗學習程序中，相較於產品的功能屬性，消費者可能對形成品牌情感基礎的符號與形象等刺激，較為重視。經驗學習程序認為當一個產品在整體感情上，被認為是令人愉悅的，則實際的認知過程並非必然是需要的。因此，行銷人員可以透過直接引發良好情感來影響消費者的品牌選擇與購買行為，而不需要先經過認知影響的階段。

四、低涉入效果程序

　　相較於「認知產生態度」的高涉入效果程序，此程序的態度是由行為而來的。也就是消費者起初並未對任何品牌有偏好，屬於資訊有限下的有限決策過程，僅憑藉基本的認知就發生購買行為，等到使用該產品後才形成態度。例如：走進一間沒吃過的餐廳，消費者可能看到菜單上的「主廚推薦」、看到鄰桌的餐點似乎可口就點了，或看到「新菜優惠」就點了，總之得等到實際吃下肚後，才會確定自己到底喜不喜歡這道菜、這間餐廳。

第三節 　態度形成：多屬性態度模式

　　消費者對於產品的各項評價，可以視為是他對這項產品的態度。當行銷者想要了解消費者的態度時，可以簡單的問他：「你覺得養樂多，好不好喝？」或「你對陶板屋所提供的服務，是否感到滿意？」。

　　但是有時這種簡單的問題，無法告訴我們為什麼消費者會特別喜歡某種產品或服務，或是行銷者如何改變消費者的態度。所以，我們會使用「多屬性態度模式」（Multi-Attribute Model）來衡量消費者的態度。這種模式假設消費者對於一項產品或服務的態度，決定於他對這項產品或服務在各項屬性上信念的總合。

壹、Fishbein模式

　　在多屬性模式中最受重視的一個是Fishbein模式，它的模式中有三個重要的因素：

　　1. 消費者認為一項產品所應具有的重要屬性，在評估一項產品時會以這些屬性作為考慮重點。例如：一輛汽車的引擎、馬力、加速性、安全性、外形、顏色等。

2. 對於某一特定產品在這個屬性上的信念，亦即對於某一特定品牌的汽車在上述屬性上的評價，這個評價通常屬於比較主觀的評價，而非客觀的數據。

3. 這項屬性的重要性或權重，對於消費者而言，每一種屬性對他的重要性可能都不一樣，有些人可能對外形、顏色的重視程度高於馬力或安全性。

在使用這個模式時，我們會假設已找出所有消費者會考慮的屬性，或是消費者在購買時會真正仔細評估的所有屬性。所以通常在高涉入的購買行為中，這個模式的適用性較高。消費者對於某項產品的態度可以用下列式子表示：

$$A_{jk} = \sum (B_{ijk} \times I_{ik})$$

A_{jk}第k個消費者對第j品牌的態度（Attitude）

B_{ijk}第k個消費者對第j品牌的第i個屬性的信念（Believe）

I_{ik}第i個屬性對第k個消費者的重要性

消費者對於某一特定品牌的態度，等於他對於第j品牌的第i個屬性的信念，乘以第i個屬性對他的重要性的總和。行銷者感到興趣的是如何強化現在的良好態度，為新的或不知名的品牌創造良好的態度；或改變現有的不良態度，使它變成良好的態度。

當行銷者發現該公司的產品在某一屬性上，比競爭對手強的時候，可以說服消費者這是一個相當重要的屬性，以提高上式中 i 的值。消費者也可能不了解這項產品在某個屬性上的特徵，所以消費者若了解該產品的實際特徵與消費者的信念有差異時，可透過廣告來加強消費者對於這項屬性的信念。

此外，行銷者也可以為其產品加入一個新的屬性，以提高消費者對於這項產品的態度。例如：「老虎牙子」強調可以增加氧氣的吸收量，使頭腦清楚。不過，行銷者應注意這種屬性是否為消費者所重視，或可能會帶給他們很大的利益；而且必須確定該產品的功能，的確能夠為消費者帶來這項利益。

最後行銷者也可以利用比較性廣告，降低消費者對於競爭品牌在各項屬性上的評價，以提高相對的競爭優勢。

貳、標的物態度模式

標的物態度模式（attitude-toward-object models），特別適用於衡量消費者對某產品（或服務）類別與品牌的態度。根據此模式，消費者對一項產品或品牌的態度，取決於該產品所具有的屬性，以及消費者對這些屬性的信念與評估。換句話說，當產品含有

消費者所偏好的屬性時，容易使消費者形成正向的態度。相反的，如果產品沒有消費者所偏好的屬性、或所擁有的屬性並非消費者所期盼的、或者含有負面的屬性時，消費者當然不會產生正向的態度。以HDTC電視機為例，每一種選擇都有不同的屬性集合，其可能包含有：螢光幕尺寸、深度、寬度、離角視覺、螢幕反光度、PC連結性、影像模糊度、色彩飽和度、與解析度等。譬如，有兩種HDTV電視機種中，可能有一機種的某些核心屬性較優；然而另一機種的某些核心屬性還不錯，但是卻提供一些額外的屬性。不過真正影響消費者選購決策的因素，是消費者所能掌握的資訊、對重要屬性的重視程度、以及對各品牌所擁有屬性的了解程度。

參、行為態度模式

　　行為態度模式（attitude toward-behavior models）是指消費者對採取與特定標的物有關的某項行為或行動的看法，而不是對標的物本身的態度。行為態度模式之所以受到重視，是因為比起標的物態度模式，它與真實行為之間的關聯性更高。比方說，如果可以知道Ralph對購買BMW的態度（亦即他對該行為的態度），而非只是了解他對昂貴的車款，或者對BMW品牌的看法（亦即他對該標的物的態度）。關於這一點，應該是相當符合邏輯的。因為，即使消費者對昂貴的BMW車款表達正向的態度，卻有可能並不贊同購買如此奢華的車款。

　　最近有研究針對臺灣地區消費者，探討其對線上購物行為的態度，發現消費者對線上購物的態度取決於許多消費者行為因素，其中，研究者找出線上購物的九項優點：(1)有效性和現在性；(2)購買便利性；(3)資訊充足；(4)多元化和安全性；(5)服務品質；(6)遞交速度；(7)網站設計；(8)選擇自由化；以及(9)公司名稱熟悉性，這九項優點可反映消費者對線上購物的態度。研究者並研擬一個架構（圖6-3），指出消費者特徵（模式左方）會影響其對線上購物的態度（模式中間），以至於線上購物率（模式右方）。

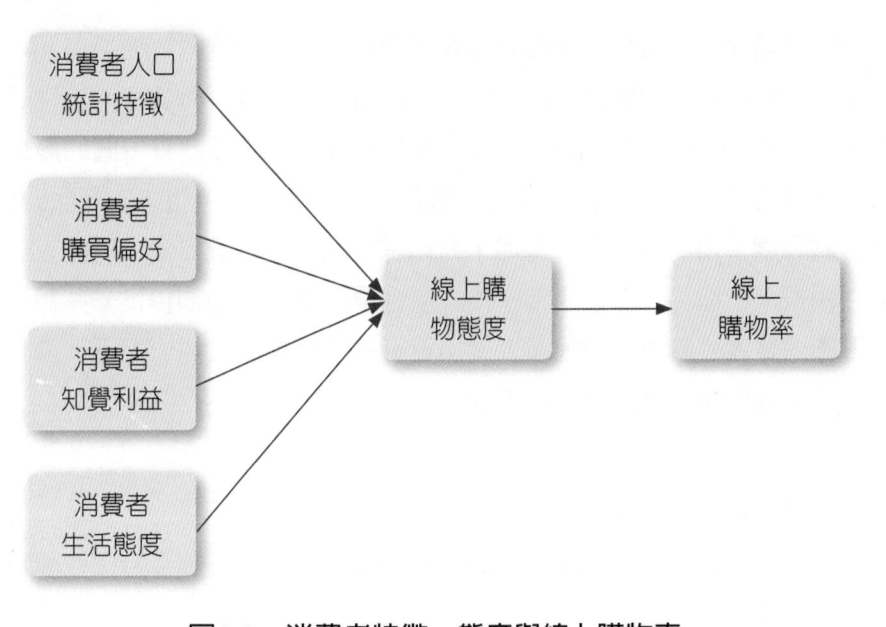

圖6-3　消費者特徵、態度與線上購物率

肆、合理化行為理論模式

合理化行為理論（theory-of-reasoned-action (TRA) model）的主要目的，在於提出一個完整的架構，將各態度成分予以整合，以增進行為的解釋與預測效力。這個模式和前述三個態度模式相同，也是將態度成分區分為：認知成分、情感成分和行為意圖成分，但是整合方式和其他三者態度模式不同（如圖6-4所示）。

根據此延伸模式，欲了解行為意圖，必須先衡量主觀性規範（subjective norms），主觀性規範是指個體如何看待重要他人（例如：家庭、朋友、室友、同事等）對特定行為所抱持的意見，也就是他們給予該行動正面或負面的評價，而通常主觀性規範可應用直接衡量法得知。譬如：一位大學生想要刺青。在採取行動之前，她先要設想她的父母親或男友會如何看待這項行為（贊成或反對）？這種反省思考，就構成了所謂的主觀性規範。最近在芬蘭一個有機食品的研究中，發現從有機食品的購買意圖到有機食品的購買行為途徑，呈現正面顯著相關。

為了進一步探測主觀性規範背後的形成因素，消費行為研究者提出規範性信念（normative beliefs）以及順從企圖心（motivation to comply）兩個概念；前者是指個體自己想像重要他人對特定行為的看法，後者則指個體是否願意順從重要他人的意見。以上述大學生刺青的案例來說，要了解主觀性規範對購買行為的影響，我們必須先確認出與此事件有關的相關重要他人（雙親和男朋友）；她對於這些重要他人對此行為的看法

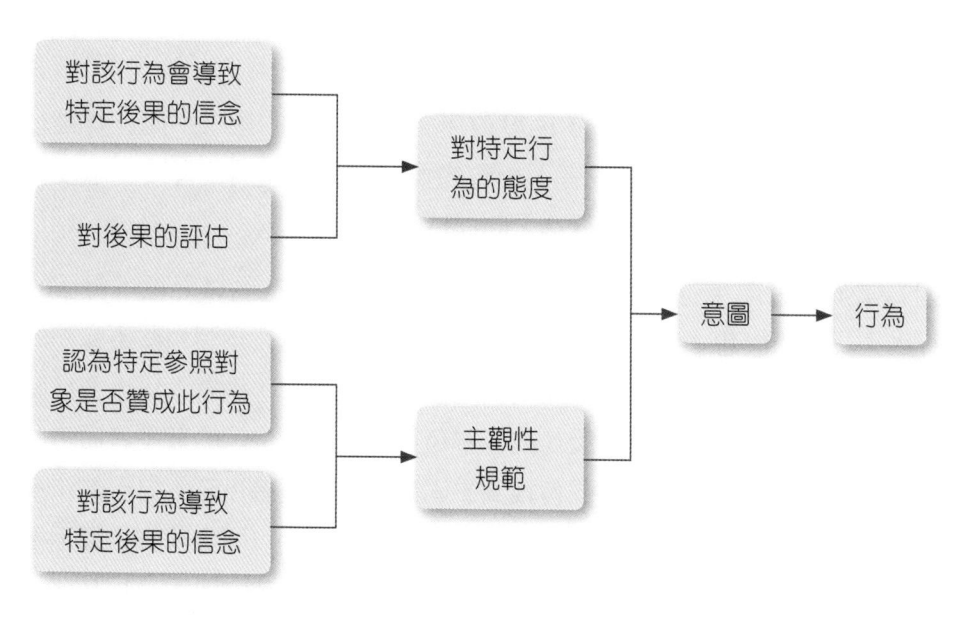

圖6-4 合理化行為模式

（譬如：媽媽會認為刺青太幫派化，但是男朋友可能喜歡）；還有，最後她將會順應她的雙親或是她的男朋友的可能性。最近有研究建議，在多屬性態度模式中加入消費者情緒經驗，可增進動機和偏好的預測效力。

第四節 》態度改變的相關理論

態度並非一成不變，他是動態的，會隨著時間、經驗、情境等因素而有所改變。以下舉出幾個相關理論，來解釋態度改變。

壹、認知失調理論

根據認知失調理論（cognitive dissonance theory），當消費者對一項信念或標的物擁有衝突的看法時，會有不舒服的感覺。比方說，在消費者已經支付了物品的頭期款之後，或者下訂後，一旦想到先前被棄選的品牌似乎也有許多優點時，就會感覺到認知失調。尤其是昂貴的東西，例如：汽車或個人電腦，失調的情形可能會更加嚴重。購買之後所發生的認知失調現象，稱之為購後失調（post-purchase dissonance）。由於購買決策時，多少需要一些妥協，挑選的產品，也無法盡如人意，所以購後失調是相當普遍的現象。不過，這種現象會讓消費者對先前所持有的信念或採取的行動產生不舒服的感

覺,因而必須藉由改變態度,使其與行為表現一致,才能解決。

因此,就購後失調的現象來說,態度改變常常是行為的後果,而並非是行為的原因。購買以後所產生的衝突看法或者不一致的資訊,是促使消費者改變態度的主要原因,讓消費者的態度與真正的購買行為之間保持一致性。

正因為當消費者產生認知失調之後,常常會採取某些行動以降低不舒服的感覺。所以,行銷人員可以設想一些行銷策略,來幫助消費者減低或消弭這些不愉快的情緒。事實上,確實有許多技巧可以減低認知失調的感覺。比方說,消費者可以嘗試將購買行為合理化、以廣告訴求支持購買決策(或者避免接觸會導致失調的競爭者廣告)、對朋友說明所選擇的品牌有哪些優點、或者找到志同道合的購買者以確定自己的決策是明智的。例如:當有一位年輕人購買昂貴的訂婚戒指之後,看到一則婚戒廣告標示著「你如何讓兩個月的薪資化為永恆?」時,可能會讓他確認購買婚戒的決策是相當值得的,因而降低購後失調的感覺。

最近有研究發現,認知失調可能有類型和程度之分。該研究探討消費性耐久財,發現三種特殊的消費者區隔群:高失調群、低失調群、和關心購買必要性群。

除了上述消費者常用的技巧之外,行銷人員可以在廣告中傳達某些訊息,以強化消費者的購買決策,或者給予強力保證、增加服務的項目、提升服務成效、以及提供產品使用手冊等。不過,大約有75%的美國人認為廣告主會刻意誇大產品功效,無法令人盡信。

貳、歸因理論

Heider(1958)提出歸因理論(attribution theory),並試著解釋個體如何根據自己行為或他人行為,來歸結事情發生的原因(歸咎或歸功)。例如:某人可能會說:「我捐助美國紅十字會,因為它幫助真正有需要的人」,或者「他試圖說服我買那一臺MP3雜牌貨,因為這樣他就可以獲得一大筆佣金」。在歸因理論中,基本的問題是「我為什麼要這樣做?」或是「他為什麼試圖要說服我轉換品牌?」推論個體自身或他人行為是態度形成與態度改變,相當重要的一環。

在Heider提出歸因理論後不久,心理學家Harold Kelley(1967, 1973)提出了一套理論來解釋,什麼時候人會傾向採內向歸因、什麼時候傾向採外向歸因,這套理論被稱為「共變模式(covariation model)」。與Heider一樣,Kelley認為人在做歸因的過程中,會蒐集各種個人與情境的資訊來輔助判斷,並比較判斷他人的行為如何隨著時間、

地點、自身角色、參與者、其他情境因素而「一起改變」。此處有三種重要的資訊作考量：

1. 共識性（consensus）：不同人在面對相同刺激時，行為反應是否與被觀察的人行為一樣？

2. 特殊性或區分性（distinctiveness）：被觀察者是否對同類其他刺激，做出不同的反應？

3. 一貫性或一致性（consistency）：在不同時間點、不同情境中，同一行為人面對同一刺激的反應是否相同？

例如：你看到一間餐廳的老闆（行為人、被觀察者）在罵員工（刺激），你會認為是老闆有問題（內向歸因，行為人本身的問題。如面對此員工時特別苛刻？或剛好今天心情不好？）還是此員工有問題（外向歸因，行為人身外的問題。如笨手笨腳，或工作不專注）？還是今天某個客人或店裡的其他地方有問題（外向歸因，並否定本次觀察到刺激來源的因果關係）？

不管是共變模式或歸因理論，其實運用的原則跟科學上認定因果關係時的方法一樣，都在觀察某一刺激是否為結果的充分條件和必要條件。觀察同一刺激是否在各種情境下，皆能穩定地造成結果（充分條件），以及是否缺少了此刺激時，儘管情境中其他因素不變，結果仍穩定地不發生或減少發生（必要條件）。共變模式理論在此告訴我們的是：每個人，不管科學家或一般人，或多或少都習慣於運用充分、必要條件的邏輯，在認識世界、解釋身旁的人、事、物。

參、自我知覺理論

在各種歸因觀點中，自我知覺理論（self-perception theory）──個體如何推論或判斷自己行為發生的原因，是了解歸因理論的最佳起點。

就消費者行為方面來說，自我知覺理論建議消費者常藉由檢視和判斷自己的行為，以產生態度。舉例來說，如果有位年輕的銀行人員察覺自己常在上班途中購買《華爾街日報》，他可能會認為自己很喜歡《華爾街日報》（或對這份報紙持有正向態度）。不過，並不是所有的案例都可經由行為來推論態度。為了充分了解自我知覺理論的複雜性，我們必須區分內在歸因（internal attributions）和外在歸因（external attributions）兩種形式。假設Dana第一次使用相當受歡迎的電腦影像編輯軟體（例如：Adobe影像處理器），而當他利用此軟體展示相片時，效果極佳。此時如果他對自己

說：「我真是天生的數位影像編輯高手」，這表示他正在進行內在歸因，也就是將成功歸因於自己的能力、技巧或努力。換句話說，他認為這場簡報之所以成功，是因為自己太優秀的緣故。相反的，如果Dana將這場成功的簡報歸因於其他外在的自己無法控制的因素，例如：此軟體相當人性化、有朋友幫忙、或者運氣好等，這就是進行外在歸因。此時，他可能會說：「我的成功純粹是因為僥倖的緣故」。

了解內在歸因和外在歸因，對於行銷策略來說相當重要。譬如，對於編輯影像軟體的公司來說，應儘量使它的產品符合人性化的原則。尤其是針對沒有使用經驗的消費者，若能讓他們輕鬆、成功的使用圖表軟體，並產生內在歸因效果的話，他們將會對產品留下深刻的印象。如果消費者真的將正向經驗予以內化，就有可能出現重購行為，並成為一位滿意的忠誠顧客。相反的，消費者也可能將成功經驗歸因於這套軟體太過於優秀，而不是偶發的環境因素，例如：是因為初學者的僥倖、或者是朋友提供萬無一失的小抄等。除此之外，最近有研究顯示，廣告主若能針對目標區隔群體設計正確的訊息，使他們對自我產生適當的認知類化情形（自我基模），消費者對這種廣告的主張，將會有較高的評價，也可形成較佳的廣告態度。

不過，根據防衛性歸因（defensive attribution）原則，消費者常將自己的成功歸因於自我的努力（內在歸因），而將失敗歸咎於他人或外在的因素（外在歸因）。正因為如此，行銷人員必須提供一致性、高品質的產品，並可使消費者覺得是因為自己很優秀，能夠輕鬆的駕馭產品、展現產品的功效。尤其是，對於沒有使用經驗的消費者，廣告中應該提供保證，告知消費者這項產品會讓他們傲視群雄，有優異的表現，而不會產生反作用。

肆、推敲可能性模式

相較於之前所論述的各種態度改變策略，推敲可能性模式（Elaboration Likelihood Model, ELM）提出中央路徑和邊陲路徑等兩種不同的說服路徑，以改變消費者的態度。中央路徑（central route）特別適用於消費者有意願或有能力，處理品牌相關資訊時。在此情況下，消費者會主動搜尋產品或品牌相關資訊，並據此形成態度；換句話說，如果消費者願意投注相當心力，以理解、學習、和評估與態度標的物有關的各種資訊，就是遵循中央路徑，以形成態度。

相反的，倘若消費者沒有意願，或者缺乏評估能力時（低涉入），學習與態度改變是經由邊陲路徑（peripheral route）來達成，消費者所重視的並非產品相關資訊，而是受其他的誘因，例如：折價券、免費試用品、美麗的布景、大容量的包裝、或者名人代

言所影響。研究發現，即使是處於低涉入狀況（正如同消費者接觸一般廣告時），剛開始時，中央資訊和邊陲的誘因對態度的影響力相當。但是，中央資訊的影響時效往往較為持久。除此之外，對於產品知識不足的消費者而言，廣告中若採用專門術語，將可以有效提高消費者的品牌態度和廣告態度。圖6-5呈現推敲可能性的說服模式，並且顯示中央路徑變數和邊陲路徑變數對消費者資訊處理的深度。

　　與推敲可能性模式有關的理論為雙重調節模式（dual mediation model, DMM）。該模式納入廣告態度對品牌認知之影響路徑，主張中央路徑可能會受到周邊線索影響（例如：廣告態度）。因此，該模式主要特殊之處在於嘗試將中央路徑與邊陲路徑進行連結。

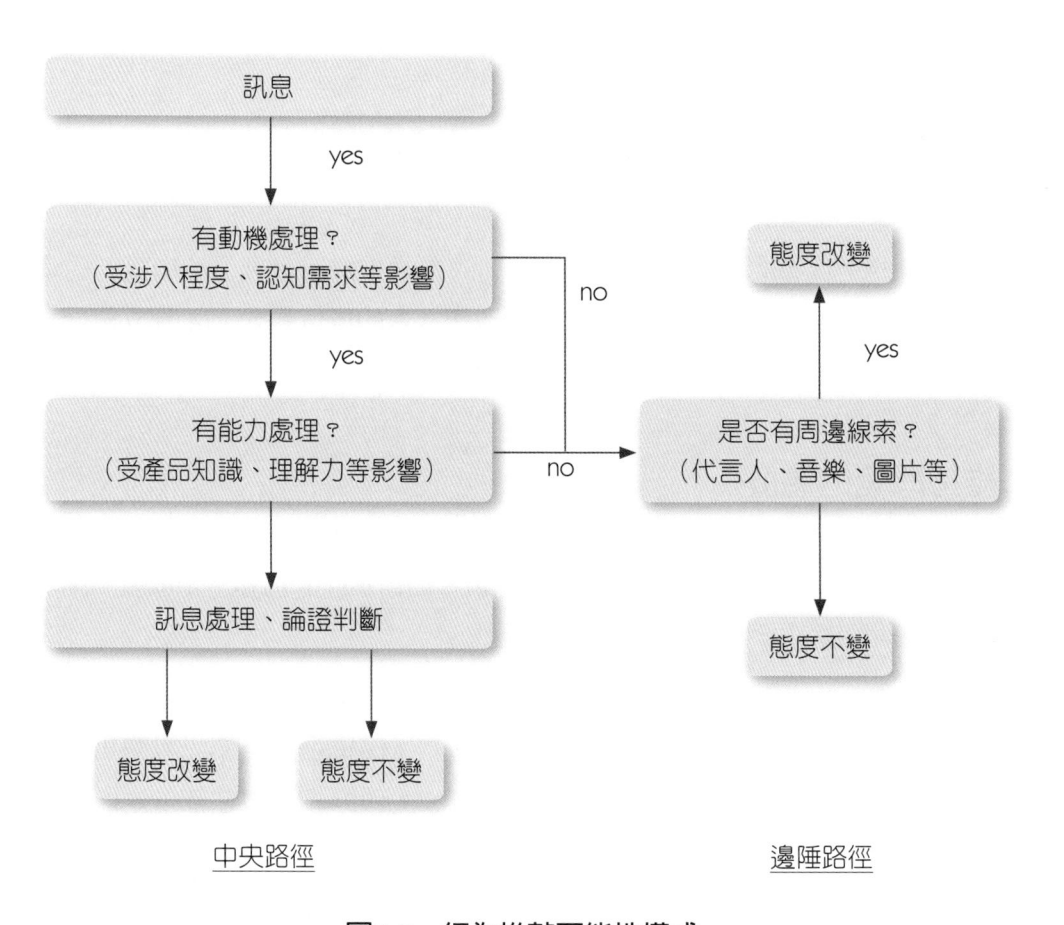

圖6-5　行為推敲可能性模式

伍、購後失調

購後失調（Post-Purchase Dissonance）是指消費者會在購買一項產品之後，提高他對於這項產品的評價，因為沒有人願意承認他作了一個錯誤的決定。例如：在購買了一臺新的電腦之後，會更加注意相關的資訊，提高對於這項產品的滿意程度，所以有些電腦廠商在消費者購買電腦之後，會寄很多相關的資料，希望能提高消費者的滿意程度。

陸、社會判斷理論

「社會判斷理論」（Social Judgement Theory）是指消費者會根據他們原有的產品知識，來判斷新的產品資訊，這種原有的知識是一種參考的架構。例如：我們會根據許多已有的知識，來判斷買的食物是否新鮮。

第五節 》態度與行銷上的運用

行銷者對於消費者的態度，可以採取下列的方式來運用我們上述所提到的理論：(1)維持既有的態度；(2)改變既有的態度；(3)改變社會的價值觀念；(4)建立對於一項產品的態度（建立新的態度）。

壹、維持既有的態度

對行銷者而言，維持消費者原有的態度可能是一項最簡單的工作之一，雖然消費者對於某項產品或品牌已有正面的態度，但是行銷者仍需不斷的加強這項態度，提供適當的刺激，否則消費者可能會漸漸的忘掉這個品牌。

許多產品往往使用同樣的廣告訴求，在相當長的一段期間內都強調同一項產品的屬性，以維持該項產品在消費者心目中的地位。例如：Marlboro的香菸，以騎馬的牛仔來強調其粗獷、豪邁的男性味道，而這個形象廣告，從1954年到現在都還是保留著。即使因為消費者偏好開始改變，而推出淡菸裝（Marlboro light），還是利用一群野馬在水面上奔馳而過的畫面，依然保留住消費者對於該香菸的印象。

貳、改變既有的態度

有些行銷策略的目標就是改變消費者的知覺，建立起新的產品定位，這種重新定位的方法有許多種，可以強調以前沒有強調過的產品優點，吸引一個新的產品區隔，或攻

擊競爭的品牌，每一種方法都是想要修正消費者對於某一特定品牌的定位。

假如我們以Fishbein的模式來考慮，可以發現態度是由消費者對於該項產品每一項屬性上的信念，乘上一個特定的權重。所以想要改變消費者的態度，可以增加一項新的屬性，或去除一個原有的評估屬性，或以一個新的屬性替代舊的屬性。

例如：在原有牙膏上加上超氟的特性，強調新的牙膏具有防止蛀牙的效果。或是在汽車上使用新的環保冷媒，強調不會破壞臭氧層，具有環保概念的人會開這種汽車。

參、改變社會的價值觀念

為了改變消費者的態度，我們也可以改變整個社會的價值觀念，這種價值觀念的改變，可以漸漸改變消費者的態度、需求和行為。例如：婦女加入工作行列的觀念，或是男性與女性角色的改變，對於消費者行為都有很大的影響。

本田機車在進入美國市場時，一般社會上都認為只有穿著皮夾克，戴著黑色太陽眼鏡的飛車黨才會騎機車。所以，本田機車在時代雜誌上刊登了多期的廣告，告訴消費者「你所知道的好人都騎機車」，包括牧師、教師、隔壁的小女孩等，試圖扭轉消費者對機車的不良態度。

肆、建立新的態度

當行銷者引進新的產品，或延伸產品線之後，就需要建立消費者對於這些產品的態度。創新可以分為連續性創新、及非連續性創新。當產品的非連續性越大，就越需要建立新的態度。從行銷者的觀點來看，有時候不只是要建立消費者對於這項新產品的態度，更多時候是建立新消費行為的態度。

最有名的例子，就是雀巢即溶咖啡的例子。雀巢在1940年代推出即溶咖啡，但是消費者的反應不如預期熱烈，於是在深入調查之後，發現大部分家庭主婦，對於即溶咖啡有負面的印象。因為傳統上準備研磨式的咖啡豆，然後煮出香純的咖啡，已經成為社會價值觀的一部分，不能做到這一點的家庭主婦不能稱為好的主婦。所以，雀巢咖啡所面臨的不只是要建立消費者對於即溶咖啡的態度，而是要讓消費者認為使用即溶咖啡的，也是賢妻良母。

本章摘要

- 態度是一種習得的傾向，表現出對標的物（例如：產品類別、品牌、服務、廣告、網址、或者零售商）相當一致的正向或負向行為反應。在這項態度定義中，每個環節都透露出態度的重要特質，對了解態度在消費者行為和行銷中所扮演的角色相當重要。

- 態度模式認為，態度是由認知、情感和行為意圖三要素所組成。其中，認知是指消費者對產品或服務的知識或知覺（例如：信念）；情感強調消費者對產品或服務表達的情緒或情感。就本質上來說，情感決定消費者對態度標的物的整體性評價，而產生不同的偏好程度；行為意圖則指消費者對態度標的物採取某種行為的可能性。在行銷與消費者行為中，行為意圖所代表的正是消費者的購買意圖。

- 多屬性態度模式包括Fishbein模式、標的物態度模式、行為態度模式、以及合理化行為理論模式，均受到消費行為研究者的重視。這些模式的共通點是探討消費者對特定產品屬性（例如：產品、品牌特徵、或利益）的信念。近來，研究者更致力擴展態度模式，將嘗試性的消費目標（即消費者嘗試或者計畫達成的目標）納入模式中。嘗試性消費理論的主要用意，在於擴大態度模式的解釋範圍，將行動或後果即使不確定，而消費者嘗試去消費或購買的情境納入考慮。廣告態度模式，則探討廣告對消費者品牌態度的影響。

- 消費者態度形成與態度改變是兩則關聯性極高的議題，對行銷實務者來說相當重要。論及態度形成時，必須了解態度是習得的。不同的學習理論對於態度的形成有不同的看法。態度可藉由消費者的直接經驗而形成，也可能受到朋友家庭成員的看法，或者大眾媒體所影響。除此之外，個體的人格特質在態度形成中，也扮演相當關鍵的角色。

- 上述所論及的觀點，對態度改變而言也同樣會成立。也就是說，態度改變是習得的，也同樣受到個人經驗、各種個人或非個人所提供的資訊所影響。消費者自己的人格特質，更可能影響態度的易變性和改變的速度。

- 多數討論態度形成與態度改變的議題時，是基於傳統的理性觀點，認為態度是形成於行動之前。然而，事實上並非總是如此。認知失調理論和歸因理論對態度形成與改變提出不同於傳統的看法，主張行為可能發生於態度之前。其中，認知失調理論建議若在購買行動之後，內心產生衝突的想法，或者接收到不一致的資訊，那麼可能會促使消費者改變態度，以使其與行為一致。歸因理論則探討個體如何歸咎事情發生的原因，認為個體態度的形成與改變是推論自己、他人、或者他物行為的結果。

7

Communication and Consumer Behavior
溝通與消費者行為

Wu-Nan Book Inc

Goodness Publishing House

章節個案

微電影，新的行銷趨勢

　　隨著3G網路及手持行動裝置的成熟與普及，近年來興起一種新型態影音作品微電影（Micro film）。透過微電影進行產品廣告或品牌宣傳，成為目前深受矚目的行銷手法。其實，「微電影」這樣的影片形式不能算是草創，最早可以追溯到「八釐米」電影短片，隨著攝影器材的進步，讓拍攝影片更加容易上手。一直到視頻網站興起，UGC得以突破以往的傳播範圍，不再只限於與小眾分享，而可大規模的傳播，從而引起市場的反應與關注，於是這樣的影音型態逐漸受到重視。

微電影：播放長度短、製作時間少、投資規模小
載具為網路，核心精神為多屏觀眾與易於傳播

　　微電影的比較對象是電影，從作品本身來看，微電影的「微」展現在播放長度（短）、製作時間（少）與投資規模（小）上，藉由網路傳播，觀眾大多透過電腦或隨時隨地經由手持行動裝置收看。微電影崛起後，也出現了所謂的微劇與系列微電影。微劇是電視劇的概念，將同一故事分成幾集前後相關、環環相扣的微電影。而系列微電影是將同一主題用幾支不同的微電影來注釋，各自獨立。這些都是微電影的變形，但其展現形式、傳播方式與精神都是一致的。

　　許多行銷人員看中微電影小而美但傳播力強的特性，將產品或品牌精神／品牌內容（Branded Content）置入於影片中，於是便出現了品牌微電影、品牌微劇。也就是說，以品牌的角度出發，巧妙地把品牌核心精神與產品行銷訴求，融入劇情內容之中，藉由引人入勝的故事內容，軟性地將品牌內容傳遞給大眾，透過戲劇移情作用，有效提升品牌認知度和產品好感度，進而產生消費行為。

微電影故事性強，易在短時間內引發共鳴

　　怎麼說呢？微電影適合四屏（電影／電視／電腦／手機）中的二屏（電腦／手機）播放，藉由網路投放可引起網友的共鳴和互動，形成自主傳播，有助於消費者對於品牌的理解與接受。近年來微電影常引發關注和討論的熱潮，許多名人／明星／名導都願意投身拍攝或製作，加上市場對微電影的製作並沒有標準定價，所以廠商或品牌有可能以較低廉的價格找到大咖來合作，有這些大咖的加入，可以同時吸引媒體的關注和新聞的曝光，等於是以較低廉的成本，獲

致更多宣傳管道與更高宣傳效益！

資料來源：風賦國際娛樂董事總經理—劉紀綱，「不可不知的品牌行銷新趨勢『微電影』」，Yahoo奇摩網路行銷，https: //marketing.tw.campaign.yahoo.net/emarketing/main/A01/B02?id=503, 2012/05/21。

透過溝通的方式，企業將相關資訊及產品設計概念傳遞給消費者，並藉以說服他們採取行動；但是因為消費者身旁總充斥著數以千計的訊息，他們總是會忽視大部分的訊息，因此要創造一個獨特又具說服力的訊息是非常困難的。所以對許多企業而言，設計一個創新、能讓消費者融入其中，且具有說服力的訊息，便是一個挑戰性的任務。舉例而言，大部分有說服力的訊息都是語言訊息。除此之外，仍有部分非語言訊息（如手勢、身體語言、臉部表情）。

消費者在溝通中所扮演的重要性逐漸增加，如同許多消費者，你可能擁有數位接收器來觀看幾百個節目，也可能訂閱電影節目或數位錄影機（DVR）。如果你有DVR，那你就可以隨時記錄節目並觀賞，也可以跳過廣告內容。此節目、廣告內容同樣透過網路、數位接收器傳送給其他用戶，但這種情形可能不會持續很久，許多有線業者透過新技術來蒐集用戶收看節目、廣告、消費行為等資訊，因此，可能不久之後，如果你沒有飼養小狗，你將不會看到寵物廣告；當你觀看東森購物臺的推銷而想要進行購買時，只要按下你手中的遙控器就可以了。

行銷者想要把相關的產品訊息傳送給消費者時，要面臨「溝通」的過程，但是行銷中的溝通與一般溝通不一樣，它是屬於一種大眾傳播的方式，所使用的技巧與一般的面對面或人際間溝通不同，以下我們先介紹大眾傳播的溝通方式。

第一節 ▶ 大眾傳播的溝通模式

消費者每天接收各種不同的廣告訊息，這些由行銷者精心規劃的訊息，最主要的目的是改變消費者對於產品的態度，進而購買該產品。本章的主要目的是討論影響廣告及溝通效果的因素，行銷者每天的工作中，最主要的是經常檢討這些因素，設計和執行廣告訊息，來影響消費者的行為。

壹、Katz的「態度功能理論」

Katz發展出「態度功能理論」（Functional Theory of Attitudes），解釋態度與社會行為之間的關係，根據這個實用的觀點，認為態度存在的理由，是它對人具有一些功能，它受到個人動機的影響；那些預期自己未來會購買某種東西的人，會蒐集相關的資訊，漸漸形成對於該類產品的態度（Katz, 1960）。

每個人對於產品的態度都有差異，這種差異的原因很多，行銷者在改變態度之

前，必須知道它的功能為何，Katz認為態度具有下列的功能：

一、效用功能（Utilitarian Function）

效用的功能和獎勵及處罰有很大的相關，我們發展出對於某些產品的態度，最主要的原因是基於這些產品所具有的基本功能。

二、價值表現功能（Value-Expressive Function）

與價值表現有關的態度，可以表現個人對於自我的觀念或價值觀，這種態度和產品的客觀功能沒有很大的關係，而是因為使用這種產品的人，認為自己是怎樣的人。

三、自我防衛功能（Ego-Defensive Function）

這種態度與保護自我有關，不管是來自外來威脅或是內心的不安全感。例如：我們在前述的雀巢即溶咖啡中，發現一般家庭主婦覺得使用即溶咖啡，會影響其是一位優良主婦的形象，所以不敢使用；但是現在這種威脅已經消失，消費者不會再感到威脅（Haire, 1950）。

四、知識功能（Knowledge Function）

人們希望能夠控制他的環境，使它更有結構化、更秩序化和更具意義。當人們面對一種新的情境或新的產品時，更需要這種功能。

一種態度可以具有一個以上的功能，但在特殊的情況下可能其中有一種功能是最重要的。可以找出這種主要功能，行銷者可以依此形成廣告腳本；與這種功能有關的產品及廣告，更容易使得消費者對它具有好感。

在一個溝通模式中包含許多要素，一開始時會有一個發訊者，並且把它要表達的訊息透過編碼的過程形成一個訊息，這個訊息被送到傳播的媒體中，媒體包括了電視、報紙、雜誌或廣告看板等。然後這個訊息透過感官被接收，透過解碼的功能讓接收者了解它的意義。最後這個收訊者可能會給發訊者一些回饋，這個過程顯示在圖7-1中。

由日常的生活中我們可以發現，同樣的話由不同人的口中說出來，其感覺及影響不一樣，研究者已經花了數十年的時間來研究這個問題，希望了解哪些因素可以對提高溝通的效果有所幫助。在大部分的情況下，發訊者對於訊息被接受的程度有高度相關，其中兩個最大的影響因素是可信度與吸引力（Kelman, 1961; Crocker, 1989）。

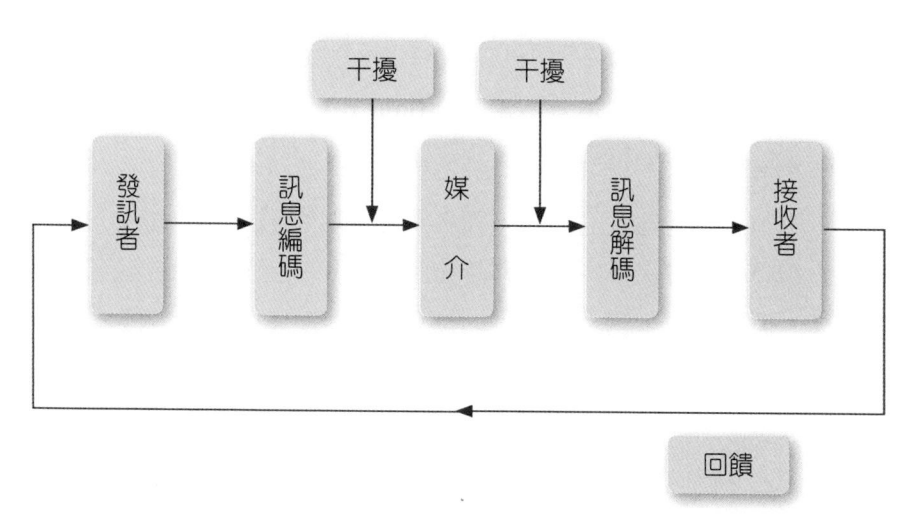

圖7-1　溝通的過程

　　行銷者如何決定要強調哪一個構面，受到產品及消費者的影響，當傳播訊息與消費者的需求配合時，效果會比較好。當消費者比較敏感，需要取得他人的社會認同，可以利用受歡迎的影視明星來打廣告；若需要取得消費者信任時，適合使用專家形象來作廣告。

貳、可信度

　　「可信度」（Credibility）是指發訊者被認為是專家，具有客觀態度和值得信任的感覺，這個特性與消費者對於發訊者的信念有關。假如他相信發訊者具有充分的能力，可以提出所有的相關資訊，客觀的評估幾種不同的競爭產品，使他們覺得這個發訊者的可信度較高。

　　假如消費者覺得發訊者在傳達訊息時存在偏差，對他的信任度會下降。例如：消費者會覺得該發訊者對於這個產品的知識不夠，不能夠作合適的比較；或是在報導時有誤差存在，不肯客觀的使用所有的相關資訊，都會降低可信度。行銷者若強調產品與發訊者之間的關係，可增加廣告的說服性，例如：以身穿白色醫師袍的醫生來作藥品廣告，效果會比他穿一般西裝時來得好。

參、吸引力

　　「吸引力」（Attractive）是指一個人所具有的社會吸引力，這是由一個人的外表、人格、社會地位或他與收訊者之間的相似程度而定。在大部分的情況下，我們都會

看到漂亮的模特兒在作廣告，因為我們的社會中，對於那些外表具有吸引力的人，給予較高的評價。這種假設可稱為「月暈效果」（Halo Effect），亦即一個人在某一方面的表現較好，我們會經常假設他在其他方面也不錯。

外表上的吸引力會造成態度的改變，廣告明星的吸引力，對於產品的成敗有很大的影響。首先外表的吸引力會引起注意，有許多證據顯示，消費者對於著名的明星所拍的廣告注意力較高。換句話說，它們被看到的機會較大。或許我們只注意看這個人，而暫時不太理會廣告的真實訊息，但是因為看到的次數一多，至少不會覺得太過陌生。

另外，以較為吸引人的廣告模特兒作為產品的代言人，比較適合用於那些可以增加吸引力或性感的產品，因為這個模特兒本身就是美的化身，可作為消費者的參考。所以在香水、保養品或化妝品的廣告中，會找那些漂亮的人當作模特兒。

在廣告中會找一些著名的專家，作為產品的代言人，藉此提高消費者的信賴程度。名人可以提高對於廣告的注意力、公司的形象及產品屬性的評價。舒跑運動飲料以孫燕姿作為模特兒，也是利用其在臺灣的知名度。

名人通常因其具有高可信度、吸引力，所以可以作為廣告明星，但是適合哪種廣告則和其成名的因素有很大的關係。以專業而成名者適合作專業的廣告，以吸引力成名者適合作香水或服飾的廣告。但是最近的調查顯示，有許多消費者認為這些名人的說服力開始下降，因為他們覺得這些人是為了拿拍廣告的費用，才替這些廠商作廣告，不值得信任。

有許多名人根本自己不用他們所廣告的產品，Michael Jackson本身不喝碳酸飲料，卻成為百事巨星，大作百事可樂的廣告。這種作法會損壞消費者對這些名人的印象，所以長期來說，對這些名人不一定有利。現在有些廠商利用卡通人物來進行廣告，如加菲貓、史努比、Hello Kitty等，以避免這種困擾。

第二節 ▶廣告訊息

廣告訊息本身也決定著影響消費者程度的大小，這些變數包括廣告的訊息如何表達及其內容為何。所以，行銷者在決定廣告時應考慮：這些訊息要以圖形或文字表示、多久重複一次、是否要作結論或讓消費者自行猜測、是否要把正反兩面的資訊都說出來、是否要與競爭者的產品作比較等。根據研究顯示最有效的廣告，一定要把產品最重要的

屬性表達出來，否則成功的機會不大。

壹、送出訊息

　　俗話說一圖勝萬言，一般說來一幅能夠表達原意的圖形，可以更為有效經濟的傳送訊息，所以廣告會耗盡思量的想出各種不同的畫面來傳達訊息。但是另一方面，並不是所有的訊息都可以圖畫來表示，有些時候適合以文字表達。通常文字適合表達一項產品的理性效用，而圖形則適合傳達感性的效用。因為在看文字時需要花更多的精力，所以文字性的訊息，適合在高涉入的產品中使用，可以利用印刷媒體，但這種資訊的遺忘程度很高，為了達到預定的效果，廣告的次數不能太少。

　　圖形和文字在生動性上不同，有力的文字敘述或圖形，可以引起注意，在記憶中造成更深的印象，因為它可能會引起消費者更多的聯想，產生更深入的了解及記憶。過分抽象的文字通常不容易引起消費者的聯想，有礙記憶。

貳、重複

　　重複的次數多寡，會對消費者造成影響。一般認為重複的次數越多，學習的效果越好，而且「日久生情」、「情人眼中出西施」，只要一開始沒有罪惡感，人們會購買他們較熟悉的產品，即使沒有特別的偏好，還是會購買的。另一方面太多的重複，也可能造成習慣性的視而不見，會因為太熟悉或覺得無聊而不再注意，反而造成反效果。

　　有學者以「雙因子理論」（Two-Factor Theory）來解釋這種現象，認為當我們在看一則廣告時，會有兩種不同的效果同時產生。在正的方面，是不斷的重複使得消費者對它的熟悉程度提高，降低這項產品的不確定性。在負的方面，會隨著看的次數增加，而有厭煩的感覺。在一特定的次數後，負的影響超過正的影響，使得淨效果開始下降，甚至產生負值，如圖7-2所示。

　　這個理論認為廣告，可以減少廣告的次數或每次廣告的時間來克服這項問題，或是經常更換廣告的內容，但主題仍然相同的廣告，來增加消費者的新鮮感。例如：林鳳營鮮奶同時由張艾嘉拍了數支廣告，輪流播出。

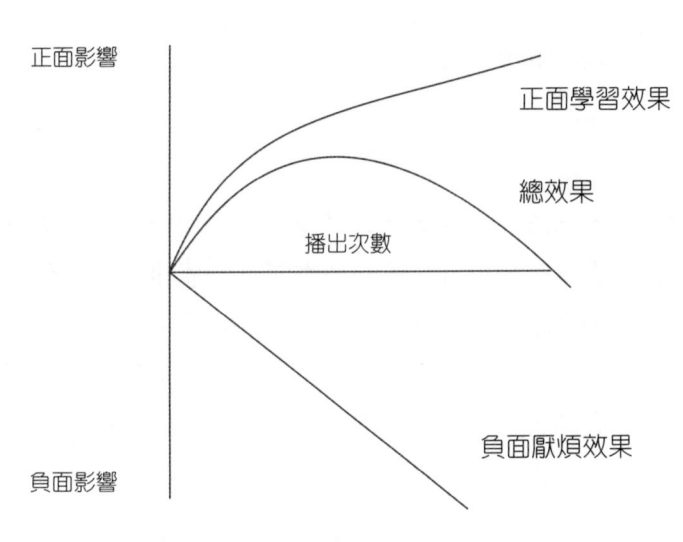

圖7-2　廣告效果與播出次數關係

參、論點

　　許多行銷的廣告中會列出產品的優點，用正面的論點來說服消費者接受這項產品，這是屬於支持性的廣告設計。而另一種方式則把正反兩面的觀點都列出來，有些研究指出，這種方式的說服效果相當不錯，但是在行銷上的實際應用還不是很廣。

　　行銷者在何時可以使用這種雙面論點的廣告訴求呢？在適當的情況下，它可以增加廣告的可信程度，尤其是消費者對於產品還有疑慮時，對於這種雙面論點的廣告可以增加消費者的接受程度，但是這種方式並不是要行銷者花很多時間在產品的缺點上。在典型的雙面論點廣告中，行銷者可能會先提出一個小的缺點，然後強調更重要的正面優點。例如：和運租車認為它們在臺灣租車業中只是排行第二，所以會更努力的服務它們的客戶。這種方式當消費者的涉入程度較高，而且消費者對於這項產品的態度不是非常正面時最有效。

　　有時廠商也會利用比較性廣告，來訴求產品的優點。行銷者會舉出一些與產品有關的屬性來進行比較，讓消費者能夠了解其間的差異。例如：Daikin（大金空調）的說詞是「用大金，省大金」，以顯示使用Daikin所產之空調產品，與他牌空調相比能省下更多的預算以及電費。

　　使用這種策略應適可而止，以免遭到競爭廠商的反擊，而且所舉的屬性應有明顯或客觀的數字可供比較，以免陷入毀謗的官司中。這種策略在推出新產品時相當有效，而且可以給消費者一個明確的印象，知道這項新產品與其他產品之間的差異。

肆、廣告訴求

　　理性訴求的重點在訴諸聽眾自身的利益，亦即告知消費者本產品的利益，主要是為了產品功能性的承載、解決消費者問題、帶給消費者最大利益及額外利益功能、改變消費者現有的信念結構、引進新的規範性元素、傳達產品的差異性與相同性。例如：日產汽車為TEANA做的網頁廣告，在裡面強調了全新的底盤設計、強悍的V6引擎、沉穩的懸吊系統、梨花木飾板、HMI智慧型平臺等。

　　感性的廣告訴求，希望在產品和消費者之間建立一種一致性的關係，使消費者覺得這種產品可以和他的生活型態配合，讓消費者更容易記得這項產品的優點。這種訴求從汽車到飲料皆適用，尤其是那些成熟的產品，在產品之間已經沒有太大的差異時。例如：豐田汽車為CAMRY作廣告，以感性訴求為主，對其配備和性能並無做任何說明，廣告畫面中配合了「雷霆天威」，強調這輛車是車中的霸主，是其他汽車無法撼動的。而日產汽車為TEANA做的廣告，則是強調該車種本身的配備，強調該車的價值感與豪華的內、外裝。

　　理性和感性的訴求如何區分並不十分容易，有些是需要消費者去思考的，有些是需要消費者去感覺的。傳統的廣告效果衡量方式，在衡量感性廣告的累積效果時並不理想，只適合衡量記憶理性廣告內容的程度，至於感性方面很難量化。

　　雖然感性的廣告很有效果，但是它在許多產品中仍不可缺乏理性的訴求。例如：消費者在購買汽車時的涉入程度很高，雖然感性訴求可以引起消費者的興趣，但是在實際購買時，還是會斤斤計較各項產品的屬性，他並不會只因為受了感性訴求的影響，就購買這項產品。

　　「性訴求」在許多廣告中都可以看到，從名牌汽車的廣告到休閒鞋中，到處可見。從一點點的性暗示到全然的裸露都包括在內。許多女性在看到類似的廣告時，會有負面的感覺，但是男性卻往往會有較正面的評價。

　　雖然使用性訴求的廣告可以吸引消費者的注意，但卻不一定有效，一個太過煽情的廣告不一定可以傳達廣告的意念；消費者會過分注意那個部分，而忽略了廣告的內容，所以除非產品本身與自我或性有很大的關係，否則效果不一定較好。

　　使用幽默的訴求，危險性比較高一點，有時候對於某些人是好玩，但是有些人卻看不懂，或是覺得有受辱的感覺，尤其是文化上的差異，對於幽默的感覺差很多。例如：英國在廣告上就比美國用更多的幽默訴求、雙關語或諷刺話。

　　幽默的廣告通常能夠得到較多的注意，一個研究發現利用幽默訴求的廣告方式，在

回憶上的得分數高，可是究竟是幽默影響回憶或產品屬性，並不十分明確。但是一個有趣的廣告，可以避免消費者產生負面的聯想。

恐懼的訴求是指威脅消費者若不改變行為或態度，會有不良的後果產生，這種策略也用得非常廣泛，在美國大約有15%的廣告屬於恐懼訴求。在許多公益廣告中，也經常使用這種方式，如告誡年輕人不可以使用毒品或安非他命，或是請消費者減少吸菸等。

這種恐懼的訴求，在恐懼程度感不是很高時最有效，在恐懼感較低的部分，態度改變會隨著恐懼的程度而增加；但是當恐懼超過某一特定程度之後，反而會有反效果，整個影響呈倒U字型。因為當恐懼過高時，消費者為了心理能取得平衡，乾脆忽視它的存在。在美國為了防止AIDS，電視上勸人在進行性交時，使用保險套，發現若只作輕微的恐懼訴求效果最好，而強調AIDS會引起死亡，效果往往不佳。

當消費者對於恐懼訴求中的主題早已有所害怕時，廣告的效用會最好，在廣告時威脅不應太高，而且應該告訴消費者如何解決這個問題。例如：衛生署在推廣保險套的廣告臺詞——「你不套招，我不過招」。

行銷者會用隱喻的方式來說服消費者，例如：聯合航空公司是你在外地時的好朋友，或是華航以客為尊、中信銀We are family。Michael Jackson是百事可樂的廣告明星，1993年他在亞洲舉行了一連串「危險之旅」演唱會，但在泰國時因第一場演唱會演出賣力，造成大量脫水，以致延後了第二場的演唱會。此時的可口可樂公司趁機在報紙上刊登大幅廣告，標題是：「脫水嗎？來瓶可口可樂。」

伍、消費者的特性

雖然行銷可以改善溝通的內容和形式，但是溝通的效果如何，還是得視消費者如何反應而定，這些反應很多是與其個人的特性、動機、產品知識有關。所以，在設計廣告溝通方式時，應該把消費者的因素考慮進來。

一、動機

消費者在接受一項廣告訊息時，會有各種不同的動機，有時消費者會有很高的意願或動機來接受各項訊息，但是在大部分的情況下，都不會非常重視這些訊息。

當消費者有高度的動機，接受產品的資訊時，訊息的內容和強度是很重要的考慮因素。若動機缺乏時，廣告明星的重要性可能更能引起消費者的注意。另外，消費者購買產品時，所重視的利益也會影響消費者的感受；當消費者追求效用利益，應該強調產品

的功能；當消費者重視的是美感利益時，應強調產品所能帶來的感覺。但是有些產品可能兩種利益都很重要，例如：消費者在購買機車時，不但會重視它的功能，也會重視它的外觀及感覺。

二、激發（Arousal）

生理上是否真正注意到一項資訊，也會影響對於一項資訊的認知。注意力很低的時候，廣告效果幾乎不存在，所以行銷者要想盡方法引起消費者的注意；但若是引起注意的方式太強，反而會讓消費者忽略真正的主題，所以引起注意的方式不能太強，也不能太弱。

另外一些廣告之外的因素，也會影響消費者的注意力，例如：一些籃球賽、動作片、偶像劇中，因為消費者的注意力本來就較集中，所以廣告的效果也比較好。

三、知識

在學習理論中，我們也談到消費者的知識，會影響到消費者能夠接受的資訊數量，在溝通的說服過程中，也有相同的情形。知識較多的消費者，比較能夠評估一項新資訊的優缺點。所以面對這些消費者的時候，行銷者不應完全強調產品的優點，來說服消費者；反而應該提供一些客觀的技術資訊，讓消費者自行判斷。

對於缺乏產品資訊的消費者，則適合以一些外在的線索來增加消費者的信心。例如：利用專家來評估一臺照相機的好壞，可以讓這些消費者更有信心。

四、心情

當消費者的心情較好的時候，對於訊息的評價也較好。所以，行銷者在決定上廣告的節目時，除了考慮該節目的收視率之外，也會重視該節目的內容。如果是強調快樂的廣告，較不適合放在一些容易產生悲傷心情的節目中播出。

五、現有的態度

消費者目前對於某一產品或品牌的態度，也會影響其對於廣告的接收程度。當目標觀眾對於這項產品的態度較佳時，不管由誰來說服消費者，其效果相差不大。但若是消費者對這項產品的印象不佳或印象較淡時，廣告的模特兒就扮演著較重要的角色，這時應該特別謹慎。

目前許多消費者對於證言式的廣告，相信的程度比以前低，因為消費者不太相信

廣告廠商的說法，這時若能配合一些公正單位所公布的客觀資料，可以提高消費者的相信程度。例如：有些汽車廠商發現，廣告中，若有一些公正單位實際測試的汽車衝撞資料，消費者相信程度會提高。

陸、產品

產品也是一個影響廣告策略的重要因素，這些因素包括產品生命週期、使用的經驗、相對的功能、產品定位等。

一、產品生命週期

在不同的階段應該使用不同的廣告策略，在一個新產品剛上市時，主要的目的就是引起消費者的注意和試用；在產品的成長期就是要建立消費者的偏好；在成熟期則以維持和強化消費者的態度為主。

而且在不同時期，廣告的訴求也有所不同。在引入期應該強調產品功能，及它與舊有產品之間的差異。而在成長期，為了建立消費者的偏好，所以最好強調本公司產品與其他公司類似產品的差異。至於成熟期，則因各公司在產品屬性上的差異不大，適合以感性的訴求，來建立心理認知上的差異。

二、使用的經驗

消費者使用產品的經驗，才是影響其長期態度的主要因素。一項食品的味道如果不好，或品牌不良，無論你廣告做得再怎麼好，效果都不大。不過有很多產品，一般的消費者很難真正了解一項產品的好壞，我們不知道每天吃的維他命效果如何，也不知道汽車廠在修車時，是否更換一些原來不須更換的零件。

在廣告中所宣傳的好處，最好和實際的情形相符，否則會很容易造成反效果。例如：有些牛肉泡麵的廣告，在包裝或產品上，強調其牛肉多又好吃，會讓消費者有過高的期望，但是當他實際購買後，發現與預期相差很多時，會有受騙的感覺，反而對產品印象不好，甚至影響到整個公司的信譽。

三、相對的功能

當產品的某些功能，相對上比競爭品牌好很多的時候，就可以成為一個特殊的廣告訴求。若產品在功能上，並沒有相對優點時，就應該採取其他的方式。例如：○○衛生棉，強調其比其他的品牌柔軟，在電視上這麼廣告，也在百貨公司前，讓消費者親自作

比較，然後寫出她們的感覺，並且贈送一份小小的紀念品，很快的就讓消費者接受了這個概念。

四、產品定位

在決定廣告訴求時，產品的定位是一個極重要的考慮因素，亦即行銷者，想要在消費者的心目中，建立起什麼樣的印象。假使行銷者無法建立消費者的特殊偏好，最後只有依賴價格的競爭，但是這種做法往往會損及公司的利潤，而且除非公司在生產上有極大的優勢，否則也難長久採用這種做法。

以品牌經營的角度而言：「行銷風格是手段，市場定位是目的，品牌行銷才是價值」。每一個產品品牌都有其獨特品牌價值，即使是隸屬於同一企業出產之產品，各個產品都有屬於自己的市場定位、設計風格，且是明確、不重疊的。

Trout（1969）曾闡明：「定位是由潛在的顧客心理做起，把產品定位在顧客的腦海裡，並不是對品牌做什麼事。定位本身也包含著改變，可能是包裝、價格、名稱的改變，其目的是為了能在顧客的腦海中得到更有力之地位」。Aaker（1995）主張：「在企業經營策略中，對外在環境分析市場的切入點時，要了解哪個市場區隔是企業定位之處，且於策略定位中提出。在尋求產品差異化時，要與競爭者有所區別，而得到顧客共鳴」。

「知覺定位圖」為產品找尋最佳落點，搶奪顧客「心占率」的一個分析運用方法。此方法是消費者對於某一種產品當中，各個競爭者的印象極偏好，主要由「定位基礎」與「產品」兩大要素組成。行銷人員可以依照以下步驟描繪出屬於自身所需的知覺定位圖：1.找出市場目標最在乎的兩大需求（定位基礎）；2.以其中一個因素放在X軸、另一個放在Y軸；3.在XY軸拉出的四象限上，點出你的產品所在位置，以及競爭對手的相對位置，見圖7-3。

以手機市場為例，消費者在評估與選擇時，其考量重點可能是以「價格」與「功能」為主要區分，行銷人員可以此為線索畫出屬於自家的產品知覺定位圖，藉此觀察自己處於哪個象限中，而競爭對手的相對位置又在哪邊。描繪知覺定位圖的目的在於，驗證產品的核心優勢為何？了解和對手進行一對一比較時，你的產品是否能比競爭者的產品更能滿足消費者需求。此外，企業須嘗試將自家產品的定位與競爭者建立起明確區隔，確立自己是目標市場中，最能滿足消費者的最重要提供者，確保客戶不會把不同的品牌視為可替代品，以維持競爭優勢。

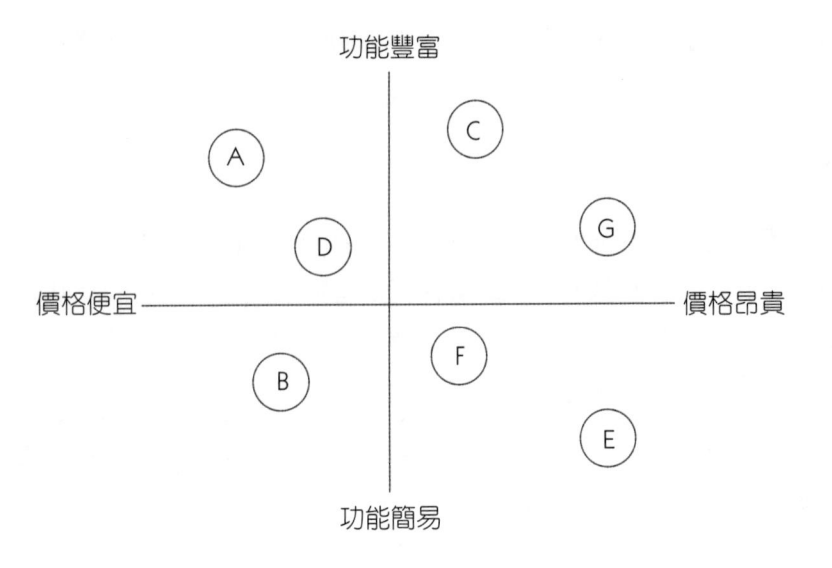

圖7-3 手機之產品定位圖

第三節 》修正偏好模式

　　廣告是一種說服性的溝通，傳播者有意向的向消費者傳遞廣告訊息，希望達到溝通效果與銷售效果。這是一種促使態度改變的歷程，過去關於這樣的態度改變的說服歷程所研究過的變項相當多；但範圍常不出「Who (says) what (to) whom (in) what channel (with) what effect」，其中指的分別是「傳播訊息來源」、「訊息內容」、「訊息接收者的動機、涉入度與反應」、「傳播訊息的管道」與「傳播效果」等。Hovland等學者提出這樣的傳播模式，可說是為後來的說服理論樹立了一個基本架構。

　　而說服理論中的認知反應理論，假設訊息接收者對所有傳播訊息都有興趣，而且會用心去推敲思考。這說明了說服理論需要更加完整的模式或架構，因為消費者只會尋求及處理符合自身需求的決策，對於多餘的資訊常不加以處理，即所謂的「資訊處理節省」原理（Haines, 1974）。Petty與Cacioppo（1986）亦認為，許多說服理論，如認知反應理論的缺點是，它並沒有考慮到影響人們在從事訊息相關思考程度的眾多變數，認知反應理論只考量到「認知」在說服過程中的中介角色。直到Petty與Cacioppo（1981, 1986）針對關於說服的研究作一整理之後，提出了「推敲可能性模式」（Elaboration Likelihood Model, ELM），可說是態度改變的總體性說服理論。

壹、推敲可能性模式

「推敲可能性模式」（Elaboration Likelihood Model, ELM）認為，「傳播說服」的發生有兩個途徑：中央路徑（central route）與邊陲路徑（peripheral route）。

中央路徑是指當消費者在接收廣告訊息時，對訊息內容的優劣加以推敲、思考、評估，進而產生較多的認知努力，且經由深度的思考作用而產生的說服過程。當消費者有能力、有意願處理涉入程度較高的訊息時，會採取中央路徑對訊息加以理性的接收與分析。

邊陲路徑則是指，當消費者在接收廣告訊息時，只依據說服情境中的線索或暗示，如來源的專家性、吸引力、訊息數量、個人的生理或情感狀態等，作為是否接受訊息立場的依據。當消費者沒有什麼能力且較沒有意願面對涉入程度較低的訊息時，會採邊陲路徑處理訊息。

貳、請求修正行為的技巧

有效的溝通策略是一種影響消費者態度和行為的方法，但是還有一些方式可以更直接的改變消費者的行為。例如：我們可以用請求的方式，亦即直接要求消費者作某種反應。在人員的推銷中，更是經常利用這種技巧。

一、一腳進門方式（**Foot-in-the-door**）

這種方式就是先讓消費者答應一個小的要求之後，再要求一個較困難的事情。例如：在推銷一項產品時，可以先要求消費者購買一項不重要的產品，或答應一個小的請求時再提出。很多汽車經銷商，會先要求有意購車的消費者，先試開看看之後，再提出購買車子的請求。這種方式要有效的條件，是這兩項決策有高度相關，而且第二項決策的重要性，比第一項大很多時，比較適用。因為消費者會覺得答應第一項的影響不大，而且既已答應第一項，就表示他對第二項的興趣也很高。

二、當頭拒絕（**Door-in-the-face**）

另一種完全相反的方式，是先要求一個非常困難的工作，幾乎是對方不會答應的，然後再要求一個較小請求。通常在這種方式中，因為對方已經拒絕了第一個之後，不好意思再拒絕第二個，所以在請求時，第一項一定比第二項困難很多，才能夠顯示出第二項請求，並不是十分的過分。而且這種作法也有讓步的味道，因為第一項可能有點強人所難，而提出第二項時，我方已經讓步，對方也應該稍微讓步一下，答應這個要求。

三、互利的原則

當你給消費者一些利益的時候，消費者會發現比較不容易拒絕行銷者的請求。例如：在一超級市場中，有些廠商採免費試吃的促銷方式，當消費者吃了這些東西之後，會發現不好意思而買一些產品才離開。

四、承諾

若讓消費者在任何形式的東西下，簽下自己的名字，也有助於銷售的達成。例如：有些房屋預售公司，在消費者參觀房子時，希望消費者留下名字，或預付一些訂金，這時候成交的機會就會增加。或是有些廠商希望對這項產品有興趣的消費者，寄上一張名信片，廠商會免費提供相關資訊，這時因為消費者簽下自己的名字，已有了某種程度的承諾。

五、暗示

行銷者可以某種方式稱呼或讚賞消費者，暗示他應該作某種事情。例如：有些百科全書的推銷員，在發現家長對孩子的教育很關心時，就會特別強調這一點，稱讚他是一個關心孩子的家長，然後再告訴家長百科全書對於孩子教育的重要性，這時因為他已經承認對小孩的教育很重視，所以不容易拒絕任何可以對孩子教育有幫助的事情。

六、激勵

激勵的方式也經常使用，例如：使用折價券或打折的方式，也可提供消費者一些購買的動機。而且這種方式通常都有時間的限制，可以告訴消費者若不趕快行動，將錯失良機。而在使用折價券時，因為消費者會覺得只有我有這個權利，效果可能比打折來得好，而且又較不會因為經常打折，影響產品的形象。

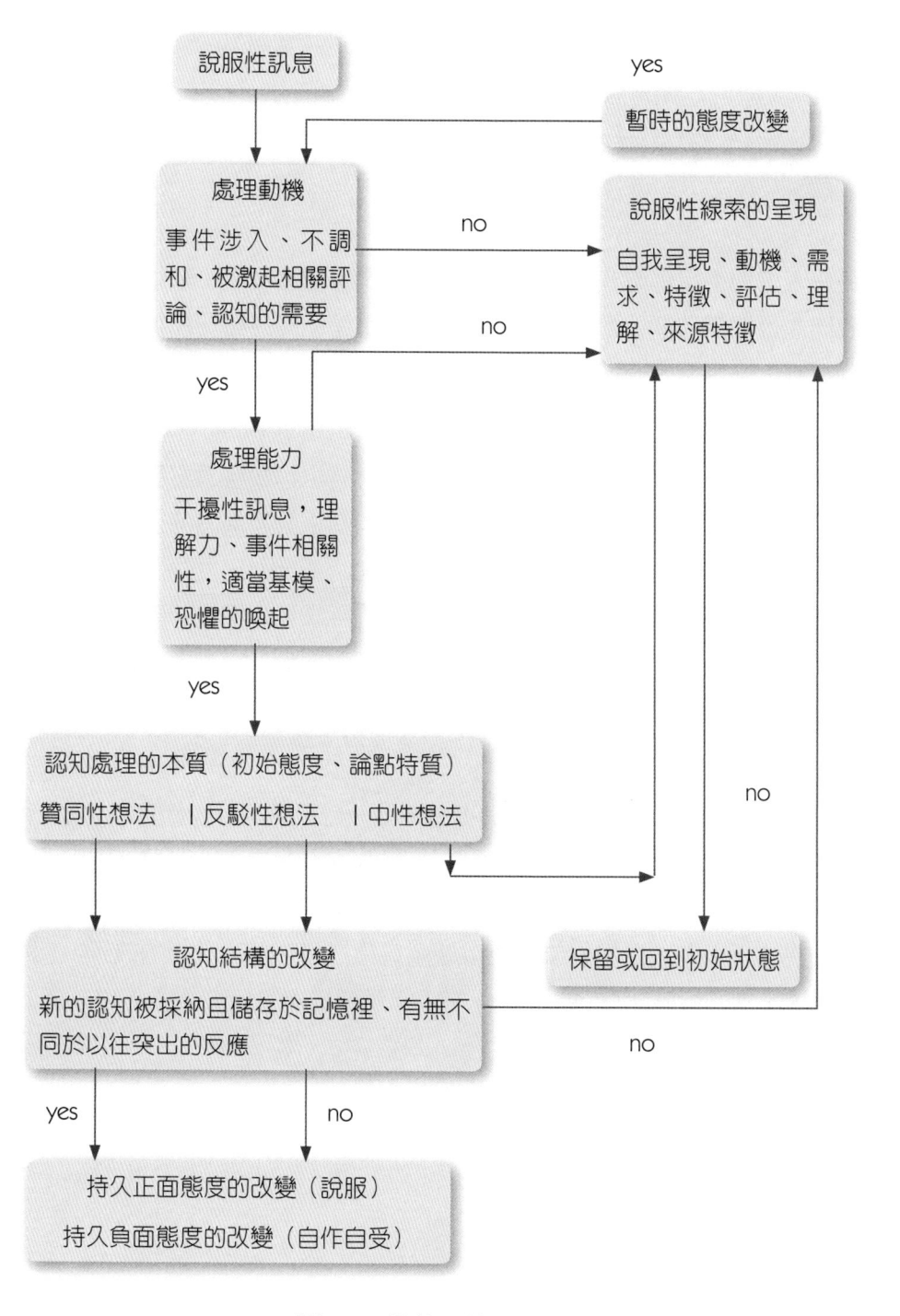

圖7-4　推敲可能性模式

本章摘要

- 每個人會對產品形成一種態度，這種態度具有四種功能：效用、價值表現、自我防衛及知識功能，行銷者要了解如何設計產品的這些功能，然後再透過溝通的模式，由發訊者傳送到收訊者。在一個溝通過程中，除了發訊者與收訊者之外，還包括訊息、傳送的媒體、雜訊及回饋等。

- 在廣告設計中，利用圖形可以傳達更多的意義，也較容易記憶。重複次數的多寡，直接影響到廣告的效果，但是由於它含有正面及負面的效果，所以太多或太少都不是適當的選擇。在一個廣告中，是否要出現正反兩面的論點、是否應下結論，應視實際情況而定。廣告中常用的訴求包括理性、感性、恐懼、幽默或性訴求，亦可以用一些隱喻的方式來說服消費者。在設計時，還應考慮到消費者的特性，包括他的動機、注意、知識、心情、現有態度等。另外，產品的生命週期、使用的經驗、相對功能、產品定位等都需要考慮。

- 偏好修正模式（ELM）假設一旦消費者接受一個訊息後，就會開始處理，而處理的方式視消費者的涉入程度而定。在高涉入的情況之下，消費者採取「中央路徑」來處理；在低涉入的情況之下，消費者採取「邊陲路徑」來處理，行銷者可作為參考。在人員推銷中，可以使用幾種技巧來提高說服的效果，包括一腳進門法、當頭拒絕、互利原則、承諾、暗示或拒絕的方法。

8

Consumer Decision Making
消費者決策

-Chuan P

onsumer

Wu-Nan Book Inc

Goodness Publishing House

章
節
個
案

消費者的考量

　　馬來西亞消費人協會聯合會（FOMCA）總營運長比拉巴卡蘭認為，雖然近年來本地生產的環保餐具越來越多，但多數外銷到歐洲，本地人基於價格和便利性的考量，還沒有普遍使用。

　　比拉巴卡蘭指出，消費人購物時首先考慮價格，然後是社會地位和風格，而對於環境影響的考量通常是擺在最後。

　　「因此，雖然長遠看來，可重複使用的餐具會比較划算，但是消費人認為使用一次性的免洗餐具方便省時，加上誤以為被丟棄的垃圾會自動消失，所以往往沒有考慮到對環境的影響。」

　　他說，消費人可以選擇在餐廳用餐，如果需要帶回家，可以攜帶本身的餐盒和餐具，不需要感到不好意思；再不然則可以使用可分解和再循環的環保餐具。

當局應更積極預防環境汙染

　　他指出，消費人必須了解本身的行為將會導致的後果，使用越多免洗餐具，意味著需要更多垃圾掩埋場和焚化爐，環境受到汙染會對人類的健康造成各種問題。

　　至於政府在推動環保方面的角色，他認為，環境局應該更積極預防，而不是等到問題發生才忙著「滅火」，而房屋及地方政府部推動再循環運動似乎也缺乏持續性。

　　詢及立法管制和禁止免洗餐具，他認為此舉的確能夠立竿見影地解決免洗餐具造成的汙染，但對飲食業者並不公平，因為他們沒有其他選擇，成本提高，生產免洗餐具的工廠也會面臨倒閉及裁員的問題。

資料來源：雪蘭莪‧八打靈再也，比拉巴卡蘭：消費人先考量價格便利‧環保餐具大馬未普遍，http://mykampung.sinchew.com.my/node/79582，星洲日報／大都會，2009/10/12。

消費者的購買決策是一連串的過程，這個過程會受到許多因素的影響，有些人經常進行深思熟慮的購買，有些人則不太重視；有些產品的購買決策較慎重，有些則不被重視。而在資訊蒐集的來源及各種可行性的評估方面，也會有許多種不同的作法，本章的目的就是在於了解這整個過程，及其對行銷者的涵義。值得說明的是，消費者決策並不是消費歷程（consumption process）的結尾，而是開端。

第一節 》消費者決策層次

並非所有的消費決策都需要相同的資訊搜尋程度，如果每項決策，都需要進行完整的資訊搜尋，將耗費太多精力，而沒有多餘時間處理其他事情。反之，如果所有的消費都是例行性的，又太過平凡無奇，而顯得呆板。事實上，消費者決策可依據需投注的精力程度，由極高到極低，區別出三種不同層次的類型：複雜性問題解決（extensive problem solving）、有限性問題解決（limited problem solving），以及例行性反應行為（routinized response behavior）。

壹、複雜性問題解決

評估一項產品類別或個別品牌時，如果消費者沒有熟悉的評估標準，或者競爭品牌太多，無從比較時，此決策情境稱為複雜性問題解決。此時，消費者需要大量的訊息，以建立品牌評估標準，並就考慮中的個別品牌，蒐集豐富資訊，進行品牌比較。

貳、有限性問題解決

在此層次，消費者已擁有評估產品或品牌的基本準則。不過，儘管如此，卻尚未對任何品牌形成明顯偏好，而需多蒐集其他資訊，仔細分辨品牌間微小差異，以進行選擇。

參、例行性反應行為

所謂例行性反應行為，乃指消費者已經對某類產品和品牌建立清楚的評估準則，偶有蒐集少量資訊的必要性，但通常，根本只是就其所知，進行選擇。

決策層次取決於消費者是否已擁有明確的評估準則、對各品牌資訊的掌握程度，以及競爭品牌數目等。明顯地，當問題複雜度越高，消費者必須蒐集更多的資訊，以制定

決策；反之，例行性反應行為則不太需要額外資訊。

在我們生活中，不可能每項決策都要求非常仔細、完整的考慮過程──我們也沒有那麼多的精力，因此有些決策是必須要例行化的。

第二節 消費者模式──有關消費者決策的四種觀點

在論及消費者決策模式之前，需先陳述各學派觀點，了解其對消費者決策的看法者。消費者模式（models of consumers）即針對消費行為的方式和理由，提出一般性解釋，包括經濟觀點（economic view）、被動觀點（passive economic view）、認知觀點（cognitive view），以及情緒觀點（emotional view）等。

壹、經濟觀點

根據經濟觀點，在完全競爭的世界中，消費者應為理性決策者，此即所謂經濟人（economic man）理論。不過，此理論已遭致研究者反駁與批判。根據此觀點，消費者具有下列行為特徵：知道所有可得的產品選擇方案，能依照各選擇方案的優缺點，正確評估與排序，以及能確認出最優異者。但實際上，消費者很少能獲得如此完整、豐富的資訊，以及擁有高度的涉入程度和動機，去制定完美的決策。

古典經濟模式中，視所有消費者為理性決策者，其實是不切實際的，原因是個體常受限於其：(1)能力、習慣和本能；(2)價值觀和目標；以及(3)知識。所以，消費者無法單純依據經濟條件的考量，做出理性、完美的決策。例如：精確判斷價格與數的關係、邊際效用，或無異曲線等。事實上，消費者通常不會進行繁複的決策歷程，反而只希望選擇滿意（satisfactory）的方案即可。因此，經濟模式太過簡單和理想化。例如：研究者發現，消費者的殺價行為，在過去被視為是想得到更優惠的價錢（就該項採購獲得較佳價錢），但事實上，卻可能跟成就需求、親密需求和支配慾望有關。

貳、被動觀點

被動觀點與理性、經濟觀點恰巧相反，其認為消費者進行決策時，完全是依賴自己的興趣和受行銷人員的促銷努力所影響。根據被動觀點，消費者是衝動且非理性的購買

者，容易落入行銷人員的圈套。就某種程度來說，被動觀點相當符合傳統的銷售邏輯，將消費者視為可操縱的對象。

此觀點的基本限制在於，無法解釋消費者於購買情境中所展現的主動行為——有時消費者挑選產品時，會蒐集許多資訊，以選出令人滿意者，但在其他情況下，又有可能因一時情緒興起，而衝動買下某產品。就之前所提及的動機、知覺、學習、態度、溝通及意見領導等概念，亦充分認為消費者是不易受行銷人員所操縱的。因此，太過簡單和單一化的思考觀點，都是不切實際的。

參、認知觀點

第三種觀點認為消費者是思考性的問題解決者（thinking problem solver），在這個架構下，消費者被視為可接納或主動尋找滿足其需求、豐富其生活的產品和服務。認知觀點所強調的是消費者進行品牌、零售通路選擇決策時，搜尋與評估相關資訊的歷程。

根據認知觀點，消費者會主動進行資訊處理，以形成偏好和產生購買意圖。不過，他們不一定會蒐集所有資訊，而是只要能制定「滿意」的決策即可。此觀點認為，消費者常自行發展出慣用的決策法則〔又稱為舉隅（heuristics）〕，以簡化、加速決策過程，或者應付過多、龐雜的資訊〔資訊超載（information overload）〕。

在認知或問題解決觀點下，消費是介於經濟型和被動型之間，個體沒有完整知識，無法做出完美的決定，但仍會主動、積極的蒐集資訊，以試圖做出讓自己滿意的決定。

認知觀點強調消費者問題解決能力，此與消費者目標導向行為概念吻合。例如：消費者可能會為了理財購買電腦，或者採購冷洗精以揉洗精緻衣物。目標設定在進行新產品採購決策時特別重要，原因是在這種情況下，消費者往往因為產品新穎程度過高，欠缺評估能力，而無法理解其與需求間關聯性（由於缺乏產品經驗）；圖8-1描繪消費者行為中，目標設定與目標追尋間之關係。

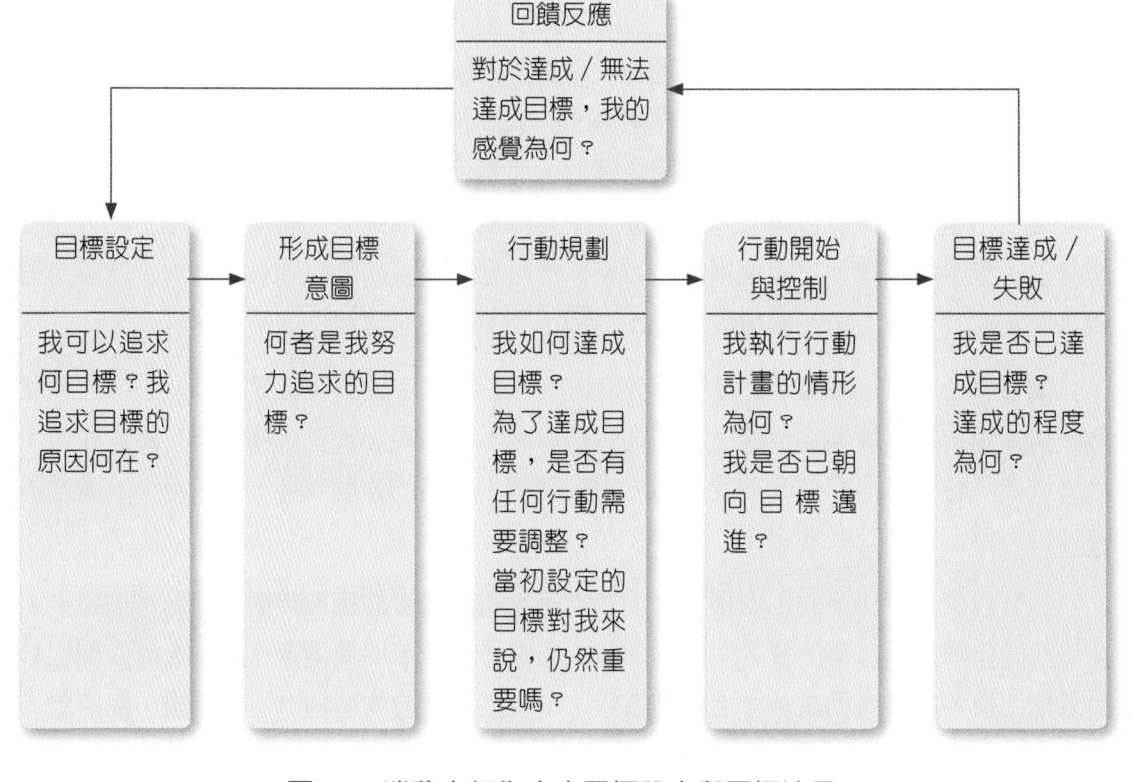

圖8-1　消費者行為中之目標設定與目標追尋

資料來源：Richard P. Bagozzi and Utpal Dholakia (1999). "Goal Setting and Goal Striving in Consumer Behavior", *Journal of Marketing*, 63: 21.

肆、情緒觀點

　　雖然行銷人員早已知道消費者有時會因情緒（emotional）或衝動（impulsive）而購買產品，但仍偏好視消費者為經濟型或被動型者。事實上，我們深層的感覺或情緒，例如：愉快、害怕、愛、希望、性、幻想，都可能與購物或擁有行為有關。這些感覺或情緒，常使消費者深陷其中。例如：某人若遺失了心愛的原子筆，可能會花很長的時間去尋找，即使他還擁有其他六支筆。

　　當一個人面對不確定的未來時，可藉由擁有物，緬懷過去。舉例來說。軍人總是將與家人相聚的照片帶在身上，這些值得記憶的事件，總是不時提醒他們：總會再重回舊日時光的。

　　如果我們仔細想想最近的購買行為，將會驚訝地發現，有些實在太過衝動，常常在購物前，不加思索，完全受情緒所牽動。當消費者受情緒牽制時，根本不太會去蒐集購

物資訊，而完全是跟著心情與感覺走。

這並不是說情緒性的決策就不理智，事實上，能滿足情緒需求，也是理性的消費決策。有些情緒訴求，則標榜「這是你應得的」，或是「善待你自己」。舉例來說，許多消費者購買名牌設計服飾，並不是因為好看，而是表徵其社會地位，這當然可算是理性的決定。不過，如果有位男士明明有妻有子，卻為自己購買兩人座保時捷跑車，可能會使其他人覺得並不理智；換個情況，如果該位男士所購買的是Godiva巧克力，就不易遭致質疑，儘管事實上，在兩種購買行為中都涉及衝動性、情緒性因子。

消費者心情（moods）也會影響決策結果。心情可定義為「感覺狀態」，或心智狀態。情緒是對特定情境的反應；心情則沒有範圍限制，是消費者接觸廣告、銷售環境、品牌或產品時，早已存在的前置狀態。相較情緒，心情的強度較低，卻較持久，而且不會直接與特定行動有所關聯。

心情對消費者決策的影響極大，因為它可左右消費者的逛街時機、地點，獨自一人還是找同伴同行，甚至消費者對購物環境的反應方式等。即使消費者在進入商店前已具有某種心情，零售商仍試圖營造購物氣氛，以改變消費者的心情。研究指出，商店給人的印象或氣氛確實能影響消費者的心情。事實上，消費者的心情也會決定他們駐足在店裡的時間。

一般來說，消費者心情好時，能回憶較多的產品資訊。然而，另一項研究則指出，如果此好心情是因購買點（point-of-purchase）因素所塑造的結果（例如：背景音樂、購買點的陳列），不大可能會左右品牌選擇，除非消費者早已對該品牌形成既定的偏好。

第三節 ▶ 消費者決策模式

消費者在進行購物決策時，會依情境的變化而有不同的情境涉入程度產生。在高涉入（High Involvement）的情境之下，消費者會經歷完整的五個過程，因為他對於購買什麼產品的關心程度很高，會儘量蒐集各種相關資訊，作詳細的比較。而在低涉入的決策過程中，許多決策的重要性並不高，消費者不會很關心買的東西是不是真的很好，或是消費者實在沒有那麼多時間來從事這項產品的資訊蒐集或評估，此時他只是購買一項他覺得還不錯的產品，在這種過程中，可能有些階段的時間很短，或根本就跳過去，完全不管。（詳細情形請見第二章圖2-2所示）。

此部分將介紹消費者決策模式。在這模式中，將統整本書論述的消費者決策和消費行為概念，如圖8-2所示，該模式包含三個主要成分：投入、處理與輸出。

壹、投入

在消費者決策模式中，投入是指各項外在影響來源，左右消費者對產品抱持的價值觀、態度和行為。其中，最主要的成分包括組織所採取的行銷組合活動（marketing mix activities），以及社會文化影響（sociocultural influence）；前者目的在於向消費者傳達產品或服務的益處，後者則藉由內化方式，影響消費者購買決策。

一、行銷投入

企業進行行銷活動的目的，無非是希望藉由接觸、告知與說服消費者購買和使用其產品。這些投入於消費者決策歷程的要素，包括產品，諸如包裝、大小、售後保證、大眾媒體廣告、直接行銷、人員銷售、其他促銷努力、價格策略，以及配銷通路等。行銷努力的成效，則須視消費者知覺而定。因此，行銷人員常藉由消費者研究，了解其看法，而非僅依賴自行揣測，預期的結果。

二、社會文化投入

第二種類型的投入，即社會文化環境。對消費者決策也有相當影響力。社會文化投入包括許多非商業性質的影響來源，例如：朋友的看法、報紙評論、家庭成員的使用經驗、消費者報導的內容，或是網路社群的討論。社會階層、文化與次文化的影響，雖然較不具體，仍易深植消費者心中，而影響其產品評估與選擇決策，這些內化，難以言喻的準則，卻主宰著消費者行為的方向，決定何者為正確、何者為不當的行為。例如：臺灣媽媽對小孩子的消費行為採取較多掌控性，美國媽媽則否；主要原因在於美國小孩自幼就被灌輸個人化思想，臺灣小孩在社會化過程中則強調如何與社群和諧相處。

行銷組合活動或者家庭、朋友、鄰居，以及社會既有行為規範等，均可能影響消費者購買決策和使用模式。由於這些影響常直接針對個人，或為個體主動尋訪的對象，在模型中使用以雙箭號來連結投入與處理兩部分。

貳、處理

處理成分關係著消費者如何作決策。為了解此一過程，必須仔細探討心理概念的角色。心理場域（psychological field）代表內在因素（動機、知覺、學習、人格與態

度）、對消費者決策過程（需要或想要什麼、知曉各種產品選擇、資訊蒐集活動，以及方案評估）的影響。如同圖8-2所示，消費者制定決策時，包括三階段任務：需求確認（need recognition）、購前搜尋（prepurchase search）與方案評估（evaluation of

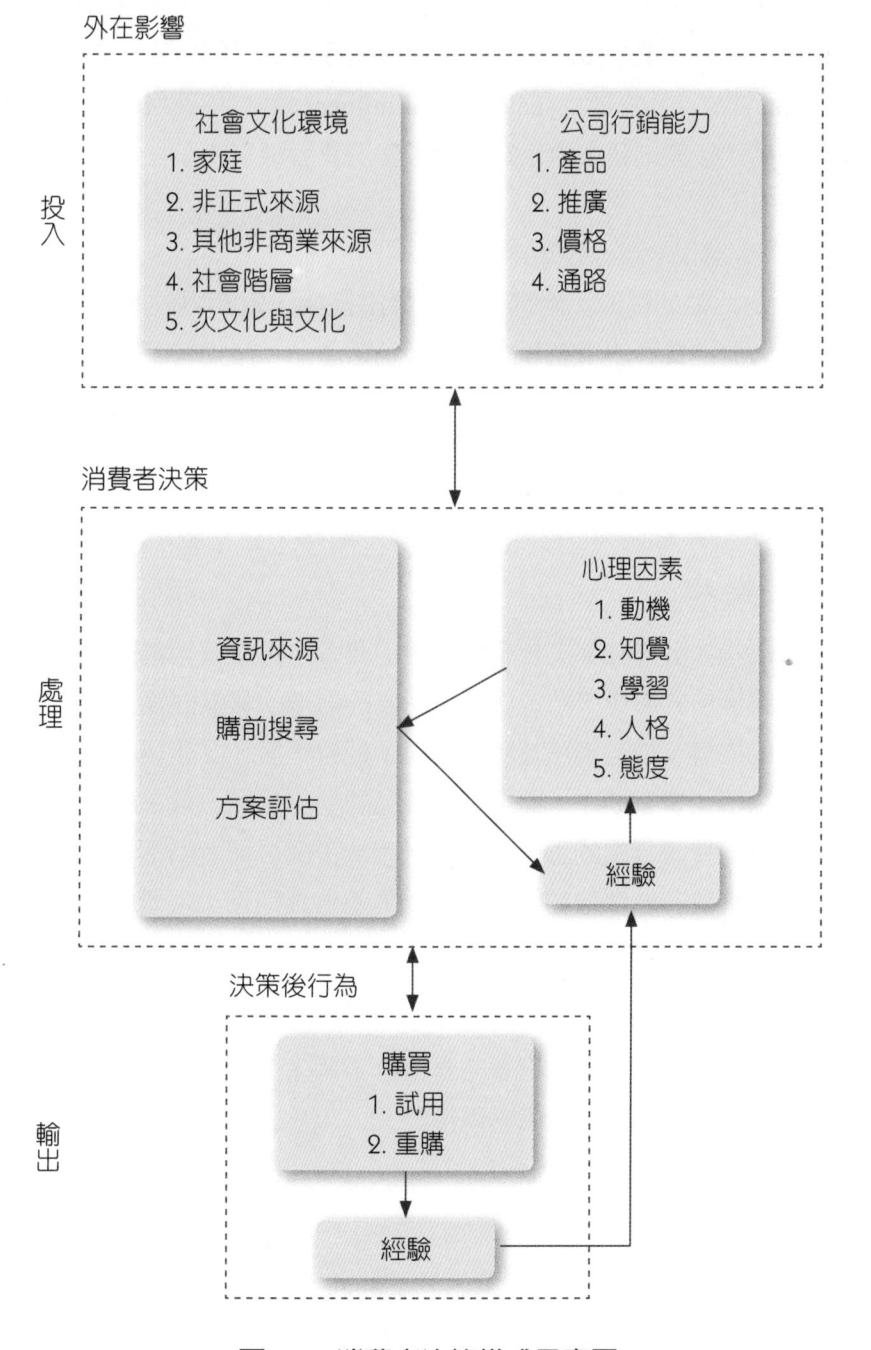

圖8-2　消費者決策模式示意圖

alternatives）。

一、需求確認

　　當消費者遭遇問題時，常需審視自身需求狀態。就大多數消費者來說，有兩種需求或問題確認方式。第一種是依據實際狀況（actual state），也就是說，他們覺得現有產品的表現無法達到最低滿意標準；第二種則是受期望狀態（desire state）驅使，亦即欲求新產品，而啟動購買決策。舉例來說，Eric經常參加大大小小的生活聚會或是旅遊等，且喜愛用相機記錄美好時光、捕捉歡樂鏡頭。Eric在過去六、七年間常利用雙親致贈的一臺35釐米相機拍照，不過，為符合數位化時代潮流和攜帶方便性，最近他想添購一臺小型數位相機，最好攜帶時可置放口袋中。就Eric的案例而言，舊相機既然尚能使用，其欲購買數位相機的行為應屬於後者。

二、購前搜尋

　　當消費者察覺到對某種產品有所需求時，即展開購前搜尋動作。一方面，回憶過去經驗（來自長期記憶），或許就有足夠資訊可做決定。或者必須進行繁複的搜尋動作，向外發掘資訊，以制定決策。

　　消費者在對外搜尋產品資訊前，常先回憶過往經驗（即消費者決策模型中的心理場域部分）。過去經驗就是一種內在資訊來源。過去經驗越豐富，消費者對外在資訊的需要就越少。不過，多數消費者決策，都是同時依靠內在（過去經驗）和外在資訊（行銷和非商業性訊息）。知覺風險程度也會影響購前資訊搜尋情形，風險高時，消費者傾向廣泛蒐集各種資訊，予以仔細評估；而在低風險的情況下，則僅簡單搜尋。

　　逛街也是搜尋外在資訊的重要管道。一項針對不同產品類別（例如：電視、錄放影機，或個人電腦）所進行的資訊蒐集行為研究指出，投注於資訊蒐集的能量越多時，消費者對逛街行為，越抱持正向態度，而且也願意花費更多時間在逛街上。當然，當消費者對產品所知越少時，向外搜尋資訊的努力會較大。所以消費者知識越薄弱，或該項採購行為越重要時，消費者會花更多時間去蒐集資訊。相對地，研究顯示如果消費者主觀上自覺產品知識（消費者自我評量對產品所擁有的相關知識）較豐富時，進行產品決策將較重視自身評估結果，而非經銷商建議。

　　網際網路對購前資訊搜尋也有重大影響，透過網際網路，消費者不再需要直接上門詢問店家，或者打電話向廠商索取型錄，製造商的網站就能提供消費者更多產品與服務資訊。例如：臺灣國內網頁FunTime（http://www.funtime.com.tw/package/），提供了

國內外旅遊諮詢搜尋以及價格比較資訊，甚至是其他競爭者的資訊搜尋等，提供消費者自行參考評估。

消費者資訊搜尋的數量，也與各種情境因素有關。就前述Eric的案例來說，為購買數位相機，他可能會開始坐在辦公桌前，利用電腦和公司寬頻系統，連結各數位相機品牌官方網站，例如：Nikon, Canon, Sony，或者瀏覽Amazon、淘寶、雅虎等網路商店，看看有哪些品牌、型號是輕巧又容易攜帶的。Eric也可向熟知數位相機知識的朋友和同事請益，也是一種搜尋途徑。

有許多因素會增加消費者購前搜尋程度。對這些產品和服務來說，消費者只是想更新產品，以享有更佳的產品經驗（例如：新機種相機），而有些則可有可無，不一定需要立即購買（並非必需品），根本不必急著做決策。以Eric案例而言，其實並不急需購買數位相機，他只想要在放假前一個月內買好即可。

三、方案評估

消費者進行方案評估時，通常會用下列兩種資訊：喚起集合與評估準則。由喚起集合中作選擇，而不需檢視所有品牌，是簡化決策歷程的重要方法。

1.喚起集合

在消費者決策過程中，喚起集合（evoked set）指就特別產品類別來說，消費者列入考慮的品牌項目，喚起集合又稱為考慮集合（consideration set）。而被消費者篩選掉，不予考慮的品牌（被視為劣等貨），稱為摒棄集合（inept set）。至於沒有特別優勢、可有可無的品牌，則列入無差異集合中。不管該產品類別中共有多少種品牌，喚起集合所包含的品牌數量已大幅減少，通常介於三到五個之間。

喚起集合包含消費者熟悉、記得、可接受的品牌。圖8-3展示喚起集合與所有品牌集合的關係。如同圖中所指出，品牌要為消費者考慮，必須能擠入喚起集合中，品牌之所以無法中選，主要是因為：(1)消費者受選擇性知覺的影響，無法知道（unknown）所有品牌；(2)品牌品質不佳，或定位不當，無法為消費者接受（unacceptable）；(3)品牌沒有特色，對消費者來說可有可無（indifferently）；(4)品牌定位不清楚，而為消費者忽略（overlooked）；(5)消費者認為其相較於中選品牌而言，滿足需求的程度較低。

上面這些例子暗喻行銷人員設計促銷技巧時，應以目標顧客為主，創造更受喜愛的產品形象，其中可能涉及改變產品原先的特色或屬性（更多或更佳特色）。另外可針對特別區隔群，直接請消費者考慮某項產品，將其列於喚起集合中。

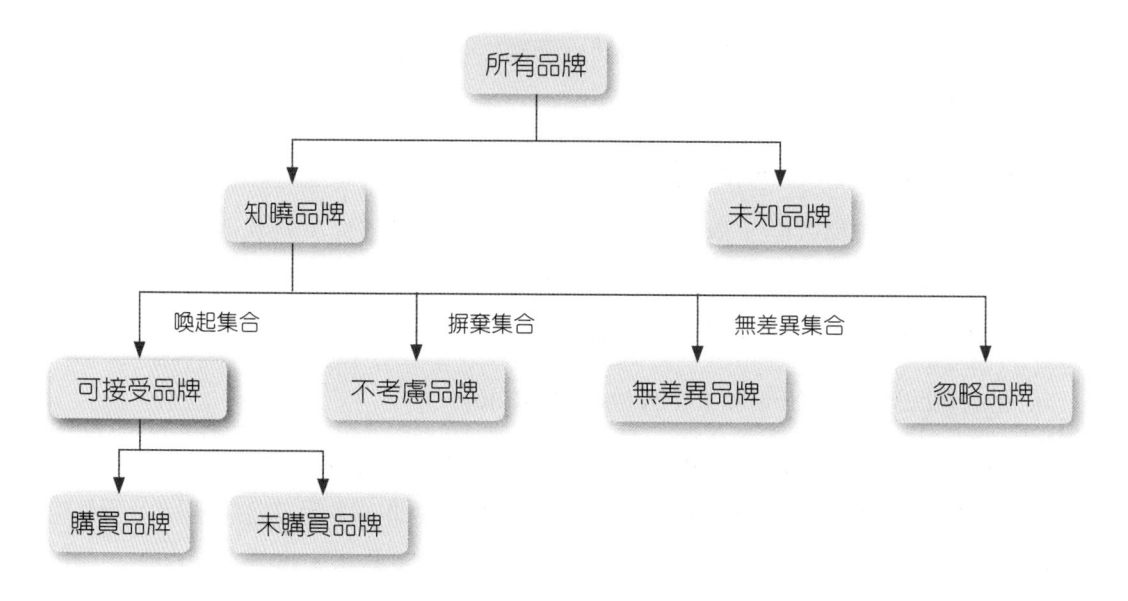

圖8-3　喚起集合為所有品牌之子集合

　　另有研究發現，廣告中所使用的留白技巧和字體選擇，皆可能影響消費者對產品所形成的印象。例如：在留白技巧出現時，消費者對產品品質、聲響、信任度所抱持的看法較正向，品牌態度佳，也有較高購買意圖；簡單、自然字體，則給予人溫暖感可提升吸引力。此外，消費者可能不會突然減少喚起集合中所考慮的選擇數目，而會在單一決策過程中歷經多重選擇階段，這些篩選階段，主要用以在進一步搜尋資訊或進行評比前，刪除不適合的選擇方案，以降低決策複雜度，至其可掌控的程度。

2. 評估準則

　　當我們在選擇產品時，可以有一些不同的準則，例如：在購買汽車時，你可以設定引擎大小在2000cc左右，價格在60萬元上下進口車或國產車，至於在這個範圍以外的汽車則不予考慮。產品評估的準則可能有很多個，但是可能其中有幾個準則在每種產品上沒有太大的差異，消費者沒有辦法以此作為選擇的依據，而須以另一個有差異的準則作決定，這個準則可稱為決定性的準則。

　　我們可以用決策準則是否具有補償性，作為決策法則的分類，一種是「有補償性」（Compensatory）的法則，另一是「無補償性」（Noncompensatory）的法則。消費者可視決策的複雜性及涉入程度，而選擇適當的決策法則。

(1)無補償性的決策法則

　　消費者可以為每種屬性訂一種標準，無補償性的法則認為在某一屬性上未達標準，不能以另一種屬性來彌補。例如：在選汽車時，一定要比2000cc大，才在選擇的範

圍之內，內裝或配備上的優點也不能彌補這項屬性上的不足，比較著名的非補償性法則有下列幾種：

i. 逐次比較模式（Lexicographic Rule）

當使用逐次比較模式時，消費者先考慮最重要的產品屬性，若其中有一項產品在這項屬性上表現最好，即選擇此一產品；若所有產品在這項屬性上沒有差別，則再選擇下一個屬性進行比較，一直找到有差異的屬性為止。

ii. 逐次刪除模式（Elimination by Aspects Rule）

逐次刪除模式和逐次比較模式類似，都是由重要的產品屬性開始考慮，但是消費者會在每一種屬性上都設定一種最低的標準，未達標準者即從喚起集合中刪除；若集合中還有兩個以上產品，則再考慮下一個重要屬性，直到剩下最後一個為止。

iii. 連結模式（Conjunctive Model）

它與逐次刪除模式一樣，每一種屬性都有一個可接受的最低水準，選擇的產品要符合所有的最低水準才能接受，消費者可能因所有的產品沒有一個可以達到上述標準，而暫時不買，或調整他的最低水準，再進行比較。若有多種產品同時都達成這些標準，則購買哪一個產品對消費者而言並無差異。

(2) 補償性決策法則

在補償性決策法則之下，在某些屬性上較差的產品，有彌補其缺陷的機會，通常在較高涉入的產品中，會使用這種決策法則，仔細考慮每一種產品屬性。補償性法則有兩種，較簡單的補償性法則，使用簡單的加法，消費者只就其屬性的總分中，選出總分最高的產品。

但是這種簡單的加總有一個缺點，因為並不是每一種屬性對消費者的重要性都是一樣，有些屬性可能對消費者毫無意義或無重要性，只不過在購買這項產品時，大部分會提到這項屬性而已。所以一種較複雜的模式，是加權之後的效用總和，就如前面章節所提的多屬性模式一樣。

另外，還有一種理想品牌模式（Ideal-Brand Model），亦即在消費者的內心有一個理想的品牌，然後以實際的產品屬性與這個屬性做比較，距離比較近的就是消費者心裡想要購買的品牌。

(3) 直覺啟發式（Huristic）

除了仔細考慮每一種屬性的重要性之外，消費者也可能會利用一些直覺，來加速決

策過程。例如：一般認為貴一點的產品，在品質上可能較好，像是媽媽都是買味全醬油的，或是接受店員的建議，因為他們的專業知識較高。另外一些現實狀況，也會影響你的選擇，例如：有一種汽車的品質可能還不錯，但是碰巧你有一位朋友買了一輛那種汽車後，狀況頻頻，你對這種車就大打折扣。

參、輸出

在消費者決策模型中，輸出所指的是兩項決策後的行動：購買行為（purchase behavior）和購後評估（postpurchase evaluation）。這兩項活動的目標，都是增進消費者對採購的滿意度。

一、購買行為

購買行為可分為三種類別：嘗試性購買（trial purchases）、重複購買（repeat purchases）、長期性購買（long-term commitment purchases）。當消費者首次購買一種產品（或品牌），且僅購買相當少的數量時，稱之為嘗試性購買。消費者之所以會採取嘗試性購買方式，主要是藉此獲得直接使用經驗，以評估該產品功效。例如：當消費者對一種新的洗衣精品牌不熟悉時，可能會先購買較小容量的包裝，試用看看。消費者也會受到一些促銷策略的鼓動，諸如免費樣品、優待券及優惠價格等，而試用新產品。

當消費者試用某新品牌後，如果發現其比別的品牌更令人滿意的話，可能會重複此購買行為。重購行為與品牌忠誠概念有高度關聯性，此說明各廠商重視消費者重購行為的原因，因為藉此可形成較穩定的市場。重購與嘗試性購買行為不同，消費者會採取重購行為，多半是因為該品牌能滿足其需求，而願意一再購買，或購買較大容量。

當然，不是在所有情況下都有試用機會。例如，許多耐久性產品（冰箱、洗衣機或電器用品），消費者經評估後，即直接形成長期承諾（透過購買），而沒有任何嘗試機會。然現在購買福斯金龜車的車主，在新車交車之前的等待期間中，廠商會先致贈一套完全視覺意象手冊，將車主所訂購之車款予以詳細展示，以保持車主期盼之心。

二、購後評估

當消費者使用一產品，特別是在嘗試階段時，會基於己身期望評估該產品表現，評估結果可能為：(1)表現符合期望，以致於沒有特別感受；(2)表現超乎期望，稱為正向期望失驗（positive disconfirmation of expectations），將導致滿意的結果；(3)表現低於期望，稱為負向期望失驗（negative disconfirmation of expectations），將引起不滿意反

應。換言之，消費者期望與滿意度間有密切關係，當消費者進行購後評估時，會將實際經驗與期望相比，以決定滿意程度。

購後評估的主要目的在於釐清消費者對此選擇的不確定或疑慮感，消費者通常會藉此告知自己，這項決策是正確無誤的、是明智的；也就是說，可降低購後認知失調（postpurchase cognitive dissonance）程度。消費者常藉由合理化方式，找尋支持性廣告，避開競爭品牌廣告，或者試圖說服朋友、鄰居購買相同品牌（以堅定他們自己的選擇），甚至求助於其他對此產品感到滿意的消費者，以降低失調感。

消費者進行購後評估的程度，取決於該決策的重要性，以及使用這項產品所獲得的經驗。當此產品完全符合期望時，消費者應會再度購買它。然而，當此產品的表現令人失望或不符合期望時，他們將繼續尋找更合適的選擇。因此，消費者的購後評估，可作為回饋用途，形成經驗累積，以提供未來選擇決策之參考依據。雖然消費者滿意度高時，成為愛用者的機率應較高（即當個人對lativ夾克感到滿意時，應會購買lativ其他產品）。

本章摘要

- 消費者購買決策對行銷人員來說相當重要，可顯示行銷策略是否奏效。因此，行銷人員特別注重消費者決策歷程。消費者進行選擇時，可行方案一定不只一項（決定不購買也是一種方案）。

- 視研究者所持觀點不同，消費者決策模式可區分為經濟觀點、被動觀點、認知觀點和情緒觀點，各以獨特方式描述消費者決策歷程。

- 整體而言，消費者決策模式整合本書中介紹的心理、社會和文化概念，並可區分為三部分：投入變數、處理階段，以及輸出變數。

- 投入變數包括各種行銷努力，以及社會文化環境等非商業性來源，處理階段受消費者心理場域（含喚起集合）影響。整體來說，心理場域影響消費者對需求之確認、購前資訊搜尋，以及方案評估。

- 輸出部分則包括實際購買行為（不論是嘗試性購買或者重購）和購後評估，購前與購後評估皆將形成經驗，影響未來決策。

9

購買情境

如何制霸多螢幕世代？Google：必須先設想使用者情境

去年Google 開發者大會（Google I/O 13）談的是跨螢幕使用趨勢，而到了Google I/O 14 讓跨螢幕整合走向物聯網時代，雖然這些對於使用者有益，但是針對廣告主來說，就成了一大挑戰。對此，Google 全球效能解決方案負責人Jason Spero 在專訪過程中，用很深入淺出的方式，暢談現在的廣告趨勢。

Jason 表示，在這個所謂物聯網時代，沒人是真正準備好的，因為大家太習慣用以前所知的行銷手法去做事情，對廣告主而言，他應該了解現在的消費者，是移動到所有他們所知的平臺去了解購物資訊。而這在實體世界跟數位世界，購買情境的設定就會有誤差，因為消費者在這兩個世界會有所轉移，加上不對的廣告行銷方式，讓消費者產生質疑，進而就會影響廣告訴求跟效果。

要對應這樣的使用行為，Jason 認為現在的廣告必須要「線性化」。就行動產品宣傳來說，Jason 認為如果把手機、桌機、平板看成三個族群，那麼廣告就會比較容易做；每個人在每個螢幕上的使用行為不同，但是他們都共同會接觸，在這中間，一定有個交叉點。像是透過手機、平板與電視、桌機連結，透過創新技術與使用者經驗，把廣告放在中間，就會影響使用者購買行為。

簡而言之，要真正達到廣告效果，就是要先把相同的廣告放在每個不同的產品上，之後開始蒐集建議，而這個廣告最終必須是可以連接到一個共通的地方，好比說網站、賣場。

對應這樣的行為，Jason 舉「Show Room」為例，廣告主應該要更具體的呈現產品銷售情境，在店家設計一個情境體驗區，讓消費者回去上網購買；或者是反過來，讓消費者上網觀看 360 度體驗，然後到實體店面購買。要想到現在的消費者有更多的掌控權，可以選擇在線上購買，或是到商店購買，然後對應這些做法提供一個因應的策略，呼籲廣告主必須要換個角度來看事情，因為這雖然很複雜，但其實是有個歸納性的。

資料來源：洪聖壹，如何制霸多螢幕世代？Google：必須先設想使用者情境，ETtoday 新聞雲，http://www.ettoday.net/news/20140707/374513.htm#ixzz3avljrOeI，2014/07/07。

消費者的行為越來越難預測，行銷者也感到十分的頭痛，在整個消費者的購買情境中，也變化得很快。消費者購買一項產品時除了仔細考慮外，也有很大的部分是受到情境的影響。

第一節 》情境因素

Hansen認為，其中以喚起心中的衝突和消費者制定決策（選擇）的情境最為重要。因此，他以選擇情境（Choice Situation）為基礎，依消費者在選擇情境中的認知過程，將情境分類為「曝露（exposure）情境」、「思慮（deliberation）情境」、以及「反應（response）情境」，然後進一步再將各類情境做細目的劃分。在上述三項分類之中，以反應情境最容易被觀察，而它可再細分為溝通情境、購買情境以及使用情境，但Hansen 並未對這三者加以明確定義或說明。後來Engel, Blackwell和Mimiard（1993）根據相關研究，將以下三種情境的界定予以歸納。

壹、溝通情境

溝通情境是指消費者曝露在人員或非人員溝通中的情境，人員溝通包括消費者與業務人員或其他消費者或親友之間的交談；非人員溝通包括各種廣告、促銷或公共報導。

我們現在以電視廣告來說明，溝通情境是會影響溝通效果，因為在現代的行銷環境中，電視扮演相當重要的角色。而廣告預算中，也有很大的比率是用來打電視廣告，學者的研究中，也有許多是以電視廣告作為研究對象。

在電視的廣告溝通中，有許多情境因素會影響到消費者收看廣告的效果。這些因素包括一起收看電視的人，因為許多消費者會利用廣告的時間作為與其他人溝通的時間；廣告出現在什麼樣的電視節目中，或與什麼廣告放在一起，或廣告出現的先後順序。例如：有些研究發現，在廣告時段最前面或最後面的幾個廣告，受到注意的程度，顯然大於在這個廣告時間中段所播出的廣告。

在電視上，同一時段所出現的廣告數目和時間長度，與廣告的效果會有反比的結果。最近的廣告時段有越來越短的趨勢，從30秒到15秒或10秒，使得在同樣的時間中，可以播放更多的廣告，但是越多的廣告使得消費者越不容易接受，對廣告業者造成更大的壓力。

◀解說員在露天巴士中
對觀光客進行市區導
覽，讓觀光客直接融
入當地風俗民情之中

　　廣告在哪個節目中播出，會影響其效果。例如：在比較歡樂的節目中，消費者會產生比較愉快、歡樂的心情，使得消費者在看廣告時，會有正面的反應，所記得的訊息也較多；若是在悲傷的節目中，消費者態度較負面，記得的訊息也較少。

　　同樣的，消費者對於節目的興趣或涉入程度，也會影響廣告的效果。在消費者涉入程度比較高的節目中，消費者對廣告品牌和內容的記憶程度較低；而對於在低涉入的節目中，所出現的廣告有較高的評價，這可能是因為消費者在看高涉入的節目，不希望受到廣告打擾的緣故。

　　許多實務工作者，都非常重視電視節目對於廣告效果的影響。例如：可口可樂公司發現，應該儘量避免在新聞節目中出現可口可樂的廣告，因為新聞的嚴肅性，和可口可樂強調的歡樂氣氛不搭調，會產生反效果。

　　除了電視廣告外，同樣的在其他的廣告中，也會受到情境因素的影響，例如：戶外的廣告看板，就需注意其他環境中可能帶來的雜訊；而一些歡樂性的廣告，比較適合放在較熱鬧的地點；另外，主題較嚴肅者，則比較適合放在較安靜的環境中。

貳、購買情境

　　購買情境是指消費者在購買產品或服務時，所面臨的環境因素。

一、資訊環境

資訊環境是指那些在購買時，消費者可以看到與產品有關的訊息，尤其當消費者購買一些本來未具有品牌偏好的產品或服務時，這些訊息的影響更大。資訊的環境中，要考慮的因素包括資訊的便利性、負荷、形式和內容。

資訊的便利性，具有非常重要的影響，雖然消費者在進行選購的決策時，會把所有可以應用的資訊加以比較，包括記憶中及現場看到的資訊，但是人的記憶有限，尤其是那些屬性十分複雜的產品，消費者不見得能夠完全記住，所以在比較時，若有相關產品資訊出現的產品，消費者偏好的程度較高。

在一個環境中的資訊數量如果太多，也會影響消費者的決策。當可利用的資訊數量，超過一定數量的負荷時，消費者就沒有辦法作出正確的判斷，所以此時行銷者就要挖空心思，採取不同的方式來吸引消費者的注意。

二、零售的環境

零售的物理或實體環境，又可以稱為商店的氣氛（Store Atmosphere）。這種商店的氣氛是行銷者可以控制的因素，而且又是在消費者進行決策的最重要時刻，顯然是兵家必爭之地。

從行銷者的觀點來看，一個商店的氣氛對於消費者的影響具有多個不同的層次。

◄ 消費者的購物決策不單只會考慮商品本身的要素，有時亦會為追求心靈上或精神上的滿足，而去尋找相對應的消費情境。

首先，它可以影響消費者的注意方向及時間，可以使消費者注意到一些他在其他環境中不會注意到的產品。其次，商店的氣氛也可以表示出該商店，對其定位及目標客戶的看法。最後，商店的氣氛也可以使消費者產生特殊的情感反應，有些會使消費者覺得待在裡面很舒服，增加選購的時間和購物的數量。

1. 產品布置及店內陳列

店內的陳列和產品的布置，可以增加消費者對於產品的接觸及注意程度，例如：在超級市場中，店內的陳列方式，可以引導消費者選購的順序，以及注意程度。例如：在商店中某些位置，消費者的經過次數較多，所以許多產品的製造商對於產品所擺設的位置和擺放空間大小相當重視，這些廠商會付出陳列費用給零售店，以爭取更佳的位置和空間。

2. POP海報

在購買點（Point-of-Purchase）的陳列海報，是一種相當有效的廣告刺激，尤其對於一些低涉入的產品而言，消費者通常會因為在商店中的陳列或海報，而改變購買的決策。POP的海報對於吸引消費者的注意及增加購買的數量都有影響，而且這種廣告的方式，相對於其他的媒體而言，費用比較便宜。設計精美的海報，可以取代業務人員的解說，也減少了對業務人員的要求。

3. 群眾

在商店中的群眾數目，對於消費者的心理影響也很大。若商店中的人太少，消費者可能會懷疑商店的好壞，尤其是一些無法從外表判斷的產品。例如：在用餐之時，若到一個陌生的地方用餐，消費者會喜歡到比較熱鬧的店中消費，因為人比較少可能代表食物不佳或服務不好，才會門可羅雀。

但是太過擁擠也會影響消費者的心理，他可能會減少在商店中選購的時間，延後購買非急需產品的時間，或是和店員之間的互動機會也會減少。例如：有些消費者要加油時，發現這個加油站人太多時，他可能會考慮到下一個加油站再加油。

4. 時間

時間也是一項重要的情境因素，有許多產品的購買和時間有很大的關係。例如：聖誕節對於許多產品的購買有很大的影響，尤其是玩具和禮品。在夏季對於飲料和冰淇淋的消耗量較高，而在冬天則對於火鍋或湯圓消費較多。

當廠商面臨這些問題時，除了改變消費者對於產品使用時間的看法外，也可以推出不同季節的新產品，以調整公司的產能及業務型態。例如：義美冰品強調冰棒是最好的

火鍋料，在吃完熱騰騰的火鍋之後，來根冰棒別有風味。

除了以上的四個因素外，商店中的音樂、顏色、業務人員、聲音或味道，也都會影響消費者的心理，零售業者不可不加以注意。

參、使用情境

消費者在消費一項產品或服務的環境，有些時候消費者的購買和使用情境是一致的，但是有很多情形，產品購買和使用的情境有很大的差異。

當購買和使用的情境不一樣時，消費者在決策時，還是會考慮使用的情境，這種情境包括社會環境和使用時間等，社會環境是指消費者會在何種社交場合使用。此外，使用的時間也會影響消費者的行為，例如：我們不會在中午或晚上吃稀飯，也不會在早上吃牛排。這種行為都是受到傳統飲食習慣的影響，或是與生理的週期有關。

產品的使用情境會影響消費者的行為，最主要是受到消費者所賦予產品的特性和信念而定，這些特性和信念會隨著不同的環境而變。

一、使用情境與行銷策略

行銷策略在許多方面，會受到使用情境的影響。首先它會影響市場的區隔，例如：我們的服裝可因使用的情境，而區分為上班服飾、休閒服飾、晚禮服或工作服等。

例如：海尼根（Heineken），招牌透綠色玻璃瓶成了年輕白領階級展露生活品味的配件，建立了啤酒界的時尚品牌形象，站穩高價進口啤酒的領導地位。而發現新的使用情境，也有助於提高消費者的購買數量，尤其是那些已經達到成熟期的產品。

二、消費者與使用情境的互動

到目前為止，我們都假設消費者對於不同情境的反應都一樣，但是事實上，消費者可能會因為他的習慣、個性或風俗上的差異，而對情境產生不一樣的反應。有些消費者對情境很敏感，有些則否，例如：有些消費者會覺得在許多場合都有人在注意他，所以一舉一動都十分小心，而有些人則毫不在意。當自我觀念較強時，他們會講究在各個不同時間的穿著，是否能夠適當的表達出他們的身分和地位。

第二節 》購物的經驗

逛街的動機，有時候即使不需要，人們也會去逛街，它是獲得產品或服務的一種方式。但是也有一些逛街是基於社會的動機或其他的需求，逛街的動機有（Tauber, 1972）：

1. 社會經驗：購物中心及百貨公司已經取代傳統的市集，成為大眾聚集的地方，即使不購物的時候，也可以到那邊逛逛，當成是一種休閒的方式。

2. 分享共同的興趣：在商店中會有一些有趣的商品，可以成為交談的話題，增加彼此的互動。尤其是有許多女性，把逛街視為一種重要的休閒活動，若不逛街恐怕就無共同的話題。

3. 人際間的互動：購物中心是聚集的好地方，十多歲的青少年最喜歡在這些地方閒逛，在這個地方可以看到形形色色的男女，也是一個較安全的地方。

4. 暫時的地位：每一個銷售人員都知道，人都喜歡被侍候的感覺，在購物的過程中，消費者都被店員視為上賓，使他們覺得自己很重要。

5. 一種活動的方式：許多人希望自己對於市場的資訊比別人豐富，所以喜歡到市場上去看看，將它當成一種活動的方式。

許多人喜歡逛街，將逛街當成和看電視一樣的好玩；但也有些人將它視為一種家事的延伸，十分的無聊。所以，有些人認為可以消費者對於逛街的傾向來區分消費者，而這種傾向和產品的類型有很大的關係，有些人對買衣服很有興趣，但是對於買洗衣機卻興趣缺缺，購物的傾向有以下幾種：

1. 經濟的消費者：一位理性、目標導向的購物者，最有興趣的是如何使得他的錢得到最大的效用。他會熟記每一家店的價格，並加以比較。

2. 人際關係導向的消費者：他希望與其他人之間有最大的互動，在每個店員都認識他的店裡購物。他在購物時的主要目標不僅在購買物品，還希望得到社交的機會。

3. 道德感的消費者：喜歡在那些經營不善或地區性的商店購物，以免這些商店在大型連鎖店的壓力下而關門。

4. 不情願的消費者：將購物視為一種不可避免的過程，但又對這種過程覺得很無聊，他的購物動機最低，除非必要，否則不輕易上街。

5. 娛樂式的消費者：把購物視為一種十分有趣的社會活動，是一種休閒的好方式。

雖然利用廣告可以影響消費者的購物決定，但是有些行銷者更重視商店環境對消費者的影響，據估計大約有三分之二的購買決定是在商店現場中進行的，許多消費者會購買不在原來計畫中購買的產品，大部分的消費者在進入一家商店之前，通常不會完全決定好要購買什麼樣的產品。

一、未計畫的購買

當消費者對一家商店的陳列不熟悉時，或是在無時間壓力之下，他會作一些未計畫的購買行為，當他看到貨架上有些什麼產品的時候，才想起要購買該項產品。

二、衝動性的購買

當消費者受到某些刺激，使他無法抗拒產品的吸引力，而購買某些產品。例如：在結帳的櫃檯附近，陳列一些糖果、巧克力、雜誌、報紙等。購物者可以他在購物前準備的程度來分類：有些消費者在購買前會作充分的準備，包括要買的產品、品牌、數量都事先決定；有些則是部分的準備，決定要買什麼產品，但是品牌未定；有些則是衝動性的購買者，事先未作任何準備。

三、POP的刺激與樣品展示

因為有許多決策的制定很明顯的是在店裡才發生，所以零售商開始注重店中的資訊數量，及表現方法。據估計美國公司每年在購買點（Point-of-Purchase, POP）的布置上，每年花費高達130億美元，這些經費的來源是從一般的廣告費用中撥過來的，據估計這些布置得當的話，大概可以增加10%的銷售量。

有許多的廠商在店中分發一些樣品，希望消費者能夠注意這些新的產品。而也有廠商提供零售店一些美觀的展示貨架，增加店面的陳列面積及吸引力。

趣味小案例

在超商時常可以看到不同產品，但卻有相關類型的產品擺放在一起，為的就是刺激消費者的進一步購買（例如：冷凍水餃區旁邊會再擺放醬油罐供消費者選取）。

四、零售人員

在商店中的一個重要影響因素是店裡服務人員的態度，這種影響可以交易理論的觀點來解釋，它強調任何的互動都涉及價值的交換，每一些成員都提一些有價值的東西與對方進行交易。在消費者與銷售人員之間的互動，亦同樣涉及價值的交換，銷售人員可能對消費者提供一些專家的意見，使消費者在購物時比較容易下定決心，若銷售人員能夠帶給消費者更高的信賴感，影響力會更大。這種信賴的感覺，可以由年齡、外表、教育程度、銷售的動機和專業知識來形成。

另外，銷售人員可能會為了迎合消費者個性，而稍微調整自己的個性，這種調整能力有助於銷售過程的順利。若消費者屬於較專斷的個性，銷售人員可以站在提供資訊的立場；若消費者不太有主見，銷售人員可以採取促成決策的較主動立場。

五、關係行銷

從策略的觀點來看，強調與消費者建立長期良好的互動關係，稱為「關係行銷」，這種關係行銷的建立可以分為幾個不同的階段：

1. 知覺：消費者剛剛進入這個市場中，可能開始接觸，知道他可以購物的商店有幾家。

2. 探索：消費者在知道這些商店之後，開始進行資訊的蒐集及試用，並對於這種關係進行投資，開始發展出一些規範及期望。

3. 擴展：購買者和銷售者之間的關係越來越穩定，彼此間的互動也越來越高。

4. 承諾：彼此雙方可能對這種關係進行某種非正式的承諾，在交易的過程中，可能會給對方更多的好處。

5. 解散：這種關係可能因新競爭者的加入，或消費者的遷移而中斷，行銷者為了避免這種情形發生，可以提高退出的障礙，例如：希望他購買一定數量之後，再提供特價等。

六、服務

服務與一般產品的最大差異在於它的無形性（Intangibility），不管是看醫生或是理髮，都很難真正的看到這些服務，但是銷售者可以提供一些「實體的線索」，使這種服務的可見性提高。例如：醫生在診所中的布置如果越專業化，增加更現代化的設備、能力的證明書、整潔的環境、明亮的空間等，能夠帶給消費者較高的信心。

消費者接受這個服務後的滿意度，會影響他對於這項服務品質的評價。在服務業

中，提供服務的人員會直接影響到服務的品質，因為大部分的服務業都是屬於勞力密集的產業，人員占有很重要的影響。

所以，提供服務的公司其管理者對於服務品質的控制十分重視，利用許多有形的東西與消費者溝通，讓消費者對於該公司提供的服務有信心。有些公司認為提供員工制服，可以加強消費者對於整個公司的印象。在許多公司中，不同階層的員工穿著的制服也不一樣。

第三節 》情境因素對於消費者的影響

情境因素可以影響消費者的行為或是他的知覺，這些情境因素也可以當成是一種區隔的變數，因為在不同的情境之下，消費者會有不同的需求，行銷者可設計不同的產品來滿足這些需求。

行銷者可以利用消費者使用一種產品的各種情境，來尋找適當的產品區隔。Belk（1974）認為，影響消費者購買的情境因素有下列幾項：

壹、實體和社會的環境（Physical and Social Surrounding）

消費者的實體和社會環境都會影響消費者的購買決策，例如：消費者的家中客廳大小，就會影響消費者購買電視機的尺寸大小。他的購買行為也受到其他人的影響，在一家啤酒屋中的啤酒飲用量，會受到一起飲酒的人的影響，如果人越多越熱鬧，喝的數量會增加。

這兩種環境之間也會產生互動，例如：有100個學生擠在一個只能容納80人的教室中上課，會讓學生覺得很不舒服；但是若在一個可容納80人的舞廳中開舞會，卻可以使得整個舞會的氣氛顯得十分的熱鬧。

貳、時間的因素（Temporal Factor）

時間是消費者的最有限資源，時間即是金錢，我們對於時間的看法會影響我們的決策制定及消費行為。當我們有充分的時間購物時，會仔細地蒐集資訊，並從事評估的工作。在許多狀況下，時間是十分寶貴的資源，人們會把這些資源分配在各項工作上，使得這些時間的效用達到最佳的程度。

許多消費者認為他們的時間比以前少，這種感覺其實並不正確。根據統計，現代人的閒暇時間比以前多，但是相對的，其他活動的項目和種類也越來越多。這種對於時間的感覺，使得消費者喜歡那些可以節省他們時間的購物方式。例如：有許多汽車修理中心，提供到家取車，代為驗車、交稅金或保險金的服務。或是一些速食店提供開車購物的服務，或金融機構的自動櫃員機等。

時間也具有心理的層面，例如：消費者等待服務的時間，也會影響消費者對於提供服務品質的感覺，雖然我們假定會讓消費者願意等待的服務，品質可能比較好，但是太長的等待時間，也會讓消費者望而卻步。行銷者也會利用一些方式來降低消費者在等待時的不愉快感覺，例如：提供雜誌或茶水等，可以降低消費者不滿意的感覺。有些旅館為了降低等待電梯的時間，電梯旁裝了鏡子，讓等電梯者在等待時有事可做，降低等待電梯時的無聊感覺。

參、購買的原因（Task Definition）

購買一項產品的原因或該產品的使用時機，會改變購買的行為。當你購買該項產品作為禮物時，你的決策制定過程和產品選擇就和一般的使用有很大的差別。而且有些消費者會在不同的場合中，使用不同的產品，例如：日常生活中可能喝較便宜的茶，有朋友來訪時，則泡較名貴的茶葉相待。

肆、先前的狀態（Antecedent State）

一個人的心情或心理狀態，對於購買產品的決策也有很大的影響，因為大部分的購買行為都是目的導向。當你沒有吃午餐時，可能會想在晚餐時，好好的飽餐一頓。愉快和振奮的心情，會影響消費者對商店的看法。當消費者覺得愉快和振奮時，對於商店的感覺會比較興奮。當產品在電視上打廣告時也一樣，若將廣告安排在能令人愉快的節目中，消費者會對它有比較正面的反應。

第四節 》產品的使用

消費者滿意或不滿意受到整體的感覺、態度或是使用之後的狀況影響，消費者不斷地評估他們所使用的產品，假如這些產品與其日常生活的關係十分密切，其使用的狀況，更會影響滿意的程度。

壹、產品品質知覺

消費者在購買一項產品時,最重要的就是重視其品質和所能帶給消費者的價值。尤其是在競爭激烈的市場中,品質的重要性就更受重視。消費者用許多外在的線索來判斷產品的品質,包括品牌聲譽、外表的包裝、價格或銷售的商店等。廠商也利用一些品質證明書或售後保證的方式,降低消費者知覺的風險。

大部分的消費者都會要求產品的品質,但又很難明確地指出他們所謂的品質代表何種意義。許多的廠商也宣稱他們的產品品質最好,但是也因為太多的廠商宣稱他們的品質最好,使得消費者無從分辨品質真正的好壞,無所適從。

對於產品的滿意或不滿意,並不是單純的對於產品的實際功能或品質的反應,它受到我們對於該項產品的品質或功能預期的影響。消費者根據以前的使用或廣告的經驗,形成對於產品的品質或功能的信念。當這項產品的表現與原來預期一致時,我們不會有特別的感覺;若未達原來預期時,會產生負面的影響及不滿意的感覺。

所以當你在一家高級餐廳用餐時,你對於座位、食物、餐具、氣氛的要求,會比你在一家普通餐廳時高,若不能達到你的預期,就會產生不滿意的感覺。所以,行銷者要注意,避免讓消費者對於本公司的產品有過高的不當預期,它可能反而降低消費者的滿意程度。

貳、產品的處置

因為人們通常對於舊的東西有一份感情,所以要處理這些東西時多少會有些困難。但是人們可使用的產品越來越多,若不作適當的處理,會使得你的環境物滿為患,所以大部分的人還是會不斷的處理掉一些已經不再適用的產品。

一、環保問題

因為我們所居住的環境有限,如果不斷的製造過多的垃圾,會對環境造成很大的壓力。所以有越來越多的產品以環保為訴求,強調它是可以分解,不會對環境造成太大的衝擊。這個觀念已經漸漸為人所接受,在購買產品時,會對這個問題多加思考,例如:以往使用的許多保麗龍餐盤或餐盒,現在也漸漸以可以分解或再製的紙製品取代。

另外,也有許多強調資源再回收問題,把可以回收再利用的廢物蒐集起來再製使用。環保署的外星寶寶計畫,就是把金屬、玻璃、紙盒、塑膠等產品分類,再回收利用。

二、其他的處理方式

當消費者覺得一項產品對他已經沒有用處時，他可以採取各種不同的方法來處理，他可以選擇保留、暫時處理或永久的處理。在選擇保留時，可以還是照舊有方式使用，或想出新的使用方式；或是暫時儲存起來，以備日後之用。暫時的處理方式，包括借給別人或出租。永久的處理方式，包括丟棄、與人交換或賣掉它。

第五節 》購買評價及再購行為

行銷的工作並不因產品銷售出去就結束，因為在購買之後，消費者會進一步對這項選擇作評估，尤其是在高涉入的購買行為中，還可能會產生短暫的購後後悔或懷疑，而且會影響到消費者對於這項決策的滿意程度，進一步的形成對於這項產品的信念或態度，影響到以後的購買意願、抱怨，甚至影響其他人的購買行為。

壹、購後的後悔（Post Decision Regret）

經常會有人在作了高涉入的購買行為之後，還會懷疑是否做得正確。例如：購買了房子之後，還是會懷疑建材是否符合合約的規定、未來是否有漲價的潛力、是否會買得太貴了一些等。不知道是否有更好的房子等著你，太早作了不正確的決定。

當這種情形發生時，消費者有兩種不同的選擇：一是肯定自己這項選擇，二是承認這項決策不太適當。為了支持你的決策是正確的，最好的方法是蒐集一些支持這項決策的資訊，尤其是廠商所提供的廣告訊息。另外在給客戶的使用手冊或保證書中，也可以加強這方面的訊息。

貳、消費者的滿意或不滿意

當消費者在購買一項產品時，會對於這項購買有一定的期望，當這項選擇的結果比預期好或差不多時，消費者會產生滿足的感覺。若不能達到消費者的預期時，會產生不滿意（Oliver, 1988）。以下我們介紹二種相關的理論：期望不一致模式及歸因理論觀點。

一、期望不一致模式（The Expectance Disconfirmation Model）

消費者在購買一項產品時，會產生一些對於產品的期望，這些期望可以分為三類：

1. 公平的績效（Equitable Performance）：這是一種消費者認為付出這種價格之後，該項產品所應該具有的績效，例如：消費者在花了50萬買汽車時，他的期望不會和花100萬時一樣。

2. 理想的績效（Ideal Performance）：這是在購買該項產品時，所希望得到的最高績效（Holbrook, 1984）。

3. 期望的績效（Expected Performance）：在購買一項產品時，所最希望得到的績效（Churill, 1979）。

在研究消費者的滿意或不滿意的研究中，經常利用第三種的期望績效，作為研究的標的物，因為它是前述購買評估後，最合邏輯的期望。

一旦產品在購買使用之後，我們會將實際的結果和預期相比較。大部分的研究者都認為，消費者的滿意或不滿意，是一種主觀的判斷，因而產生預期和實際績效不一致的結果。另外有一些人認為，客觀的比較也會影響這個結果。消費者判斷之後，可能產生三種不同的結果：一是正面的不一致，績效比預期好很多；二是簡單的一致，績效與預期一樣；三是負面的不一致，結果和預期差很多（Bearden & Teel, 1983）。

很有趣的一個現象是，若對於現有品牌的滿意程度很高，而繼續購買同一品牌時，經常會先產生一點不滿意，因為消費者往往對它會有過高的預期。相反的，若對原有品牌滿意程度並不是很高的產品，在繼續購買同一品牌時，滿意程度會稍微提高一點（Westbrook & Newman, 1978）。

二、歸因理論觀點（An Attribution Theory Perspective）

雖然期望不一致模式已經廣為接受，但是仍有些其他的理論也可以說明這種現象，例如：歸因理論也提出一些說明，認為消費者會將預期與實際績效之間的差異，歸因於不同的原因，例如：這個差異的穩定性、影響範圍及可控制性（Folkes, 1984）。

若產生差異的原因只是暫時性，不會有永久性影響時，消費者的不滿意度較低。例如：一個小零件的損壞立即更換即可解決，不滿意的程度較低。若影響的消費者較廣泛時，消費者的不滿意度也較低；或是非人力可控制原因所產生的結果，消費者的不滿意度也較低。

參、消費者不滿意時的反應

當消費者不能得到他所預期的績效時，可能會有不同的反應。有些人可能向廠商抱

怨、向消費者保護基金會提出，或是不作任何反應，只是下一次不再買，各有不同的處置方式。

一、消費者的抱怨行為

消費者對於產品的不滿意程度，會影響他所採取的反應。Singh（1988）將一般消費者的反應，分為三種：

1. 私下反應：向其他的人，私下反應對於該項產品的不滿意，產生負面的口碑效果。

2. 向廠商反應：希望能夠從廠商得到合理的答覆或解決方法。

3. 向其他的團體抗議：包括採取法律的途徑來解決這項問題。

但是會採取這些反應的，可能還不到不滿意消費者的三分之一，大部分的人並不會採取任何行動。而消費者是否會採取抗議的行動，受到幾個因素的影響（Day, 1984）：

1. 這個消費的重要性程度：包括產品的重要程度、價格、社會可見性、購買所花的時間等。

2. 知識及相關的經驗：包括過去的購買經驗、抗議的經驗、對於產品的知識、消費者抗議能力的認知。

◀ 如何降低消費者的消費期望不一致狀態，是廠商必須思考的要點之一。

3. 抗議成功的機會：若消費者認為抗議很可能成功，而且獲得相當可觀的回報時，較容易提出抗議。

4. 抗議的困難程度：若抗議會浪費很多的時間、成本或是影響正常工作時，消費者比較不會抗議。

二、抗議者的特性

大部分會抗議的消費者都是屬於較年輕的一群，收入和教育程度比一般消費者高，而且喜歡個人化和其他人不一樣的生活型態，對於消費者運動有正面的態度，喜歡和朋友或親戚分享生活經驗，他們對產品的負面口碑，會影響其他人未來的購買決策。

廠商對於消費者抗議的處理，會影響消費者對於這個廠商的看法以及未來的購買行為。若廠商所造成的問題不大，而又能很快的答覆消費者的抗議，給予滿意的答覆時，消費者通常會對廠商產生正面的反應，甚至比那些未發生任何問題的廠商好。因為他會認為這個廠商對於消費者的權益十分重視。對廠商而言，客戶的抱怨不可能完全沒有，若能迅速回應，往往可以收到意想不到的效果。

肆、維持既有消費者

在現代的行銷環境中，應該把維持既有顧客當成最重要的任務，而不是獲得新的顧客。因為要爭取一個新的顧客所需的成本，遠高於維持既有的顧客；而且在一個成熟的市場中，要增加新的消費者非常困難，行銷者應以維持既有顧客為第一要務。

一、分析流失的顧客

當整個市場還維持相當的成長或尚未衰退之前，本公司的銷售量卻停止或下降，就是一個相當重要的警訊，應多加注意。解決這個問題的第一步就是先找出那些不再購買本公司產品的顧客，並且分析其更換品牌的原因。

消費者更換品牌的原因，不外乎不滿意公司現有的產品或服務，或是受到競爭者的吸引。若是前者的話，行銷者應該從改善公司的產品或服務著手，提高本公司產品的吸引力。若是競爭者的因素，則應進一步比較兩者所提供產品或服務的差異。不過在某些情況下，也可能上述兩種原因同時存在。

二、降低流失的比率

顧客的流失在許多時候是相當難免的，但是行銷者還是可以透過一些方法，降低流失的比率。

1. 建立切合實際狀態的預期

我們在前面提到消費者是否會感到滿意，和消費者在購買之前的預期有關，如果消費者在購買一輛汽車前，行銷者強調這輛車子的加速性能很好，零到一百公里加速只需8秒鐘，但是購買者購買後，不能得到這樣的加速快感，就會感到不滿意。

所以行銷者在設計廣告文案時，就應該避免誇大不實的廣告，這些廣告不但會不當地誘導消費者，有時也可能會引來法律方面的問題，對公司的形象造成不良的影響。

2. 確信產品和服務的品質能夠符合預期

當廠商想要傳達的產品特性與實際狀態的預期相符之後，還要設法維持這項產品或服務的品質，產品品質的維持，除了在工廠生產線上的品管外，也要確保運送過程中可能產生的影響。而服務品質的確保就更困難了，服務的品質和提供的人員有很大的關係，而且會隨時間而變，這些就須透過嚴格的訓練課程和工作環境的設計來改善。

本章摘要

- 消費者在進行購買決策時，有一些情境因素會影響到最後的決定，這些因素包括溝通、購買和使用三種情境。在溝通情境方面，廣告效果與廣告播放的時間、地點、節目、順序等有關。在購買情境方面，和資訊環境及零售環境有關，行銷者可以利用產品布置、店面陳列、POP海報、群眾及時間的影響，來改變消費者的決策。在使用情境方面，行銷者可以強調現有使用情境或發現新的使用情境，來刺激消費者的購買。

- 購物的行為具有多種的功能，它是一種社會的經驗，可以成為一種共同的興趣，增加人際間的互動，得到一種滿足等。但是每個人的購物傾向也有所不同，有些是經濟導向，有些是關係導向，有些是道德感比較重，有些將它視為一種娛樂，有些又把它視為不得不做的事。近年來無店舖購物行為開始產生，可以節省購物時間，也提供另外一種不同的行銷通路。

- 行銷者可以利用消費者使用一種產品的各種情境，來尋找適當的產品，包括實體和社會的環境、時間因素、購買的原因及購物前的狀態，例如：有些汽車保養中心，就提供到家取車、代為驗車／交稅金或保險金等服務。

- 消費者在使用一項產品時的滿意或不滿意，會影響到日後的購買行為，消費者對於產品品質的知覺或預期績效，也會影響到他的滿意程度。而使用完畢之後的產品處置問題也越來越嚴重，尤其是涉及環保問題，爭議會更多。

- 在使用一項產品後，消費者會對這項購買行為進行評估，尤其是那些高涉入的產品，他會產生後悔的心態，行銷者應在此時提供一些資訊，證實這項決策的正確性。消費者的不滿意，可能來自期望的不一致。不滿意的程度受到期望不一致的影響，影響範圍小，可控制程度低；或時間短，消費者的不滿意程度較低。當消費者產生不滿意時，他可能會採取不同的抗議方式，行銷者應設法解決這些抗議，分析流失的顧客，降低流失的比率。

10

Post-Purchase Disposition
購後處置

Wu-Nan Book Inc

Goodness Publishing House

章節個案

舊品重燃新生命！

　　舊衣可以回收再利用，但你知道淘汰的內衣也可以回收嗎？衣櫃裡不要的女性內衣別急著丟進垃圾桶，可以拿到北市社福團體專屬的舊衣回收箱回收，不但可以做環保，回收的內衣還能賣到國外賺錢，補貼社會福利團體的開支，隨手就可以做愛心。

　　臺北市自100年9月分起社福團體舊衣回收箱加收汰換之女性內衣，不僅讓市民可更方便隨時將較私密之女性內衣回收，達垃圾減量目的，亦可增加社會福利團體之收入。據環保局統計，至101年7月分止，共計回收1萬837公斤女性內衣，回收金額約64萬9,127元，即11噸之女性內衣量可變賣約65萬元，遠超過一般衣物變賣之收益，平均每個月多增加約6萬5,000元的收入。

　　自從臺北市環保局宣導回收箱加收女性內衣之後，許多民眾，會將家裡多餘的二手內衣，投入合法設置的回收箱內回收，推動以來，宣導成效非常好，由於女性內衣深受國外買家喜愛，平均每公斤可以賣約60元，是一般回收衣平均6.88元的8～9倍，可以大幅增加弱勢社福團體收入。

　　北市環保局表示，臺北市社會福利團體從事舊衣回收業務的審核，為三年1次，從99年到102年度，北市府一共核准三十六家社福團體，目前已經設立完成1,038個回收點，所回收衣物以變賣為主，年平均回收量為2,358.5公噸，年變賣金額為1,623萬元，對社福團體具有相當幫助。而民眾汰換內衣，投入社福團體合法設置的舊衣回收箱，不僅愛物惜福幫助弱勢團體，更能節能減碳。

　　北市身心障礙者創業發展協會理事長湯劍雄表示，回收的二手內衣如果鋼圈脫落或破損便會當成垃圾丟棄，完好的會先處理分類，分成名牌、普通（無品牌）、中國製三個等級，清潔整理後再賣到柬埔寨、菲律賓、非洲等地，「由於二手內衣大多是女性淘汰不用，外觀仍相當整潔乾淨。」因此，深受國外買家喜愛，平均每公斤售價約為60元，比一般二手衣價錢高出8到9倍。

　　湯劍雄表示，目前協會每月約回收1,500公噸回收衣，其中內衣約占500公斤，賣出收入每月約3到5萬元，這筆錢雖然數目不多，卻可用來支付協會的房租與客服人員薪資，不無小補。不過他也坦言，大環境景氣差，對回收率也會產生影響。

資料來源：脊髓新樂園，北市二手女性內衣回收海外超搶手，回收上萬公斤變賣做公益，年收益65萬，http://www.sci.org.tw/information_show.php?id=7959，2012/10/17。

近年來，由於全球經濟成長趨緩，有些人紛紛減少需求以因應不景氣時代，而有些人則延緩新產品的添購，因為他們認為還可以使用的產品就繼續使用，不需花錢再購買。當然，除了上述所提，也有人轉向二手商品市場購買價格較低廉的商品來使用，因而造就了龐大的二手商品產業。

在面臨荷包縮減但又想購買商品的情況下，隨著全球網路應用風潮的興起，造就全球上網者急遽增加，而今日電子商務（e-commerce）的應用已漸漸成為企業提升公司形象，以及提升新產品資訊的新興管道了。一般而言，電子商務藉由電腦網路將購買與銷售、產品與服務等商業活動結合在一起，經由此方式可滿足組織、商品和消費者的需要，並達成降低成本的要求（Kalakota, Whinston, 1996）。透過電子商務的線上交易，不僅能降低組織的營運成本、提升組織的知名度，就連消費者也可以藉由這樣的交易模式（如：轉售、出租、交換或贈送）來獲取利益，像是消費者可以利用網路取得各種資訊，來幫助他們作出更好的決策。

所有的舊品處置意願，是由各個因素所彙集而成，那是一連串的相互影響行為。絕大多數的消費者似乎較關注於商品購買的過程，卻甚少注意老舊物品的處置方式。但是也有少數人發現，許多商品因為本身還有被使用的價值，所以會透過跳蚤市場、實體店面或是網路拍賣來進行交易。隨著產業經濟發展與全球化競爭的影響，網際網路影響人類生活與經濟活動甚劇，其中網路拍賣成為網路世界新興經濟體，因為消費者可以透過網拍來找尋更便宜的商品，或是將商品出售來賺取利潤。例如：全球網路拍賣龍頭eBay平臺上，2004年有超過1億的會員，促成了約達320億美元的交易量。而臺灣方面則根據經建會統計，2005年臺灣網拍市場規模約為317億元，較2004年大幅成長了65%；網友中有39%曾經進行網路拍賣活動，但在沒有網拍經驗的網友中，也有六成表示未來有可能參與網拍，且經建會官員預估，在通信資訊建設日趨成熟的條件下，臺灣網拍界大約有將近70萬人參與此經營模式，而2006年的交易量將高達2,400萬筆（資策會，2006，http://www.iii.org.tw/）。

換言之，因為電子商務的蓬勃發展，消費者與消費者之間的互動也更加頻繁，有越來越多的消費者透過網站或是傳統通路來進行交易。吳思華（2008）表示，通路本身也會不斷地演進，掌握較多優勢的通路就會脫穎而出。

整體而言，因為消費者行為的改變，所以使許多消費者能同時扮演買家與賣家的角色，消費者在拍賣商品時，已經是扮演了一個轉售者的角色了，在現今許多消費者透過各種方式來交易物品的同時，消費者處置行為的重要性已漸漸地被凸顯出來。

第一節 》購後處置

壹、Jacoby, Berning與Dietvorst的處置決策分類

在全球化與科技化的衝擊之下，消費者的消費模式也產生了巨大的變動，不論是在消費者資訊的搜尋、購買的選擇、決策的制定或是消費後的處理，均與過去有巨大的差異。Jacoby等人（1977）曾說過：消費者行為可以被定義為「決策個體獲得（acquisition）、使用（consumption）以及處置（disposition）商品或服務的過程」。就如其他文獻所描述，不同的學科典型地專注於不同的行為過程的部分。舉例來說，市場商人和廣告業者傾向專注於獲得（特別是獲得的形式，也就是購買），而國內的經濟學家與營養學家則更關心產品的實際使用或消耗（例如：食品的配置及使用）。隨著資訊科技的發展，網際網路的成長除了推動電子商務（e-commerce），也促使了消費者行為的改變，使消費者從單純的被動角色（買家），進化成可以隨心所欲處置商品的主動角色（賣家）。

檢視那些討論消費者行為研究的已出版文獻，其顯示，大部分的學者主要專注於購買決策過程之相關研究，如：需求確認（need recognition）、購前搜尋（prepurchase search）與方案評估（evaluation of alternatives），以及購後行為，如：購後滿足（post-purchase behavior）、購後行動（post-purchase actions）與購後評估（post-purchase evaluation）。然而，在除了極少數論文是在處理包裝和固體廢棄物處置之外，與購買決策過程相比，有關消費者購後處置（post-purchase disposition）的議題，是相對較少的。因此，Jacoby, Berning與Dietvorst這三位學者曾在1977年提出處置決策分類（disposition decision taxonomy），來探討舊品處置之決策，如圖10-1所顯示。

在這篇文獻中，Jacoby等人將消費者的處分行為建立了一個觀念性的架構和歸類，其包含了三種類型的處置方式：(1)繼續保留（keep the product），(2)永久處置（permanently dispose of it），(3)暫時處置（temporarily dispose of it）。然後這些基礎分類還可以更進一步地被闡述，例如：在「永久處置」中的贈與、折換與出售這三個選項，會依據何種情形來採取何種行動，這都是可以再被細分的。

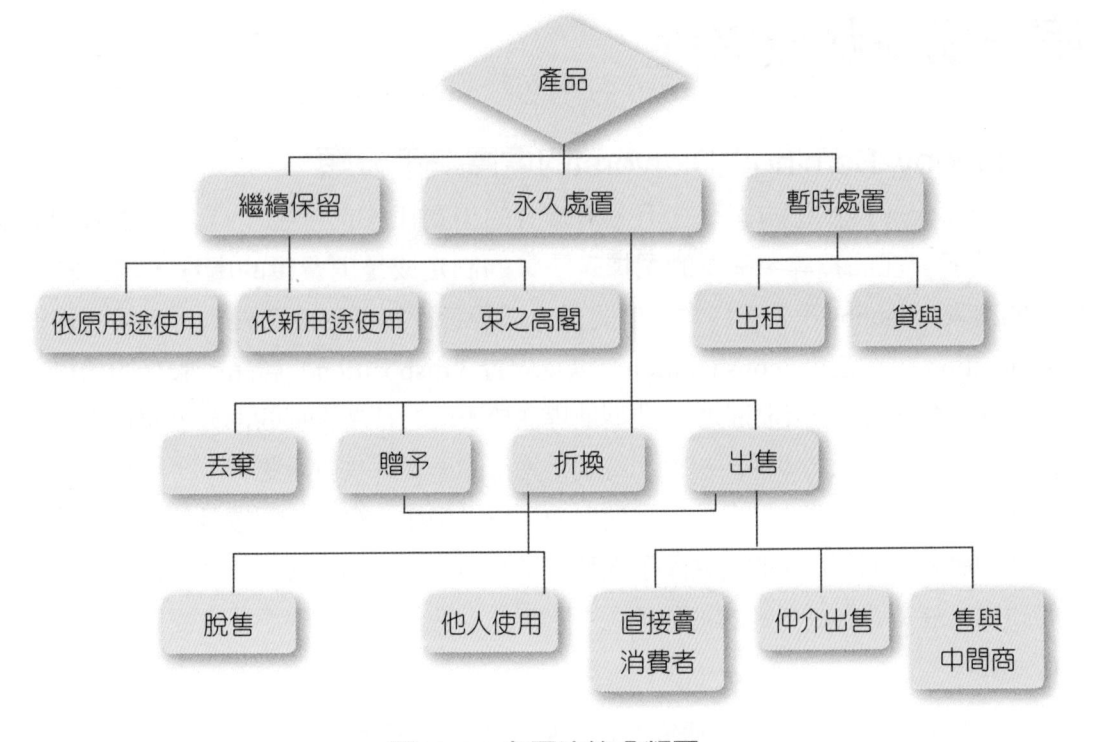

圖10-1　處置決策分類圖

資料來源：J. Jacoby, C. K. Berning, and T. F. Dietvorst (1977). "What about disposition?" *The Journal of Marketing*, Vol. 41, No. 2 (pp. 22-28).

貳、Harrell與McConocha的計畫性行為處置

　　Burke, Conn與Lutz這三位學者在1978年，加進了人口統計學和心理學的不同類型處理者的剖面，來修飾其分類法。這些早期的研究傾向處理具體的產品，像是通電裝置。其他的模型則描述了消費者處置決策的過程，並傾向專注於問題解決導向（Harrell and McConocha, 1992）。而Hanson（1980）專注的過程，則使用了三種重要的因素，即情境、目的和個人變數。此外，Harrell與McConocha（1992）這兩位學者除了更進一步地彙整上述文獻，並將慈善捐贈、稅務減免、仁慈的行為，以及贈與，這幾個變項也加進去討論，如圖10-2。

　　這份研究調查，理性的消費者對選擇盛行的處置選項之使用，包括：保留、丟棄、售出、減稅捐贈、無減稅捐贈和傳遞。此外，該研究也帶領消費者去學習更多關於他們的特質，是如何與多種重要的處置選項有其相關性，並為了那些希望將仍有用處但不再想要產品的消費者們，提供了更多的相關處置選項（Harrell and McConocha, 1992）。

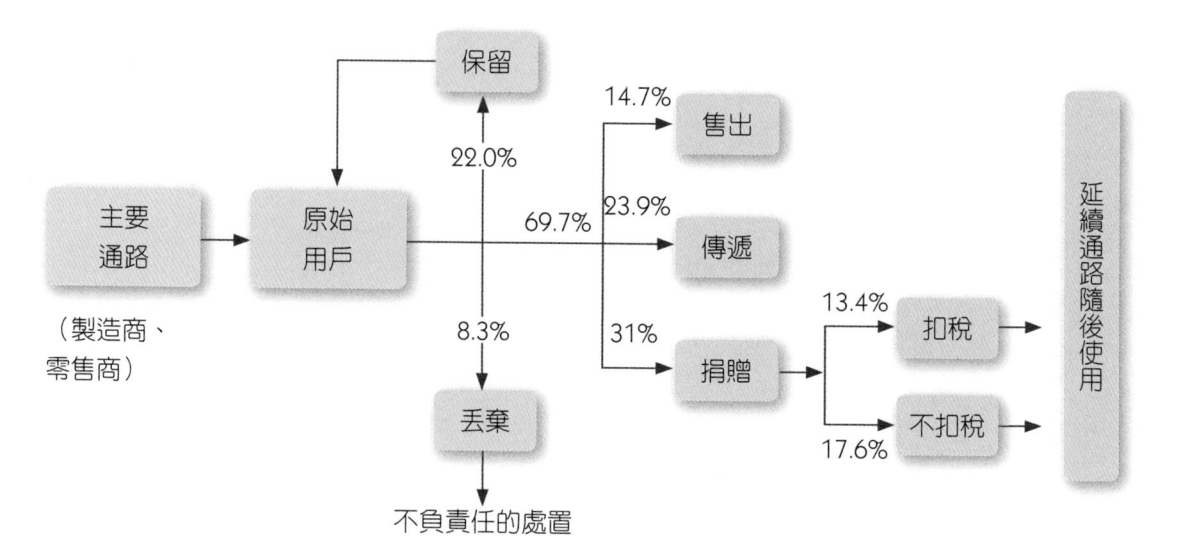

圖10-2　延伸通路處置：干擾價值產品的計畫行為處置

資料來源：G. D. Harrell and D. M. McConocha (1992). "Personal factors related to consumer product disposal". *Journal of consumer affairs,* Vol. 26 (pp. 397-417).

　　消費者認為該商品已經沒有用處之後，會下意識地想要把商品作丟棄的動作，但是，丟棄產品之衝擊，在減少垃圾填埋容量的時代中已經變成一個基本的公開議題了。《中國時報》（2007）曾指出，臺灣在最巔峰時期曾經有超過400座的垃圾掩埋場；到了2007年，雖然其數值降低到160座，但仍有80%的固體消耗產品，還是被投進垃圾掩埋場中。為了維護我們居住環境的整潔以及減少汙染物，商品的回收再利用與延長產品的價值，對社會整體來說，是值得關注的一件事情。

參、舊品處置意願決策

　　不同於之前的文獻，本書筆者認為，消費者在處置舊品的時候，不應只著重於消費者個人的心理因素而已，也應該把產品可為人們帶來的財務方面的可能性，一併做探討。因此，本研究以消費者對該商品的「所有權」，以及該商品可能帶來的「金錢報酬」為構念，將消費者對舊品的處置意願分為四大構面，如圖10-3所示。

　　隨著時代演變的不同，及網路科技的發展，消費者在執行舊品處置行為中，會有下列四種處置決策意願出現：

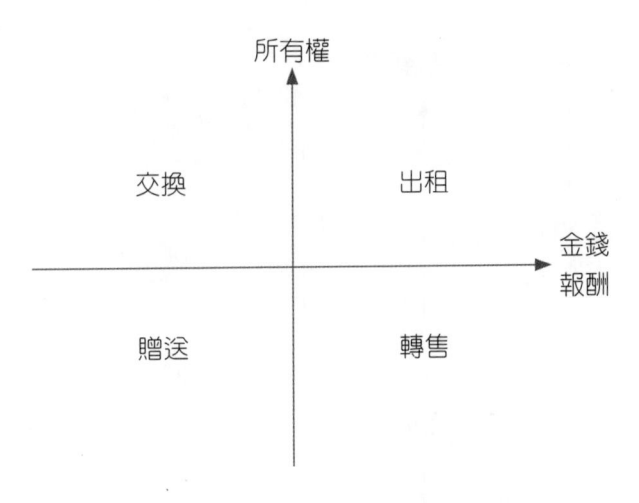

圖10-3 消費者舊品處置意願模式

一、出租意願（rental intention）

對商品持有者來說，假如該商品擁有一種「需求性高但非必要購買」的特質時，那麼該商品持有者會傾向透過出租來創造長期的投資效益，為自己帶來穩定的收入。

二、交換意願（exchange intention）

當商品持有者認為此商品對自己已經沒有用處，但是該商品仍有其價值存在，在此情況下，該持有者會透過網站找尋另一名商品持有者，然後雙方會以對方商品的價值去衡量自我的需求性以及付出成本，來決定是否進行交換。

三、贈送意願（giving away intention）

當商品持有者認為此商品再也沒有利用價值或是其功能不再符合自己的期望，且占空間的話，那麼該持有者可能會選擇將此商品轉送給親朋好友、捐獻給慈善機構或是丟進垃圾桶裡。在此研究中，贈送含有拋棄（throwing away）之意。

四、轉售意願（resale intention）

當商品持有者意識到該商品的「商品使用利益」加上「轉售物品可獲得的金錢價值」會比之前購買此商品所付出的金額還要高時（Chu and Liao, 2007），且不需負擔額外風險的狀況下，該商品持有者會傾向將此商品做轉售之意圖。

相似於波士頓顧問團所創的BCG矩陣（Boston Consulting Group Matrix），處置意

願模式是一個動態的觀點，它可以協助消費者綜觀全局，而不是將視線單純地放在人為因素而已。同時，將融合產品內在因素（product internal factors）、產品外在（市場）因素（product external factors）、商品使用情境（situational factors of product used）以及個人心理因素（personal psychological factors）等，來協助消費者了解在什麼樣的情形下會採取什麼樣的行動。

第二節 》影響處置決策之因素

　　如上所述，消費者在對舊品作處分行為時，會考慮到眾多因素，本書嘗試結合其他學者對影響購後處置的要素，進行整合，如表10-1所示。

　　綜合以上所述，本書歸納出下列四種影響舊品處置的前置因素：

壹、產品內在因素

一、知覺折舊性

　　折舊一般是指固定資產由於使用，而逐漸磨損所減少的價值。而經濟學上提到，物品因為使用和耗損，出現跌價的現象，稱為折舊（depreciation）。但是除了物品隨著

表10-1　影響商品處置的前置因素

作者	商品處置的影響因素
Jacoby, Berning, and Dietvorst（1977）	決策者心理特徵 產品的內在因素 產品的外在環境因素
Hanson（1980）	個人因素 商品因素 情境因素
Paden and Stell（2005）	商品處置的知識與經驗 處置通路的可獲得性 社會觀感與他人參考影響
Chu and Liao（2007）	商品因素 個人因素 情境因素

表10-2　知覺折舊五大構面

知覺折舊五大構面	定義
磨耗折舊 （abrasion depreciation）	產品的磨損程度，也就是物理損耗，包括外觀及內部機件的損耗。
時間折舊 （time depreciation）	時間長短影響到產品的價值，即使產品沒有物理磨損，但時間一長，仍會有折舊產生。例如：保存期限將近。
心理折舊 （mental depreciation）	源自於消費者主觀意識，即使該產品使用次數不多，但對消費者而言，已是舊品了。
績效折舊 （performance depreciation）	功能方面的汰換。同樣的產品，第二代比第一代優越或是新一代比舊一代進步，配件更加完備。
市場折舊 （market depreciation）	產品本身以外的因素，也就是所謂的外部因素。例如：該產品在市場上的供給量過多。

時間有所損壞而跌價之外，還包括其他因素，例如：無論是身為買家或賣家身分的消費者，當他們心理上認知該物品跌價了或者某個功能不好，應該淘汰、買了該商品後覺得不如預期該有的效果或是失去了金錢上的價值，甚至花時間在該商品的維修造成精神上的損耗等，這些都是影響折舊的因素。也就是說，該項產品或資本經過一定的時間之後，失去當初購買時的價值，導致買家認為該產品已不具當初新品價值時，折舊就會發生。本書對知覺折舊做出下列整理，如表10-2所示。

二、產品稀有性

稀有性策略可以被分為兩種形式：數量限制與時間限制。數量限制是一種產品不能被保證能永久存在的情報策略。時間限制則是一種最後期限的策略，其涉入了產品未來可得性的一段限制之期間（Cialdini, 1985；吳瑛茵，2009）。換句話說，稀有性是一種數量和時間的限制。過去許多學者也針對數量上的限制或是時間上的限制，來對稀有性進行探討，像是Gieral, Plantsch與Schweidler（2008），也曾提出相關模型（如圖10-4）。

Brock（1968）提出「商品理論（commodity theory）」認為，「任何沒辦法獲得的商品，會得到較高的評價」，其宣稱任何一種商品只要難以獲得，就會增加它的價值。此理論可分為三點：(1)商品必須要有使用的價值，而且能夠在消費者之間流通且可被消費者所擁有；(2)商品必須具有被消費者想要擁有的慾望；(3)商品必須具有難以獲得的特性，像是有限量的供應或供應者數目有限（Brock, 1986; Lynn, 1991）。

　　根據Barney的資源基礎理論（RBV）所提出的資源特性，包括（Barney and McCabe, 2002）：(1)價值性（valuable），意即具價值的資源能使企業在執行策略時增進效率和效能，這樣的資源正是RBV的觀點下有價值的資源，且足夠建立競爭優勢，進一步創造顧客價值；(2)稀有性（rare），在RBV的觀點下認為，可以產生價值的資源越稀少，其將是越能維持競爭優勢的資源（Barney, 1991; Peteraf, 1993; Peteraf and Bergen, 2003）；(3)不可模仿性（inimitable），指的是使競爭對手無法複製／模仿的原因，來自該項資源具有歷史獨特性、因果關係模糊及社會複雜性等三項特徵；(4)不可替代性（non-substitutability），競爭對手無法使用相似或不同的資源執行相同的策略，也就是說，資源的不可替代性使競爭者無法完全複製或模仿。因此，在RBV的觀點下認為，可以產生價值的資源越稀有，越能維持競爭優勢的資源（Barney, 1991; Peteraf, 1993）。也就是說，只要將稀有性的優勢好好利用，便能創造別人所沒有的價值，而其中的關鍵點即在於資源的稀有性（Barney et al., 2001）。

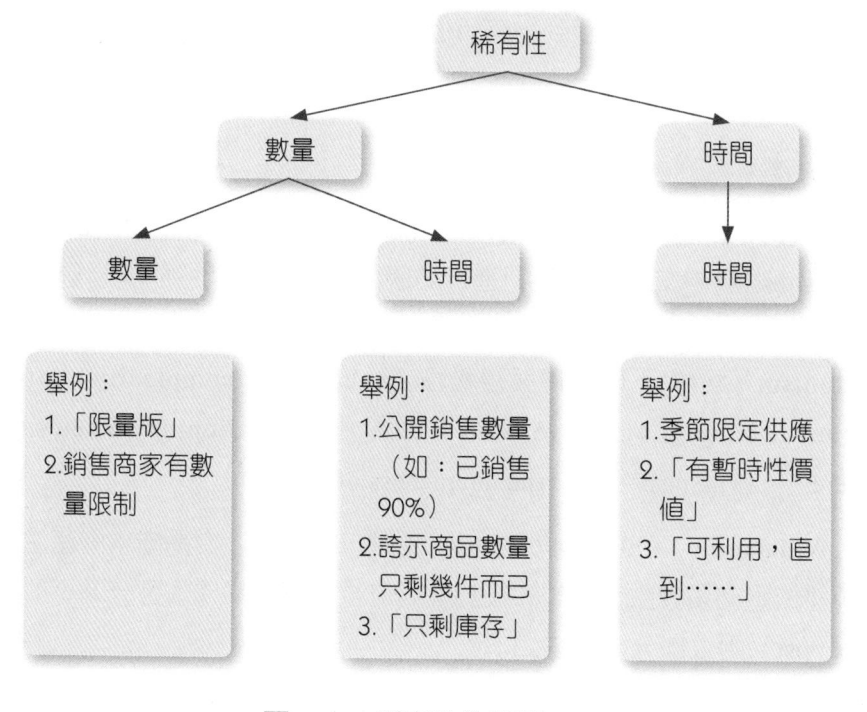

圖10-4　稀有性的類型

資料來源：H. Gierl, M. Plantsch, J. Schweidler (2008). "The effects on sales volume in retail". *The international review of retail, distribution and consumer research*, 18(1), pp.45-61.

貳、產品外在因素（市場因素）

一、交易參考價格

消費者進行購物決策時，購買意願通常決定於其所知覺之獲得價值（perceived acquisition value）；也就是消費者對知覺產品利益（perceived benefit）與知覺代價（perceived sacrifice）之間的取捨，當消費者的知覺產品利益大於知覺代價時，消費者購買此商品的機率就高（Dickson and Sawyer, 1990; Chu and Liao, 2008）。參考價格被假定為，「比較中作為中立點的基準」。那些在參考價格以下的價格，被稱為低價（相對並不昂貴）；而在它之上的價格，則被稱為高價（相對昂貴）。對於一般消費市場來說，參考價格是指，當人們購買商品時，在它記憶中能回想得到的相關訊息（林鍵，2002）；也就是說，參考價格的明確定義為：「消費者在購買一件商品時，所接受與商品相關的價格訊息」。依據價格訊息的來源，其可分為內部參考價格（internal reference price）與外部參考價格（external reference price）。因此，參考價格是指消費者在購買決策時，用來觀測到的實際價格進行比較的心理標準。一般而言，預測到的價格低於參考價格時，消費者會感到物有所值，這是其購買的一個必要條件；反之，則會覺得物非所值，不願購買。

二、交易成本

Williamson提出一套完整的交易成本理論（Williamson, 1991, 2005）。在理論中，Williamson認為，交易無法順利進行乃因下列七項因素造成交易過程之困難度，也就是造成交易成本形成的原因：(1)有限理性（bounded rationality）、(2)投機主義（opportunism）、(3)不確定性與複雜性（uncertainty/complexity）、(4)少數交易（small-number bargaining）、(5)資訊不對稱（information asymmetry）、(6)氛圍（atmosphere）、(7)商品獨特性（the uniqueness of product）。

此外，Williamson（1991, 1996, 2001）更進一步指出，交易成本的產生起因於契約的不完全，並依照交易發生（即契約簽訂）的前後，將交易成本區分為事前（ex ante）與事後（ex post）兩大部分。分述如下：

(1) 事前成本：包括資訊搜尋成本、協議談判成本、契約成本。
(2) 事後成本：包括監督成本、執行成本、驗貨成本、服務成本。

綜合過去文獻所述，在此一連串的交易過程中，賣家可能面臨事前的搜尋成本、事中的協商成本、事後的監督成本，其分述如下：

1. 事前的搜尋成本：賣家為了在維護自己最大利益下定下買家能夠接受的價格，因此必須先行在市場中搜尋販售相同商品的其他賣家所販售的相關訊息，來作為定價時的參考價格。尤其當市場中交易的商品數量很少，且買家對商品功能性也不了解時，賣家則需投入更多的搜尋成本來說明商品特性，以便支持定價的合理性。

2. 事中的協商成本：在交易的協商成本方面，因為雙方都不認識，所以信任感是較低的，此時賣家就需要花費時間跟買家溝通。尤其當商品本身已被使用過，買家對於商品的功能和效能產生不確定性而有所質疑時，那麼賣家就必須透過更多的協商過程來對舊品的價值產生共識。然而，當雙方資訊不對稱或是在價格尚無法達成一致性時，協商通常是沒有結果的。

3. 事後的監督成本：當契約訂定之後，賣家尚未取得貨款且買家尚未取得貨品時，為防止交易之對方有違約的行為（如：買家向開價更低的賣家進行購買），而導致協商成本的發生，因此，在執行契約的時候，就會花費監督成本來監督契約執行的進度及品質。

經由上述不同觀點歸納得知，當舊品在進行交易參考價格的定價時，其交易成本會隨著商品本身在市場上的稀有程度與效能不確定性而有所不同，因此當賣家在進行交易參考價格的定價動作時，上述的成本就會被賣家列入考量，此即知覺交易成本。因此，賣家在進行舊品處置時，就會去考量該商品在市場中的特性及其引發的成本或代價，作為是否願意進行處置的重要因素。

參、產品使用情境

◆交易頻次

交易頻次，是針對「產品的使用情境」來做論述。影響商品處置的前置因素除了產品內在因素和市場因素之外，還包含了商品的使用情境，也就是商品的交易頻次。假如該商品在市場上的品質好、能見度佳且深受消費者喜愛，那麼該商品被購買的機率就會大增。相對地，該商品的交易次數也就會大大地提升。商品交易頻次的多寡，不只會影響消費者對其已擁有商品的處置意向，而且也會影響交易成本的高低。如同邱吉鶴（2009）所述，由於每一次交易均會產生交易成本，在其他條件不變的情況下，交易頻次越多，其累積之交易成本自然越大。

因此，在此研究中，交易頻次是指，「在單位時間內交易重複發生次數的度量；也就是說，該商品在市場中，被消費者所交易的次數（即對商品的使用頻率）」。

肆、心理因素

一、心理溢價

溢價（price premiums）在財務學領域中是指，所支付的實際金額超過證券或股票的名目價值或面值。Klein與Keith（1981）指出：「溢價是產品價格比正常競爭條件下的市場價格高出的部分，那是消費者購買某一特定商品而願意額外支付的貨幣」。Rao與Bergen（1992）也曾描述：「溢價可以被認為是一個付出超過的價格，在『公平』的價格之上，被認為是產品『真實』價值的證明」。

影響雙方對物品的心理溢價的要素有很多，包括：產品品質、產品價格、以及賣家聲譽等，因為這些因素的影響，每個人的心理溢價也會有所不同。此外，Roa與Monroe（1996）也說明：「價格和品質知覺有關，當產品品質難以判斷時，消費者通常會以價格來推論其品質」（Monroe, 1990; Roa and Monroe, 1996；趙琪、張簡文勝，2004）。

就如多位學者所述，在買賣交易中，買賣雙方不管是曾經體驗過此商品或是搜尋過此商品，只要雙方經評估完此商品後還認為，此商品的品質或功能還大於商品的購買價格的話，那麼雙方對此商品的心理溢價也就越高，交易的成功率也隨之提升。

二、知覺無用性

知覺無用性是指：「消費者在體驗過此商品後、或搜尋該商品之相關訊息後，認為該商品對消費者本身來說是無效用的或是無意義的，那麼消費者就不會想要繼續去購買和使用」。

此外，知覺無用性在舊品處置行為中扮演了一個相當重要的轉折角色，消費者會因為知覺無用性的高低程度，進而影響消費者對舊品處置的行為，例如：假如消費者對此商品的知覺無用性高的話，那麼他可能會傾向將此商品贈送或拋棄，而非出租。

第三節 》舊品處置意向的四種決策類型

壹、轉售意願

在網路不發達的時代，消費者對舊品處置的態度幾乎都採取持續保留、用到壞掉而丟掉、或是閒置在儲藏室。但是，有了網路作為有效率的轉售工具後，消費者可以隨時

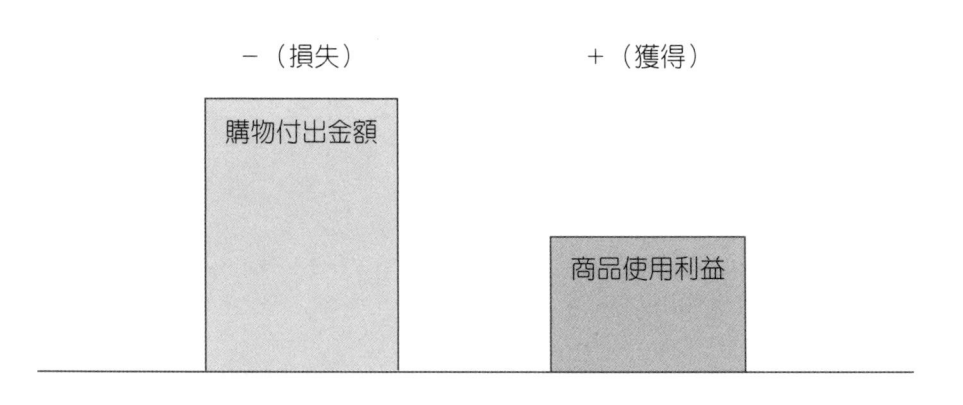

圖10-5　「購物付出金額」高於「商品使用利益」之示意圖

資料來源：朱訓麒（2008），消費者線上轉售行為與購買意願之研究：心理帳戶觀點之應用，《中小企業發展季刊》，第14期，頁111-142。

將商品放在網路上作銷售。Chu與Liao在2008年就針對消費者線上轉售行為，進行深入探討。

　　他們綜合Thaler（1999）心理帳戶（mental accounting）的觀點，並指出，消費者在購買商品時會在心中開一個心理帳戶，認為購買商品所付出去的錢是一種損失（loss），而將持續使用商品所帶來的利益視為獲得（gain）。當認為使用商品所帶來的利益（獲得）不足以彌補所付出去的金額（損失）時，消費者就不願意購買此商品，因為那會讓購買此商品後的整體效用成為虧損狀態（如圖10-5所示）。

　　並指出，消費者對於轉售商品可獲得的收入之心理陳述方式，是著眼於轉售物品可獲得的金錢價值；也就是說，轉售的預期收入可加總在使用商品利益之上。若消費者認知的未來物品轉售金額夠大，與商品使用利益加總後的價值大於購買付出的成本，就會產生混合獲得（integrate mixed gain）的心理帳戶效果（Thaler, 1985），如圖10-6所示。

　　總結，當消費者想要處置舊品時，假如他認為未來物品轉售金額與商品使用利益加總後的價值大於購買付出的成本時，那麼消費者就更願意以轉售的方式來處置此舊品。

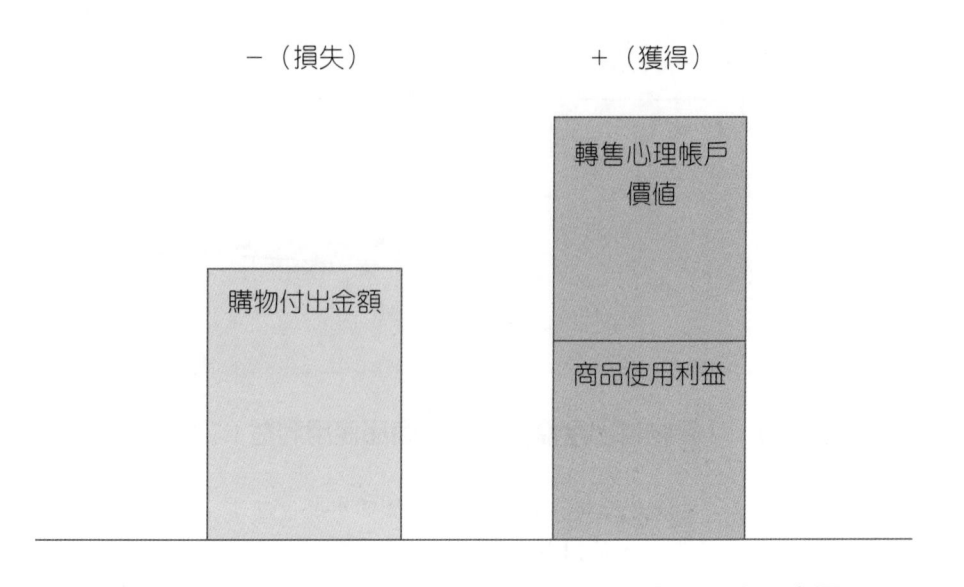

圖10-6　「購物付出金額」低於「商品使用利益」之示意圖

資料來源：朱訓麒（2008），消費者線上轉售行為與購買意願之研究：心理帳戶觀點之應用，《中小企業發展季刊》，第14期，頁111-142。

貳、出租意願

　　租賃（lease）是將所有權及使用權，分別擁有而成的經濟行為。那也是物品所有人將物品出租給承租人使用，並收取租金的一種交易行為（McMeen, 1999）。臺灣的租賃產業於1990年代才趨於成熟，市場上已有許多家各種不同商品的租賃產業（如：汽車、房屋、設備等）。租賃是市場中一個具吸引力、潛力大的一項產業。在2000年，美國的租賃金額為4,180美元，市場滲透率超過全美的三分之一（田怡，2005），由此可知其租賃的影響力。

　　消費者在對舊品作處置決策（如：轉售、贈送、交換）的時候，其動機通常與市場上的零售商是不同的（因為零售商是以獲利為主要目的，故會進行縝密的規劃或是詳細的計算銷售成本與利潤）。然而，出租意願是消費者在做舊品處置時的唯一一個有「計畫性」行為的處置意願。舉例來說：A先生已經擁有三臺價值5萬元的捷安特腳踏車了，但是無奈工作繁忙導致他沒有時間可以騎車運動，雖然可以選擇將腳踏車擱置在屋裡，但也沒有地方可以擺放。在仔細的思考後，A先生認為，與其將腳踏車擺在家裡，倒不如將它出租給其他對腳踏車有需求的人（例如：租給喜歡登山運動的人等）。選擇出租，不只可以幫助A先生暫時解決空間擁擠的問題，也可以為他帶來一筆長期性的額外小收入，甚至，當A先生改變心意想要騎腳踏車時，他還可以選擇不出租，留著自己

繼續使用。

參、贈送意願

　　Bagozzi曾主張，社會交換與消費者行為會藉由送禮而產生關聯，送禮的過程，可以被視為是一種象徵性社會意義的型態（Bagozzi, 1975; Belk and Coon, 1993; Lowrey et al., 2004）。在送禮行為中，禮物的交換可以被用來形成和反應出社會性的整合關係或是反映出社會的距離。此外，也可以用來創造、維持、調整人與人之間的人際關係。隨後，Ruth等人（1999）也認為，送禮行為在維持社會的連結關係上可作為一項工具，且可視為社會關係中溝通的一種手段。

　　當消費者在煩惱這個「不要的／多餘的」舊品該如何處置時，「贈送」是一個不錯的解決方案。Harrell與McConocha（1992）這兩位學者，就曾將消費者處置行為納入一個贈送（giving away）的選項，並分為三類：(1)轉讓；(2)減稅的捐贈；(3)無減稅的捐贈。他們認為，可以將自己所不需要的物品贈送或轉讓給慈善團體或第三者去使用，因為，那不只可以提升人與人之間的親密度，也可以傳達自我的思想。此外，選擇「贈送（giving away）」而非「拋棄（throw it away）」，是因為那可以繼續延續商品本身的價值，且可以達到減少、回收、再利用的3R理念。

肆、交換意願

　　社會交換理論（social exchange theory）指出，社會互動其實就是一種交換行為。Homans認為，人際間的互動行為是一種過程，在這個過程中雙方參與者執行與對方有關的活動，且交換有價值的資源（Homans, 1961; Bottom, Holloway, Miller, Mislin, Whitford, 2006）。因此個人在交換行為時，必定考慮過可能牽涉到的利益與酬賞。在交換過程中，個人對與他人互動所可能產生的利益，必先加以估量。假如在交換過程中，雙方不能得到滿足的結果或是報酬，那麼就沒有交換的必要。

　　消費者在做舊品處置行為決策時，會考慮商品本身是否還有剩餘的價值（如：功能性等），且可經由「以物易物（swap）」的方式，使自己得到額外的利益。如果消費者意識到此商品仍舊是有用處的，那麼或許他就會想要透過交換的方式，且以對方商品的價值去衡量自我的需求性以及付出的成本，來決定其是否是等值的，以決定是否進行交換活動。假如交易雙方同時意識到雙方交易的商品皆對自己有利，那麼，交換意願相對的就提升了。就如Ferrary（2003）所述，人們仔細衡量交換的代價和後果，在與他人互動、交換的過程中，選取最有利、最吸引人的事物。

第四節 》舊品處置之意涵

在實務方面，於探討消費者購後處置的時候，為使其購後處置得以發生，因而提出了許多考慮的要點，包括：產品的內外在因素、消費者的心理狀態、使用情境等。到底商品本身該具備什麼樣的條件或屬性，才會促使人們願意使用某一種處置方式來對商品作處置。本書認為，在經濟不景氣的年代，消費者在面對舊品的處置時，並不會一味的只是想丟進垃圾桶而已，他們可以透過轉售或出租的方式來為自己得到一筆額外的收入。此外，在綠化的概念下，假如消費者不想保留此商品，那麼他們也可以透過交換的方式來為自己取得等值的商品，或是採取贈送的方式來作處置（而非丟棄），這樣不只可以提升綠化的概念，也可以保持商品永續再生的理念。

本章摘要

- 電子商務（e-commerce）的興起，提升了新、舊產品資訊的新興管道，其不僅能降低組織的營運成本、提升組織的知名度，就連消費者也可以藉由這樣的交易模式（如：轉售、出租、交換或贈送）來獲取利益，像是消費者可以利用網路取得各種資訊，來幫助他們作出更好的決策。

- 隨著資訊科技的發展，網際網路的成長除了推動電子商務（e-commerce），也促使了消費者行為的改變，使消費者從單純的被動角色（買家），進化成可以隨心所欲處置商品的主動角色（賣家）。

- 購後處置的概念已應運而生，Jacoby, Berning與Dietvorst的處置決策分類、Harrell與McConocha的計畫性行為處置，皆為大眾提供一種家中舊品處置的選擇方式與判別。

- 消費者在處置舊品的時候，不應只著重於消費者個人的心理因素而已，也應該把產品可為人們帶來的財務方面的可能性，一併做探討。因此，本研究以消費者對該商品的「所有權」，以及該商品可能帶來的「金錢報酬」為概念，將消費者對舊品的處置意願分為四大構面：轉售、出租、交換、贈送。

- 消費者在對舊品作處分行為時，會考慮到眾多前置因素，如：產品內在因素（知覺折舊性、稀有性等）、市場因素（交易參考價格、交易成本等）、心理因素（心理溢價、知覺無用性等）、情境因素（交易頻次）等。

- 在綠化的概念下，假如消費者不想保留此商品，那麼他們也可以透過交換的方式來為自己取得等值的商品，或是採取贈送的方式來作處置（而非丟棄），這樣不只可以提升綠化的概念，也可以保持商品永續再生的理念。

Reference Group and Opinion Leader
參考群體與意見領袖

Wu-Nan Book Inc

Goodness Publishing House

只靠口碑，二手商品也可打出一片天

針對2013年亞太地區3C消費行為趨勢，臺灣盛思整合傳播與英國Text100傳播顧問合作調查，發現70%消費者在找尋產品相關資訊後決定購買，同時約80%消費者會在30天內完成決定。另外，亞太地區消費模式仍決定於口碑效應，亦即朋友意見、網路評論都將決定是否消費。

根據臺灣盛思整合傳播與英國Text100傳播顧問合作調查（2013年10月間以網路抽樣問卷，有效樣本數量2,023份，誤差為6.9%），整體顯示包含好友意見、網路評語，都將大幅影響消費者決定是否購買3C產品，而有多數消費者表示在消費前會先做足功課，約70%比例會在查找相關資訊後完成購買行為，而80%比例會在30天內決定是否購買。

至於影響消費者實際購買行為，包含產品售價、規格，以及相關評價，都是決定是否消費的關鍵因素。而無論是線上或實際通路的3C產品購物行為，源自網路評價或好友推薦的口碑效應，均占有相當大影響力。

臺灣二手產品接受度高　口碑效應仍占主要購買因素

而聚焦在臺灣地區的話，多數3C產品消費行為主要是為了更換已經故障產品，僅少數族群會不定期追新。至於口碑效應同樣也存在臺灣地區3C產品消費行為，同時最主要資訊來源均源自網路，而非一般消費通路或傳統媒體。

另外，雖然價格也是決定消費行為因素之一，但在部分情況下，在臺灣地區並非成為決定消費行為因素，反而在花費金額與實際獲得效益間取得平衡，並非直接僅以價格決定所有購買行為，例如選擇iPhone時，可能不少人選擇背後App應用內容所帶來優勢等。

至於調查中也顯示，臺灣消費者願意購買二手3C產品意願相對較高，主要跟臺灣消費者搶新體驗者多，同時3C產品大致價位下滑速度也較快，因此不少人選擇以時間、新舊狀況換取金錢，對於購買品質不錯的二手3C產品的接受度較大。

參考資料：楊又肇，「亞太地區3C消費行為 口碑仍占極大影響」，聯合新聞網，http://mag.udn.com/mag/vote2005/storypage.jsp?f_ART_ID=490333, 2013/12/18。

所謂「群體」是指兩個或更多的人，集合而成的集合，這些人擁有一套自己的標準、價值觀和信念，有一定的隱含或明確的行為上互相依存的關係存在。在一個群體中，幾乎所有的消費行為都會發生，所以，了解群體間的互動，是了解消費者行為的關鍵。

第一節 》參考群體的意義與類型

壹、參考群體的意義

人是群居的動物，我們都屬於某一社會群體，想要取悅別人，或是與人和睦相處；所以我們會觀察別人的行為，並且效法其他人的某些行為，以取得別人的信賴等。

但是群體和一般個人的集合有何差異呢？基本上，一個群體應該具備有兩個共同的特性：

一、這些人必須有共同的需求和目標

例如：一群被困在暴風雪當中的人們，產生了共同的目標，他們必須在這種不利的環境中生存下來。

二、這群人必須產生互動

這些人為了達成這個目標，必須產生互動，他們會彼此將對方視為這個群體的一部分，並且交換意見，討論如何送出求救的訊號。

所以，有些社會學家認為一個群體，是一群人的集合，而這些人會互相的接觸，並將彼此視為同一群人，以達成一些共同的目的。而在一個現代化的社會中，一個人可能同時屬於許多不同的群體，例如：家庭、朋友、學校、公司等。每一個群體會有其特殊的信念、價值觀和規範。

Engel等人（1993）在其所述的消費者行為中提到，當有以下的情形發生時，人們可能會尋求參考群體的建議資訊來源：

1. 消費者缺乏足夠的資訊，可以正確評估選擇方案。

2. 產品很複雜，且很難用客觀的評估準則來加以評估，故消費者會借用他人的經驗來作為替代的評估準則。

3. 其他的資訊來源不具可信度。

◀ 社群網站的產生，促使個體與個體的意見交流，進而作成購買決定。

4. 建議資訊來源有時較其他資訊來源容易取得，因此消費者不需花太多的時間與心力。

5. 消費者缺乏評估產品和服務的能力，對於一些產品和服務的訊息處理能力較差。

6. 傳遞者與接受者之間具有強烈的社交關係。

7. 消費者極需要獲得社會的肯定。

由上述可得知，參考群體（Reference Group）是指在個人形成其態度、價值或行為時，任何會成為其參考或比較對象的個人或群體。消費者會觀察這些參考群體的消費行為，同時也會受到該群體的影響，進而表現在消費者決策與消費者行為上，例如：看到網路上許多人在分析泡麵對健康的危害，而不再吃泡麵等。

貳、參考群體形成之原因

消費者是否想成為某一群體的成員，受到一些因素的影響，這些因素包括：

一、接近性（Propinquity）

若人們之間的實際距離拉近，互動的機會就會增加，彼此的關係會更緊密。這種距離的關係，決定我們與誰較熟悉。大部分情侶彼此居住的地方都不會距離太遠，或是在工作上、學校中經常有接近的機會，亦即「近水樓台先得月」。

二、曝露（Exposure）

我們可能會因為見面機會增加，而開始喜歡一個人，這是一種多接觸的效果，即使是無意的見面，也會使人產生親近的感覺。

三、群體向心力（Group Cohesiveness）

這種向心力是指一個群體的成員彼此吸引的能力，以及他們對於這種關係重視程度。這個群體對於個人的價值增加，個人消費行為所受到的影響就越大；小群體的向心力通常會比大群體高，所以有些群體不希望成員的數量太多。

參考群體對於消費行為的影響可能是正的，也可能是負的。在大部分的情況下，消費者都會修正他們的行為，以符合某些群體的行為規範。但是在某些情況下，卻會避免讓人誤以為他是屬於某一群體，例如：羅密歐與茱麗葉發現在父母反對下談戀愛，比一般戀愛更具吸引力，就是為了顯示出他們和父母間想法的差異。

參、參考群體的類型

一、正式和非正式的群體

參考群體可能是像一個組織或公司，那種正式、龐大、有組織結構、章程、經常碰面的群體；也可能是一個非正式的小群體，就像三五好友，或是住在一起的幾個室友。行銷者對於正式群體的重視程度比較高，因為這些群體較容易接近而且人數較多。

一般而言，小的非正式群體對於個人消費影響力較大，與我們日常生活有關的購買受到非正式群體的影響較高，而它的影響屬於規範性較多。正式的群體則在較多的產品或活動上產生影響，屬於比較性的影響。

二、初級群體與次級群體

對我們影響最大的是初級群體（Primary Group），這是一種在社會中形成的一種群體，通常不是很大，可以讓成員之間經常有面對面的互動機會，而且這些成員大部分屬於物以類聚，有些共同的特性，群體的凝聚力很強，具有共同的信仰和行為（Cooley, 1962）。

最常見的初級群體是家庭，尤其是在東方的社會中，家庭是一種相當重要的社會群體，可以維繫社會的安定。在以往的東方社會中，大家庭占了絕大多數，家中的長者對於年輕人的行為，具有決定性的影響。

次級群體（Secondary Group）是指那些雖然還有面對面溝通的機會，但是次數很少，對於個人的行為和想法影響較小的群體，例如：一些商會、社區服務的團體或是職業公會等。

三、心儀群體與規避群體

「心儀群體」（Aspiration Group）是指那些我們會接受其規範、學習其價值觀念的行為群體。如果你想要加入某一群體，就會學習其成員的行為，希望能獲得原有成員的認同。例如：有人剛搬到一處新的社區，想要得到當地居民的認同，會學習一些能夠被當地居民接受的行為，例如：打網球或參加當地的俱樂部或社區活動。

「規避群體」（Dissociative Group）是指那些想要避免與其產生任何關聯的群體，例如：許多開車族，雖然本身對黃色有偏好，但為了避免讓人誤以為是計程車，只好規避開黃色的汽車。

四、虛擬群體

隨著科技的發展，還有一種日漸重要的參考群體稱為虛擬群體（virtual group）。虛擬群體是因網際網路的興起而產生的新型參考群體，亦稱為虛擬社群（virtual communities）。無論是透過Skype, Facebook, Twitter, Line, BBS或是其他溝通平臺等，網路上充滿各式因職業、興趣、心理需求等而形成的社群，這些網友彼此間其緊密互動之程度，並不亞於真實世界中的群體成員。虛擬社群打破了傳統群體的空間限制，進而提升個人的交友範圍，也延展了參考群體所可能存在的地域疆界。

五、規範性群體與比較性群體

有些群體或個人在許多決策上，比其他的群體或個人來得重要，而且影響層面更廣。父母或師長對於我們價值觀念的形成，有很重要的影響，這種影響稱為「規範性的影響」（Normative Influence）。而運動或影視紅星所造成的影響，是一種「比較性的影響」（Comparative Influence）（Kelley, 1965）。例如：只要跟喬丹穿一樣的球鞋，就可以像他一樣飛得很高。基本上，我們可以用以下幾種方式來區分群體（圖11-1）：

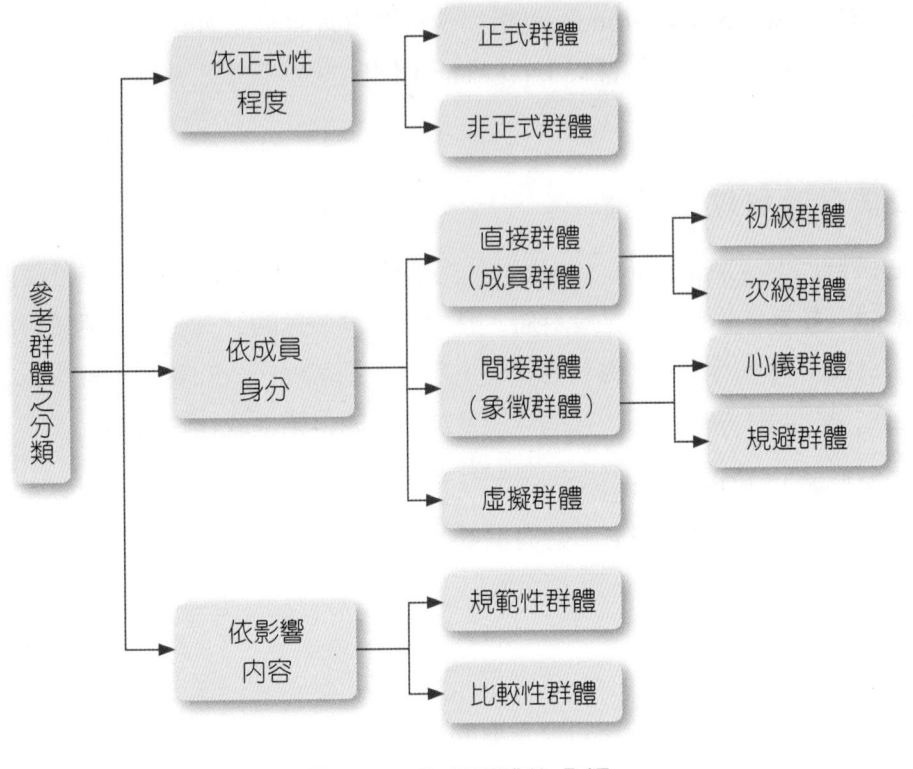

圖11-1　參考群體的分類

第二節 》參考群體之影響與權力來源

壹、參考群體的影響力類型

所謂參考群體（Reference Groups）係指對人的態度或行為，直接（面對面，Face to Face）或間接地影響所有群體。對人有直接影響的群體稱為會員群體（Membership Groups），這些群體和個人皆有互屬和互動的關係（Kotler, 1999）。參考群體對於個人的影響，可以分為資訊、效用和價值表現等三方面（Park & Lessing, 1977）。

一、資訊的影響（Informational Influence）

一位業務人員是否能夠對消費者產生資訊的影響，要視其專業化的形象而定。有些研究顯示，若業務人員顯得對他所銷售的產品知識很豐富，則有三分之二的人，會受這位業務人員的影響，購買他所建議的產品。相反地，若業務人員對銷售的產品顯得很不專業化時，只有不到五分之一的人會接受他的建議。

這個研究顯示專業化形象，對於銷售具有絕對的影響。所以，有許多公司都會提供嚴格的訓練課程，來提高業務人員的專業知識，使這些業務人員能夠輕易的回答消費者的問題及抱怨。

二、效用的影響（Utilitarian Influence）

參考群體的影響，也可以透過對群體規範順從的壓力產生，所以把這種效用的影響稱為規範的影響（Normative Influence）。尤其是當消費者有動機維持他在群體中受認同的程度，或當這種行為存在某種形式的獎勵或處罰時，影響會更大。

Homans以交易的觀點來討論，為何有人會接受群體規範的影響，他認為這些行為都有一些成本及收益，當消費者覺得某種行為所產生的利益（即收益減去成本）是他可以接受時，就會遵守這種規範。消費者會購買與其參考群體預期相符的產品，至於影響的大小，則視產品的種類及使用場合而定。

三、價值表現的影響（Value-Expressive Influence）

當個人覺得使用某種產品，可以增加別人對他的印象，或是成為他所希望的成功形象時，就稱為一種表現價值的影響。所以，他觀察他的偶像所使用的產品品牌；或是觀察使用哪些品牌，可以增加別人的羨慕、尊敬或注意，並以此作為選擇的標準。

貳、參考群體的權力來源

社會的力量會影響個人行為，只要你能影響其他人的行為，不管是自願的或是被強迫的，都可以稱為你對他人的行為具有影響的力量。影響的力量可以許多不同的構面來區分，包括：(1)他人是否是自願從事這項行為；(2)或是當這些具有影響力的人不在現場時，他是否還會採取同樣的行為。

對行為的基礎進行分類，有助於我們了解這些權力的影響原因，以及受影響人從事這項行為自願的程度；或是當這個人不在時，影響力是否能持續。再者，參考群體之所以能夠對消費者發揮上述三種影響力，主要是因為參考群體擁有能夠影響消費者行為的各種權力來源，這些權力來源的型態可分為下列幾種：

一、參考權力（Referent Power）

著名的人在許多日常生活中的行為，都會影響到其他的人。在許多廣告中，使用名人做廣告，就是希望消費者能夠模仿這些人，而且名人的出現，比較容易引人注目。反

之，一個默默無名的人，很難引人注意和模仿。

二、資訊權力（Information Power）

一個人可能因為他知道一些其他人不知道的事情，而對他人產生權力。流行時裝雜誌的編輯，對於許多人有影響力，因為他擁有許多人所沒有的資訊，還有權力決定如何編輯傳送這些資訊，對其他人的決策造成影響，各時裝公司都要設法拉攏這些編輯。

三、法定權力（Legitimate Power）

許多人因為受到社會規範的影響，而有影響力，如警察和律師其影響力並不限於其執法的範圍內，也可能包括一些與其相關之產品。例如：有人觀察警察使用何種車子，因為警車是警察執法時的利器，會被選用為警車者，性能應該不會太差。這種合法的權力也可以透過制服傳達出來，在醫院中，不同衣服代表不同權力的人，公司亦可藉制服提高專業化的形象。

四、專家權力（Expert Power）

專家權力是指那些具有特殊知識或能力的人所具有的權力，雖然他未提供資訊，但是只要他出現就會對其他人造成影響。在許多廣告中使用專家，主要是強調產品的功能，讓人產生信服的感覺。

五、獎勵權力（Reward Power）

當一個人或群體可以提供其他人正面的報酬時，就具有獎勵的權力。若消費者覺得這些報酬對他具有效用，這種權力就會存在。這些報酬可能是有形或無形的，使用這種產品就能受到社會的肯定是一種無形的報酬。例如：在強調社會公益的今天，使用可以減少污染的產品，或購買的某產品會有一部分捐出作為社會公益，也可以引起消費者的注意，因為他們會覺得對社會盡了一份力。

六、強制權力（Coercive Power）

若某人不從事某項行為時，就會受到威脅或是處罰，這種權力影響時間通常較短，經常是命令他人去做他不喜歡做的事情。這種權力在行銷中很少用到，但是在一些以恐怖為訴求的廣告中，還是會威脅消費者若不使用某種產品，會有不利的事情產生。

社會影響力透過各種不同的管道影響其他人，有時候廠商會改變其他人的行為，因為他可以從中獲取更多的利潤。有時候因為我們不知道如何做這件事情，而希望參

◀2013年太陽花學運，
集結了許多有志青年
上街提出對社會現狀
不滿之訴求。

考其他人的行為，這種影響稱為「規範性的社會影響」（Normative Social Influence）
（Solomon, 1953）。另一方面，當一些人在許多情況不明的狀態下，做了一些事情，
其他的人可能也會跟進，稱為「資訊的社會影響」，因為他們可能沒有自我想法，或拿
不定主意，因而有跟蹤行為產生。

參、順從群體規範之原因

　　這並不是一個自動完成的過程，許多因素會影響消費者是否要模仿其他人的行
為，這些因素包括（Bearden et al., 1989）：

一、文化和社會壓力

　　許多不同的文化都要求其成員具有一致性的行為，日本就是一個集體主義濃厚的國
家，它要求所有成員的行動都要一致，許多日本觀光團，都會有旗幟引導，要所有成員
都遵守命令，進行相同的行為；美國人則強調個人主義，所以日本人比較會遵守社會規
範。

二、害怕離群

　　當有人覺得若不遵守群體的規範時，會受到群體的處罰，或是被其他人視為異
類，這時就會較遵守群體的規範。有些人可能因為無法遵守群體的規範，而無法升遷。
所以，有許多在同一個群體中的成員，可能會購買類似的產品。

三、承諾

　　一個人對於一個群體的承諾越高，越喜歡成為其中一員時，則對於群體規範的遵守

程度越高。許多恐怖分子的組織中,其成員即使為群體而死也在所不辭。或是主動表示願意參與團體者,受它的影響越大。

四、群體的權力

若一個群體能夠對其他人或群體產生更大的影響力時,則成員遵守其規範的意願就越高。例如:在大公司和小公司的員工,對於群體的認同程度就不一樣。IBM的業務人員在拜訪客戶時,受到的尊重比其他小公司高,所以這些人員比較容易接受IBM的規範。

五、性別的差異

一般都認為女性比較願意接受群體的規範,因為她們對於社會的敏感性較高,而且傳統上都認為男性應該比較獨立,不應受到其他人的影響。而女孩子比較容易聚在一起聊天,談很多和消費有關的話題,容易受到他人影響。但是這種看法,近年來受到許多質疑,因為現代的女性獨立性提高,而且資訊來源取得便利,所以受群體影響的程度減小。

第三節 》群體對消費行為之影響

群體對於消費行為的影響層面很廣,包括對產品及品牌的選擇、社會比較理論、對個人消費行為的影響和抗拒受群體之影響等。

壹、產品及品牌之選擇

參考群體的影響力,並不是在每一種產品上都一樣,例如:當產品的複雜程度很低、風險很小、購買前可以先試用的產品,就比較不容易受到其他人的影響。

Bourne(1958)認為群體影響力的大小,受到產品炫耀性的影響。一個產品具有炫耀性的原因有二:第一是能夠擁有這項產品的人不多,所以這項產品比較容易引起別人的注意,例如:奢侈品容易引起他人注意,能夠擁有的人不多;第二是這個產品可以在公開場合使用,看到的人較多,才會滿足使用者的炫耀心理。

Bearden與Etzel(1982)進一步應用Bourne的觀念,他們認為擁有這項產品人數的多寡,與產品是屬於必需品或奢侈品有關。必需品是指那些大部分消費者都覺得有必要

擁有的產品，而奢侈品的價格通常較高，使用的次數不多，或有許多較便宜的代用品。

至於可在公共場合使用的產品可以稱為公開品，這種產品在使用時其他人會十分地注意，而且可以很容易地看出使用的是哪一個品牌的產品。至於私人性產品則通常在家中或私人的場合，大概只有一些直系血親在場；或是你在使用時，不太會引起別人的注意。

所以Bearden與Etzel利用這兩個構面，把產品分為公開性奢侈品、私人性奢侈品、公開性必需品以及私人性必需品。

參考群體會影響公開性奢侈品的產品及品牌選擇，例如：名牌汽車或高爾夫球俱樂部。至於私人性的奢侈品，則參考群體對於產品的選擇影響較大，但對品牌影響較小，如電視遊樂器或電動玩具等。至於公開的必需品，參考群體對於品牌的選擇影響較大，至於產品的影響較小。而私人性的必需品，則參考群體對於產品和品牌的影響力都不大，例如：字典或吹風機。

這種分類方式，在行銷管理上有許多的涵義。假如有一個消費品，可以很明確地用這兩個構面來劃分，則可以有不同的廣告內容。例如：一個私人的必需品，它的廣告應該強調產品的品質、價格等屬性；若是一個公開的奢侈品，則可以強調其參考群體的感性影響，例如：某種類型的人，適合使用這種產品。

貳、社會比較理論

從消費者決策制定的觀點來看，在關係密切的團體和向心力很高的群體中，消費者受到群體的影響較大。有些學者的研究也支持這個觀點，發現群體的向心力越強，群體成員選擇同一品牌的機會就越大，而且成員知道其他人的選擇後，這種一致性也會提高。

Moschis（1976）利用Festinger的社會比較理論，來解釋影響的過程，他的目的是了解為什麼我們會對某一個群體產生認同，而願意受其影響。「社會比較理論」（Social Comparison Theory）認為，人會將本身的許多特性，和其他的人比較，若覺得有高度的「相同感」，則對該群體的認同性高。

社會的資訊影響表示，有時候我們會以別人的行為當成比較的一種標準，「社會比較理論」認為這種程序，可以視為一種增加對於自我評價穩定性的方法，尤其是在一些找不到其他實體標準的情況下更是如此，社會比較理論對於那些無客觀答案的行為更重要，如音樂或藝術的流行。

雖然人們很喜歡和別人比較，但是他會謹慎選擇比較的對象；同樣的，當消費者與其他人比較時，若他覺得與他人的答案有差異時，除非他對自己的答案很有信心，否則會感到不安，覺得別人的答案似乎較好。一般而言，人們會選擇與其相等或類似的人做為參考的標準。有一項對於女性化妝品選擇的研究指出，大部分婦女會相信許多與她類似女性的選擇。

Moschis認為他的發現對管理者很有用，首先這個理論可以和擴散理論結合，加速新產品的擴散速度。因為當可能的接受者，對於新產品看法越一致時，人際間的溝通效果最大。其次，社會比較理論也強調發訊者的可靠性問題，傳統上認為專業能力最重要，但這個研究顯示出若相同感越高，影響力也會越高。所以廣告中，應該找那些與目標消費者類似的人，但又具有高可信度者。

參、群體對個人行為的影響

一個人在大的群體中，就比較不容易受到注意，許多人會學習其他人的行為，是因為他不希望成為一個特殊、容易引人注意的對象。例如：有許多人在萬聖節的晚會中，會顯得特別地瘋狂，因為不管他怎麼做，別人都不知道他是誰；或是到了一個新的環境之後，就會改變行為，作出一些平常不敢嘗試的行為。例如：有些人不會在國內整形，但卻願意去國外做整型。

購物的行為也會因為是否有其他人存在而有所不同，那些經常與其他人一起逛街購物的人，經常進行一些不在計畫中的購物行為。這是因為受到了規範和資訊社會的影響，一個人在其他人的同意之下，買了原來不想買的東西；或是在許多人的意見之下，容易進行資訊的比較，買了原先下不定主意是否要買的產品。

在群體所制定的決策，也與單獨制定時不同。在許多情況下，利用群體決策時，大部分人會覺得若決策錯誤，各別所須負擔的風險較低，可以稀釋責任的分擔；另外，冒風險也是一種社會所鼓勵的行為，所以在進行群體的決策時，會採取風險性比較高的決策，這種現象稱為「風險移轉」（Risk Shift）（Kogan, 1967）。

肆、抗拒群體之影響

有些人喜歡與眾不同、特立獨行，不易受到銷售人員的影響。而且在行銷中也需要有一些這種人，喜歡創新，購買和使用新產品、新服務。我們需要區別一下「獨立」（Independence）以及「反一致化」（Anticonformity）。反一致化是指反對群體的行為

目標，亦即為反對而反對者，他若知道大部分的人在這種情況下會採取什麼樣的行為，他就會採取不同的行為，剛好與他人的預期相反；而獨立則是以他本身的價值觀念為判斷，達成一種自己喜歡的決策，不管這個決策是否與其他人一致。

人們都會希望有選擇的自由，若覺得受到威脅，可能會產生反抗的心理，所以許多提供客觀資訊的雜誌或電視節目會大受歡迎；相反的，一些告訴消費者非買該項產品不可的廣告，最後的結果可能不是很理想；即使本來對於該項產品的品牌忠誠度很高，也可能會產生反對的心態。

人們在使用一些產品時，也希望具有獨特性，如果一個女孩今天上班時，穿了一件與其他同事一樣的衣服時，整天都會覺得不太愉快，因為她不希望和其他人穿同樣的衣服；所以有些女性在買了新衣服之後要立刻找機會穿到辦公室亮相，最主要的目的是告訴其他同事，別再買一件與她相同的衣服。

有些高價位的產品，也採取限量發行的方式來提高它的獨特性。例如：保時捷限量紀念版的 911 Carrera S，它強調獨特的流線設計，極速則是接近 300 公里，而且只限量五十輛，獨特性很高，所以價格也很貴，但仍受到高消費能力族群的歡迎。

第四節 》口碑溝通效果

回想一下，我們許多的日常對話，有一大部分和產品都有關係，不管是你談論某某人新買的房子、汽車、衣服，或到某處渡假，甚至小孩子的老師教得好不好等，都和我們的消費行為有很大的關係，這些都是屬於「口頭溝通」（Word-of-Mouth Communication）的方式。

消費者有時候會詢問他人意見，尋求許多與這個產品有關的資訊，這是因為廣告的資訊與業務代表的說詞經常是有偏差及不完全性，或是個人很難有效評估競爭性或具有互相矛盾的資訊。此外，我們覺得從我們認識的人所取得的資訊，比較方便又具有可信度，還可增進彼此的親密關係，且這種資訊的交換還具有社會壓力的效果，比較容易讓消費者接受。

壹、個人影響力在何時較顯著

個人影響力或口頭溝通的資訊影響力大小，受產品特性的影響。當產品的涉入程度

較高、產品的外顯性較高、不能試用、太過複雜、或認知風險很高時，個人的影響力量較大。

一、涉入程度

在高涉入的產品中，個人的影響力比低涉入產品中高。因為在低涉入產品中，很少人會有尋求其他人意見的動機，但是在高涉入的產品中，如汽車、家具或家電用品，其他的意見，可能是一個相當重要的資訊。所以這些產品的廠商，若不慎損壞商譽之後，很難再恢復舊有信譽。這也是美國的三大汽車公司，為何在努力改變產品性能之後，仍不能取得消費者信心的主要原因。

二、外顯性

產品的外顯性也會提高其他人的意見影響力，衣服的選擇，就比選擇洗衣粉容易受到其他人的影響。在美國許多高可見性的產品，如游泳池、電視機和室內空調設備，在擴散時就是一群一群的採用，而不是一種隨機擴散的方式。

三、試用性

亦即一些產品的屬性，是否可以從外表或簡單的試用就可得知。許多食品可能一試就知道好壞，所以在超市中有些試吃的活動，或是免費樣品包的贈送，讓消費者有試用的機會。但是一些家庭用的設備，如微波爐或冷氣機，要用過一段時間後，才能確定其好壞，無法從其外表得知，所以其他人的意見就很重要。

四、複雜性

當產品的複雜性增加時，其他人的意見重要性也會提高，像電腦或是音響之類的產品，可能需要一段時間的學習之後，才能知道如何使用。或是功能過於複雜，需要有很豐富的相關資訊時，朋友建議的重要性就更高。

五、認知風險

認知風險不但與產品的價格有關，也和產品使用完之可能結果有關，若選擇錯誤造成不利後果的可能性很高，消費者一定會十分謹慎。例如：小孩子上的學校好壞，或是服用不良成藥的結果，可能對人造成很多的後遺症，所以需要其他人的資訊，以了解所有的可能結果。

貳、引起相關話題的原因

溝通理論的研究者在1950年代開始懷疑，是否廣告會決定大部分的消費行為。現在大部分的學者都認為，廣告對於加強現有產品的偏好效果較佳，它在於告知產品的存在上具有效果，但是在評估和決策的階段，則由朋友或同事所得的資訊效果會更大（Katz and Lazarsfeld, 1955）。

與產品有關的話題，可以由下列幾項原因所引起（Engel, 1969）：

1. 一個人或許對某一類型產品很有興趣，很喜歡談到與其相關的話題，有人可能是電腦狂、時裝狂、汽車狂、模型狂，在日常生活中，就經常會提起這些話題。

2. 一個人或許對某種產品的知識很豐富，經常希望透過這樣的話題，讓人覺得他在這方面是一位權威。

3. 可能會因某一個人在最近進行了類似的購買行為，我們不希望他在購買當中吃虧，所以會交換資訊，以免他們浪費錢。

4. 為了降低某一購買行為的不確定性，最好的方法是大家多交換資訊，了解更多相關的資料，並且得到別人的支持。

口頭溝通也有負面的影響，負面的溝通可能會使一項產品或一家商店失敗。此外，大部分的消費者對於負面消費的重視程度，高於正面的消費，尤其在購買他們以前沒有經驗的商品時，這種資訊更受重視。

參、個人影響力的方向

個人影響力的傳播方向，受到社會環境變化的影響。在二十世紀初，認為是由上往下，在1940到1960年代，認為是兩階段的傳播，然後到了1970年以後，又採取多向傳播觀點。

一、由上往下（**Trickle-Down Theory**）

這種由上往下的傳播理論，原來是研究「炫耀性產品」，因為購買這些產品的主要目的在炫耀其財富，所以在這種情況下，就很容易的會被下一個階層的人學習。因此在古時候的流行，都是由上階層的人接受後，再往下傳播（Veblen, 1899）。

這種由上往下的垂直傳播方式，在以往可能相當適合，但是漸漸的有些學者觀察到，在大眾傳播媒體發達後，這些原在上階層的人，不能再獨享流行的資訊，許多在下階層的人，也可以接觸到這些資訊，而且上階層人士，往往為了維持高階層的形象，反

而接受新產品或流行的速度較慢，所以有些產品反而是由下往上流行。

二、兩階段傳播（Two-Step Flow Theory）

這個理論的發展是在大約1940年代的總統選舉中，想要找出影響選民投票的主要因素，結果發現收音機和報紙的影響力很小，更進一步的研究發現，那些會影響其他人投票決定的人，比較經常接觸大眾傳播媒體，這個影響模式可以圖11-2表示。從圖中可以看出，大眾傳播媒體先影響意見領袖，然後這些意見領袖再去影響其他的人。

這種兩階段傳播模式強調的是，在非正式群體成員中的資訊傳播影響力，會比上階層的影響力大，人們會在與其相同層級的同儕中尋求資訊，而不是往上尋求資訊，它強調的是一種資訊的水平傳播，而非由上往下的垂直傳播方式。

但是進一步的實證研究並不完全支持這種模式，許多人認為這種模式假設其他成員都採取被動的態度，並不正確，而且過度的簡化傳播的方向，可能只適合用於研究一些特殊的場合或產品。如總統大選中，選民只能透過大眾傳播媒體得知相關的資訊，而且在那個年代，其大眾傳播媒體尚未十分發達，對政治有興趣的也是少數人。

三、多向傳播理論（Multiflow Theory）

這種多向傳播的模式也是基於兩階段的水平傳播觀點，但是它不是單一的傳播模式，而是有許多不同的影響模式同時存在，這個模式認為個人的影響力可能由許多方式產生，包括：

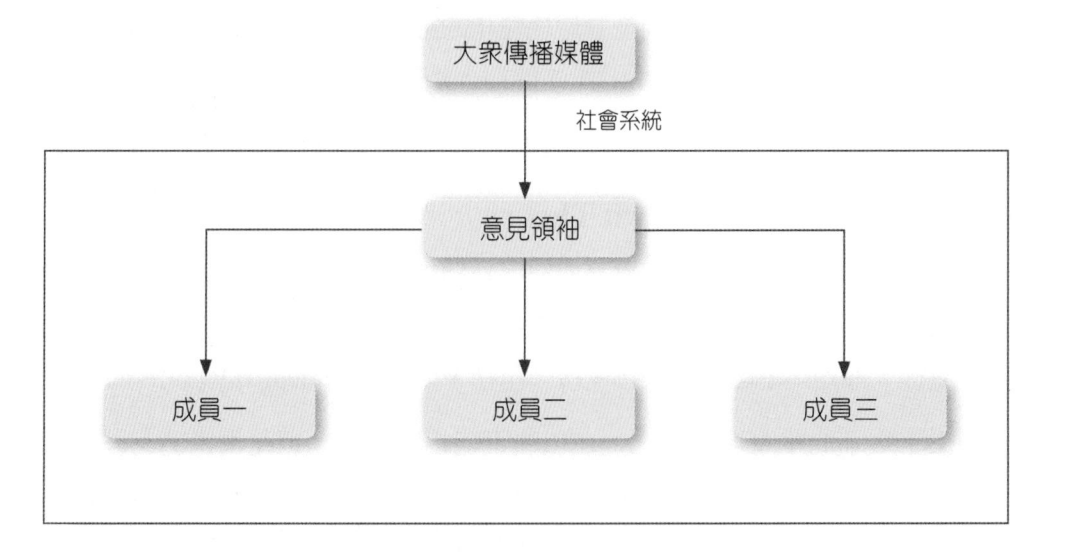

圖11-2　兩階段的傳播模式

1. 這些影響力可能發生在同儕或非同儕之間，同儕的關係較緊密，影響較大，非同儕則關係疏遠，影響可能較小。亦即年齡、教育或社會階層類似的人，比較容易產生影響。因為人們在和這些人產生互動的時候，覺得比較自然也比較願意接受其影響。但是有時也可能發生在非同儕之間，例如：有些人換工作，是經由一些平常比較不熟悉的人介紹，可能同儕間的訊息太類似，所以這種非同儕間的影響，在新產品擴散時也相當重要。

2. 這種影響可能是由發訊者所發起，主動影響他人；也可能是由收訊者所發起，希望由他人得到相關的資訊或協助。例如：剛買一輛新車的人，可能會主動向其他人提起他的購買和使用經驗，影響這個人以後的購買。相反的，想要購買新車的人，也會主動的尋求資訊，以降低不確定性，尤其是在購買者缺乏相關的經驗時，更需要同儕資訊的協助。

3. 這種影響可能是單向，也可能是雙向的影響，他會影響他人，也可能受到他人的影響。因為在大部分與產品有關的交談中，資訊的發生都是雙向的溝通，而且雙方可能都會受到影響。例如：在前述的例子中，新購汽車的人可能會產生購後失調的現象，所以他一方面告訴別人他的使用經驗，另一方面也希望得到他人的肯定、增加他決定的信心。

4. 這種影響可能是透過口頭的溝通，也可能是視覺的觀察所得的結果。並不是所有的影響都要透過口頭溝通產生。我們看到鄰居新買了一輛汽車，也可能會想要換車，這種視覺的溝通效果，有時候比口頭溝通影響還強，因為是一種比較客觀的判斷比較所得的結果，消費者會更相信這種滿足。

第五節 〉意見領袖

雖然消費者會從其他人獲取資訊，但並不是每一個人都會被徵詢意見；假如你決定購買一套音響，你只會徵詢那些對於音響有豐富知識的人，這個人可能擁有很好、很複雜的音響，或訂閱音響雜誌、經常逛音響專賣店。另一方面可能有另外一個人對於汽車很熟悉，你可能在購買汽車時請教他。

假如許多人知道某一個人對於某項產品很熟悉，而且經常請教他相關的問題，這個人就可稱為意見領袖。一位意見領袖經常能夠影響別人的態度或行為，因為他們：

1. 技術方面的知識豐富，具有能夠影響其他人的專家能力。

2. 他們會正確過濾、評估各種產品的資訊，所以擁有知識能力，不像一般的商業廣告，是以某公司產品為主，而意見領袖較無這種偏見。

3. 意見袖領在社交活動中相當活躍，與其他人的關係密切，會在社團中扮演重要角色，具有合法的權力可以提供其他人意見。

4. 這些人與一般的消費者具有同樣的價值觀念和信念，所以對於其他人也具有參考的價值。

5. 這些意見領袖通常是第一個購買新產品，吸收了一些風險，這些人的經驗，可以降低後購買者的風險，他們提供的並非只有正面的資訊，也包括負面的資訊，具有客觀性。在早期認為，只要是意見領袖，他就可能在各項意見上影響到其他人，但是現在卻認為意見領袖，可能只能在他專精的領域上影響其他人。早期的研究也認為，這種影響過程是一種靜態的程序，意見領袖從大眾傳播媒體上吸收資訊，轉變成各種意見傳播給其他人，這種溝通的過程過度簡化，忽略了有許多種不同類型的消費者。早期的購買者我們通常稱為創新採用者，如果意見領袖也是創新採用者，我們特別稱他為創新溝通者。意見領袖也可能是意見尋求者（Opinion Seeker），他們對於某一類的產品很有興趣，所以經常和其他人討論，以獲取資訊及意見，這種溝通並不是意見領袖與其他人的單向正式溝通，而是一種複雜的多向溝通。

因為意見領袖對於行銷非常重要，所以有許多的方式來找出社會領袖，包括自我回答、社會衡量方法或是追蹤技術等。最近有一個關於服務業的研究發現指出，意見領袖對於其他人的影響，有助於業者找出那些可能為公司推介更多生意的意見領袖，為公司創造更高的利潤。

第六節 》代言人

廣告代言人為相當特殊的一種廣告方式，企業通常認為聘請對消費者具有說服力的人物來為產品代言，會使消費者產生「愛屋及烏」的移情作用，因此近來常見明星或知名人士為某產品或活動代言，不但可以吸引媒體及消費者的目光，更可以利用代言人的知名度為產品加分。

◀ 廠商通常願意花更多
的經費邀請知名人物
做代言，除希望吸引
大眾目光之外，亦想
藉此代言人的個人特
質，來傳達品牌或產
品的個性。

壹、廣告代言人的理論

　　代言人廣告是基於「消費者的購買行為，常會認同於一意見領袖」的觀念所衍生出來的，因而對產品產生好感（吳若權，1990）。最常運用的廣告代言人理論，分別為以下二種：(1) Heider（1958）所提出的平衡理論（Balance Theory）。(2) Newcomb（1953）提出的相稱理論（Strain Toward Symmetry）。

一、平衡理論（**Balance Theory**）

　　由Heider在1958年所提出，認為身體會自然而然地希望保持在穩定狀態，因此人性均有一種傾向，即通常會把「自己」與「對方」的感情鎖定在雙方對某一「客體」（Object）的共同好惡上，這個客體包括了人、事、物，而這正是認知的組合與再組合之所以能夠完成的一個有利的構成因素。

　　平衡理論又稱P-O-X理論，其中P代表了自己，O代表對方，X是介於P與O之間的第三者或態度對象物，也就是客體，平衡理論表示如圖11-3。

　　Heider（1958）認為個體對於人、事、物的態度或信念，都希望保持平衡的穩定狀態（homeostasis），否則會因失衡而有不安的感覺。這三者之間關係是否平衡，要視兩兩間的關係是正（喜歡、肯定）或負（不喜歡、否定）而定。若三邊關係全為正，或二個為負且一個為正時，都是平衡狀態，即三邊關係符號相乘，乘積為「正號」即為平衡狀態；若二邊乘積為「負號」，則表示處於不平衡狀態，如圖11-4所示。

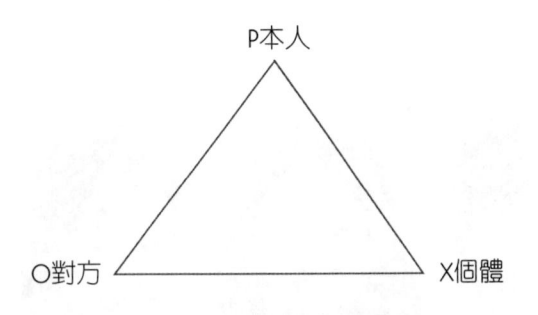

圖11-3　平衡理論示意圖（資料來源：Heider, 1958）

圖11-4　平衡與不平衡狀態釋例（資料來源：李美枝，1980）

二、相稱理論（**Strain Toward Symmetry**）

　　學者Newcomb（1953）亦提出相類似之相稱理論（Strain Toward Symmetry）。他認為假如A和B彼此有好感，而且對另一客體也都有好感，那麼其彼此的關係是相稱的；假如A和B彼此沒有好感，而其中一人對客體有好感，另一人卻沒有好感，這關係也是相稱的；假如A和B彼此有好感，但對客體的觀感卻不同，則彼此的關係是不相稱的；假如A和B彼此沒有好感，但對另一客體卻同時具有好感，則彼此的關係也是不相稱的；當處於不相稱時，A和B也許需改變對彼此的態度，或者其中一人改變對客體的態度，以達成另一種平衡狀態，如圖11-5所示。

　　平衡理論及相稱理論應用在「推薦式廣告」上，可繪製如圖11-6。由圖中可得知，當消費者對廣告代言人有好感，也就是二者之間有某種情感上的連結，且代言人與廣告產品緊密結合，而消費者又不排斥該產品時，廣告效果最佳，因為一致性的力量會加強消費者對產品的好感。另一種情況下，當消費者對廣告代言人有好感，但卻不喜歡該產品時則會發生不平衡現象，有可能會降低對代言人的好感或是增加對產品的好感，此時若能適時降低消費者對代言人的好感（如使用社會形象怪異或不合乎正面形象之代言

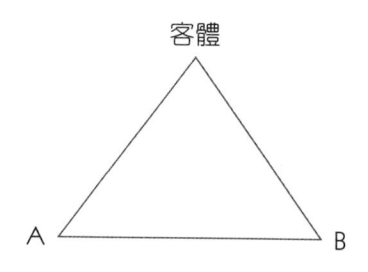

圖11-5　相稱理論（資料來源：Newcomb, 1953）

圖11-6　平衡理論與相稱理論在廣告代言人上之運用（資料來源：Mowen et al., 1980）

人）或提升該產品之服務品質或形象，同樣可達成運用推薦式廣告之目的。

　　消費者和廣告代言人、消費者和產品之間是種感情（Sentiment）或情感（Affect）關係，廣告代言人和產品間存在某種結合關係。在代言人廣告中，可以確定的是廣告代言人在廣告中對產品所表現的態度一定是正面的。此外，廣告代理商也會聘請對其目標顧客具有說服力的人物來為產品代言。所以，廣告代言人與消費者的關係通常也是正面的，因此在消費者、廣告代言人、產品的三角關係中，消費者和產品的關係是廣告所欲影響的。

貳、推敲可能性模式

　　相較於之前所論述的各種態度改變策略，推敲可能性模式（Elaboration Likelihood Model, ELM）提出中央路徑和邊陲路徑等兩種不同的說服路徑，以改變消費者的態度。中央路徑（central route）特別適用於消費者有意願或有能力處理品牌相關資訊時。在此情況下，消費者會主動搜尋產品或品牌相關資訊，並據此形成態度；換句話說，如果消費者願意投注相當心力，以理解、學習、和評估與態度標的物有關的各種資訊，就是遵循中央路徑，以形成態度。

　　相反的，倘若消費者沒有意願，或者缺乏評估能力時（低涉入），學習與態度改變是經由邊陲路徑（peripheral route）來達成，消費者所重視的並非產品相關資訊，而是受其他的誘因，例如：折價券、免費試用品、美麗的布景、大容量的包裝、或者名人代言所影響。研究發現，即使是處於低涉入狀況（正如同消費者接觸一般廣告時），剛開始時，中央資訊和周邊的誘因對態度的影響力相當。但是，中央資訊的影響時效往往較為持久。除此之外，對於產品知識不足的消費者，廣告中若採用專門術語，將可以有效提高消費者的品牌態度和廣告態度。圖11-7呈現推敲可能性的說服模式，並且顯示中央路徑變數和邊陲路徑變數對消費者資訊處理的深度。

　　與推敲可能性模式有關的理論為雙重調節模式（Dual Mediation Model, DMM）。該模式納入廣告態度對品牌認知之影響路徑，主張中央路徑可能會受到周邊線索影響（例如：廣告態度）。因此，該模式主要特殊之處在於嘗試將中央路徑與邊陲路徑進行連結。

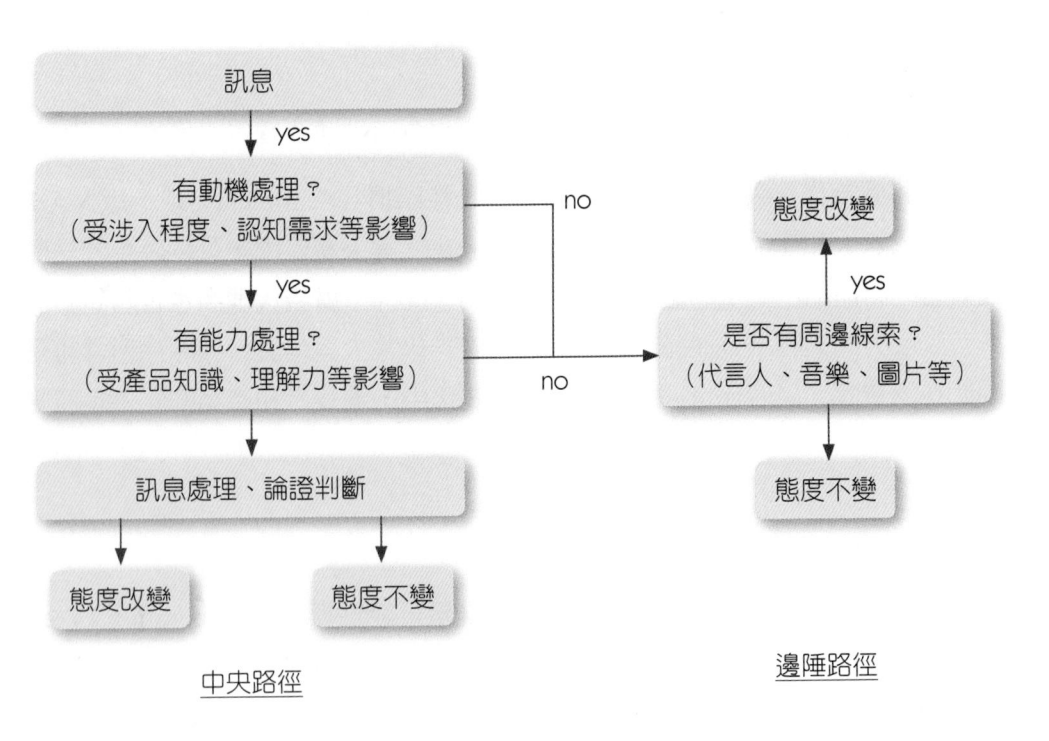

圖11-7　行為推敲可能模式

參、廣告代言人的類型

Freiden（1984）曾將廣告代言人，劃分為四種類型說明如下：

1. 名人（Celebrity）：指公眾人物或知名人士，通常是希望藉由名人的高知名度及個人魅力，引起消費者愛屋及烏的心態，使消費者對名人的喜愛能成功轉移至其代言之產品上。

2. 專家（Expert）：具有專業知識及領域之權威人士，可使消費者相信其對產品的認同是出於專業的判斷。

3. 企業高階經理人（CEO）：是另一類的專業人士，由於企業高階經理人經驗領域深入企業內部，藉此來說服消費者，是另一種專家形式。

4. 典型消費者（Typical Consumer）：此類的代言人是取其與一般消費者的相似性，希望藉由使用過產品的消費者現身說法，讓消費者覺得這些產品的使用經驗是相當真實且可靠的。

肆、代言人可信度來源因素

代言人可信度一直是、也將持續是，學界與廣告、行銷實務界關注的議題。可信度是指某項被視為且與溝通的主題相關的專業能力，並且被認為能夠對某項事物提供一種客觀觀點的來源（Ohanian 1990, Belch and Belch, 1994）。

Ohanian（1991）的研究，證實了廣告代言人的可信度來源因素有三種：吸引力（Attractiveness）、可靠性（Trustworthiness）和專業性（Expertise）。

一、專業性

Ohanian認為，代言人專業性定義為溝通者（Communicator，即廣告代言人）具有論證產品之專業知識的程度。代言人身負溝通的角色，他們是否具有專業性，被認為是代言人對物件或訊息所主張的資訊了解與否的界限。過去的實驗指出，當使用一個與品牌形象吻合的代言人時，代言人的專業性比代言人的肢體吸引力可能是更重要的。

二、可靠性

Ohanian認為，可靠性是歸因於消費者認為廣告代言人，具備誠實、正直等特性的程度；代言人在傳播活動或廣告中，其傳達的主張能否有效傳達予消費者，並使消費者也對其具有信心，便要倚靠代言人的可靠性。

三、吸引力

Ohanian認為，代言人的吸引力來源因素，是指消費者認為廣告代言人對於產品或服務具有吸引力，可吸引消費者的注意力；而代言人的個人魅力或吸引力，是指對消費者而言，代言人肢體上的吸引力，或縮小範圍，對此溝通資訊的情緒的吸引力，此包含肢體的美態、性感、瀟灑與舉止的優雅。

伍、代言人的選擇要素

整體而言，為了強化品牌形象達成銷售目的，企業在選擇明星代言時應注意以下要素：第一，明星與品牌之間要有相稱的知名度，而且其人格特性與品牌特質能彼此吻合；第二，明星不能代言過其他與自身品牌相衝突之產品，而代言過多產品的明星容易造成專業性的干擾，而使自身品牌失去焦點；第三，明星個人必須具備正面的形象與魅力，不可有嗑藥、酒駕等負面事件而傷害自身品牌；第四，選擇具有發展潛力的代言明星，以因應企業持續成長時的需要。

本章摘要

- 基本上一個群體除了需要由兩個人以上構成外，還需要具有共同的需求和目標，而且必須產生互動。而群體對於消費行為的影響，可以分為資訊、效用和價值表現三個方面。至於參考群體的類型可分為正式和非正式、初級和次級、心儀或規避群體等，不同類型的群體，對消費者的行為有不同的影響。若成員間越接近、見面機會越多、向心力越強，則影響會越大。而群體成員間的影響力來源，可以分為參考、資訊、法定、專家、獎勵和強制權力。成員順從群體規範之原因，可能是文化社會的壓力、害怕離群、對於群體的承諾或群體的權力大小。

- 群體對於消費行為的影響，可分為對產品及對品牌的選擇兩種，對產品的必需性會影響產品的選擇，而產品的公開性會影響對於品牌的選擇。而社會比較理論強調，對於那些沒有客觀答案的選擇，如電影或音樂，比較容易受到同儕群體的影響。而群體對於許多個人的消費行為也會產生影響，如購物類型、風險轉移或決策的兩極化等。但是另一方面，個人也會拒絕受群體的影響，需要自由和獨特性。

- 口碑溝通的效果在產品的涉入程度較高、產品的外顯性較高、不能試用、太過複雜或認知風險很高時，影響力較大。人們在日常生活中，也經常會引起與產品有關的話題，而這些資訊的影響方向，有由上而下、兩階段或多向傳播的方式。在多向傳播中，認為影響力可能發生在同儕或非同儕間，也可能是由發訊者或收訊者所發起、可能是單向也可能是雙向的影響，可透過口頭或視覺的溝通產生。

- 意見領袖具有許多特徵，行銷者可以透過各種行銷研究的方式找出這些人，然後改變他們的看法，再去影響其他的消費者。意見領袖、意見行家和創新採用者之間有些差異，但對於新產品的擴散和採用，這些人都具有較高的影響力。

12

Personality and Consumer Behavior
人格與消費者行為

Wu-Nan Book Inc

nsumer

Goodness Publishing House

章節個案

12星座求婚廣告夯！網友最不愛天蠍座

你是哪個星座的？這句話成了最近的熱門問候語，喜餅業者「伊莎貝爾」推出的12星座求婚廣告，引發熱烈迴響，不少沒有在電視上播出的星座，民眾都想知道自己的星座是哪種求婚方式，今天所有版本在網路上完整推出，立刻引爆網友熱烈討論，其中最讓網友覺得不適合的星座求婚方式，竟然是「天蠍座」。

沒辦法，想追金牛座就得給她滿滿的安全感，金牛座追求安全感的舉動，在十二種求婚橋段中，是網友公認最好笑的。

對天蠍座這一招求婚手法，網友們評價明顯負面居多。十二支廣告，有的網友喜歡天秤座和射手座的創意，有的欣賞金牛座的貼心，不論哪種手法，廣告推出後，立刻在網路引發熱烈討論，也為業者創造出另類的宣傳效益。

今天12星座求婚廣告所有版本在網路上完整推出，立刻引爆網友熱烈討論。（圖取自YouTube）

資料來源：今日新聞，「12星座求婚廣告夯！網友最不愛天蠍座」，http: //www.nownews.com/n/2009/09/08/870706, 2009/09/08。

長久以來，行銷人員已慣於以顧客的人格特質作為訴求重點。他們直覺地認為顧客所購買的產品、時機和方式，深受人格因素影響。因此，廣告人員及行銷人員經常在廣告訊息中描述（或併入）特定的人格特質或特徵。近來的一些廣告便可說明這類現象，例如：哈雷機車以個人化為訴求（廣告標題為：所有人基本上均同，但未來如何發展，端視個人選擇）；Audi汽車以地位或創造力為訴求（廣告標題為：永不落人後）；臺灣雄獅文具推出「奶油獅」，成功活化沉寂多時品牌，並賦予活力美學、年輕可愛之形象；Timberland製成之產品，以傳達「環保、舒適」的自我追求。

本章的目的，便是希望讓讀者了解人格、自我概念與消費者行為間的關聯性。因此，內容中將探討人格的定義，回顧數個重要的人格理論，並說明這些理論如何引起行銷領域對消費者人格的興趣。此外，本章也論述品牌人格（brand personality）的議題，並說明自我（self）及自我形象（self-image）如何影響消費者的態度及行為，最後則檢視虛擬人格與虛擬自我概念。

第一節 》人格的定義與本質

壹、人格的定義

學者已採取許多不同取向來研究人格（personality）概念，有些學者強調遺傳及早期童年經驗對人格發展所造成的雙重影響；有些則著重於廣大的社會及環境因素對人格的影響，並認為人格會隨時間而不斷地發展。部分學者偏好將人格視為統合的整體，其他學者則專注於某些特定的特質。由於各界所持的觀點不同，所以很難達成單一的定義。然而，我們認為人格是內在的心理特徵，決定與反映個體對環境的回應方式。

這個定義所強調的是內在特徵（inner characteristics）——即個人有別於他人的特殊性、屬性、特質、要素及習慣。正如同稍後將提及者，這些根深蒂固的特徵，即我們所稱的人格，很可能會影響個人的產品選擇。

它們會影響消費者對促銷活動的反應，以及購買某特定產品或服務的時間、地點及方式。因此，確認與消費者行為有關的人格特徵，對於發展市場區隔策略是非常有用的。

貳、人格的本質

在人格的研究中，有三個非常重要的特性，分別為：(1)人格反映出個別差異

（individual differences）；(2)人格是一致且持久的（consistent and enduring）；(3)人格可以改變（change）。

一、人格反映出個別差異

　　構成個體人格的內在特徵，是由許多因素組成的獨特混合體，所以沒有兩個人會完全相同。許多個體在單一的人格特徵上或許很相似，但是在其他的人格特徵上則不會。例如：有些人被視為具「高」冒險性（venturesomeness）（願意承擔風險、嘗試新奇或不同的事物），而有些人則被視為具「低」冒險性（例如：不敢購買剛上市的新產品）。基本上，人格是一個有用的概念，因為它讓我們得以根據一項或數項特質，將顧客予以分類。如果每一個體在所有人格特質方面都不相同，便無法將其區隔，行銷人員也不需要對特定客層發展產品及促銷活動。

二、人格是一致且持久的

　　個體的人格是相當一致且持久的，就如同一位手足在論及其兄長時，說道：「他從生下來那天就一直希望與眾不同」，可以看出人格具有一致性及持久性的特點。如果行銷人員要以人格觀點來解釋或預測消費者行為的話，這兩項特性都非常重要。

　　雖然行銷人員不能改變消費者的人格去適應他們的產品，但是，如果行銷人員能夠得知何種人格特徵會影響特定的消費者反應，那麼，他們便可以利用目標顧客群與生俱來的特質作為訴求重點。

　　此外，即使消費者的人格可能是一致的，但是在不同的心理、社會文化、環境及情境等因素影響下，他們的消費行為可能會有很大的差異。例如：雖然某人的人格可能相當穩定，但是受到特殊的需求、動機、態度、對群體壓力的反應，甚至對新品牌的回應等影響，會產生不同的行為。畢竟，人格只是影響消費者行為的因素之一。

三、人格可以改變

　　在某些情況下，人格是會改變的。舉例來說，一個人的人格可能會因為重大的生活事件而改變，像是結婚、小孩出生、父母死亡，或是工作變動。個體的人格除了因突發事件而改變外，也可視為是一種逐漸成熟的過程，例如：一個叔叔在遇到許久不見的姪女後說：「她長大了，不像以前那麼莽撞行事」。

　　有證據顯示人格刻板印象會隨時間改變，例如：雖然感覺上在過去五十年間男性的人格特質改變不大，不過，女性人格卻有越來越男性化趨勢，而且在未來五十年仍是如

此。事實上，根據預測，男性與女性人格特質漸漸相似，主要原因在於女性外出工作的情形普及化，而開始發展類似男性之人格特質。

第二節 >> 人格理論

在這個部分我們將回顧三個主要的人格理論，分別是：(1)佛洛依德理論（Freudian theory）；(2)新佛洛依德理論（new Freudian theory）；以及(3)特質論（trait theory）。我們之所以選擇這三個理論來加以說明，主要是因為這些理論在消費者行為與人格關係的研究中，扮演非常重要的角色。

壹、佛洛依德理論

佛洛依德所提出的人格心理分析理論（Psychoanalytic theory of personality），為現代心理學奠下重要的根基。這個理論的假設前提為，無意識的需求或驅動力，特別是性驅力和其他生理驅力，是人類動機及人格的中心。基本上，佛洛依德的理論是以病患對早期童年經驗的回憶、夢境的分析，以及病人特殊的心理和生理調適問題，作為理論的建構基礎。

一、本我、超我和自我

根據佛洛依德的分析，他認為人格包含三個互動的系統，分別是：本我（id）、超我（superego）和自我（ego）。本我是指眾多的原始及衝動驅力（即基本的生理需求，像是口渴、飢餓及性衝動），人們所追求的是即刻的滿足，而不考慮後果。在Godiva巧克力廣告中，便是以原始性驅動力，呈現出令人激賞的「力量」（forces）。

和本我相反的則是超我，其所代表的是個人內在有關社會道德和倫理規範的部分。超我的角色是監視個體是否在社會可接受的範圍中尋求需求的滿足，因此，超我類似一種「煞車」作用，用以限制及禁止本我中衝動的力量。

最後，自我是個體的意識控制，它是介於本我的衝動需求，以及超我的社會文化限制間一個中介平衡的角色；圖12-1中呈現出這三個互動系統的相互關係。除了詳述人格結構外，佛洛依德也強調，個體的人格是受到嬰兒及孩童時期，不同發展階段的影響所型塑的。這些階段包括了口腔期（oral）、肛門期（anal）、性蕾期（Phallic）、潛伏期（latent），以及性徵期（genital）。佛洛依德將其中的四個發展階段與身體部位相

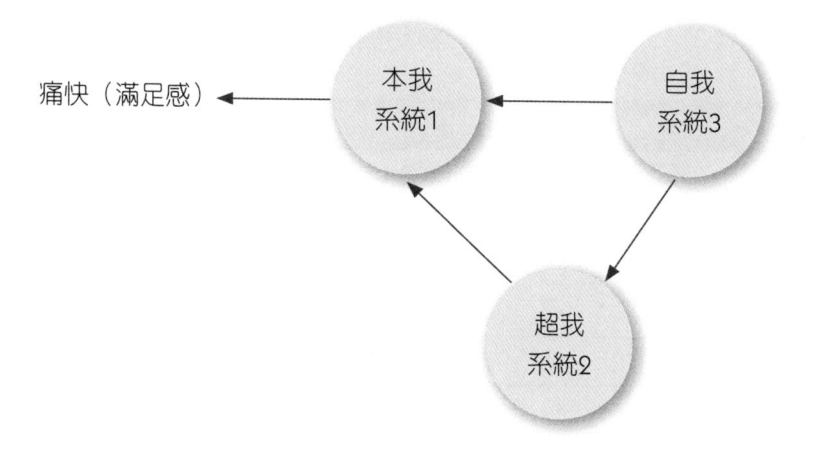

圖12-1　佛洛依德的人格分析圖

對照，並認為其與該時期孩童的性本能有關。

　　根據佛洛依德的理論，成人的人格深受各發展階段中（特別是前三個時期）處理危機的方式所影響。舉例來說，如果在第一個階段中的口腔需求未獲得適當的滿足，則他將會非常迷戀這個階段，於是當他成年時，便會呈現出過度依賴口腔活動的特質（像是咀嚼口香糖、抽菸）。當一個人執著於肛門期時，他的成年人格將會呈現出不同的特質，像是潔癖。

二、佛洛依德理論和「產品人格」

　　採用佛洛依德心理分析理論研究消費者人格的學者相信，人類驅動力大多是無意識的，且消費者可能根本不了解購買行為背後的真正原因。這些研究者傾向於將消費者的購買及消費情境，視為消費者自己人格的反映和延伸。換句話說，他們將消費者的外表及所有物——飾品、衣著、珠寶等，視為個人人格的寫照。表12-1呈現一項針對19,000名消費者所進行的研究結果，探討其對點心食品之知覺和某些人格特質間的關係；該研究發現，洋芋片與野心、成功、高成就和不願落於人後等特質有關，而爆米花則與掌控性、行動力、穩重、自信但非炫耀等特質關聯性較高。

表12-1　食品與人格特質

食品	人格特質
花生片	有事業心，成功，高成就。
玉米片	完美主義者，過高的期望，準時，保守的，負責任的。
椒鹽脆餅	活潑好動，容易厭倦相同的老套，媚眼，直觀的，可能會過量使用的項目。
零食餅乾	理性的，邏輯的，沉思的，待人隨和，喜歡獨處的時間。
奶酪捲	良心，原則，正確，公平，可能會出現剛性的，但有很大的完整性，計畫未來，愛秩序。
堅果	隨和，善解人意，理解，平靜，甚至鍛鍊。
爆米花	謙虛，正常音調，自信，但不是炫耀。
肉類零食	合群，大方，守信，往往是過於信任。

資料來源：What Flavor is Your Personality? Discover Who You Are by Looking at What You Eat, by Alan Hirsch, MD (Naperville, IL: Sourcebooks, 2001).

貳、新佛洛依德人格理論

　　有些佛洛依德的同僚並不同意，他所提出「人格在本質上就是本能（instinctual）以及性（sexual）」的說法。相反地，這些新佛洛依德理論者認為，社會關係對人格的形成及發展有重要影響。舉例來說，Alfred Adler認為人類一直在追求達成各種理性的目標，他稱之為生活型態（style of life），而他也非常重視個人克服逆境（inferiority）所做的努力（例如：努力奮鬥以達成卓越成就）。

　　另一個新佛洛依德學派的學者Harry Stack Sullivan則認為，人們會不斷地嘗試與其他人建立重要且有價值的關係。他特別關注個人對降低緊張狀態所做的努力，例如：降低焦慮。

　　和Sullivan一樣，Karen Horney也對焦慮的研究有興趣。她將研究的焦點放在親子關係，以及個人克服焦慮感覺的慾望。Horney認為可將個體劃分為三種人格群體：服從的（compliant）、激進的（aggressive）和疏離的（detached）。

　　1. 服從型的個體會親近他人（他們希望被愛、被需求，以及被欣賞）。

　　2. 激進型的個體會反抗他人（他們希望超越和贏得崇拜）。

　　3. 疏離型的個體會遠離他人（他們希望獨立、自立、自給自足，且不受約束）。

在消費者行為領域中，已經發展出一項以Horney理論（CAD）為基礎的人格測驗。許多行銷人員常直覺地引用這些新佛洛依德理論的觀點，舉例來說，當行銷人員將產品或服務定位成能創造歸屬感，或者贏得社群中其他人的讚賞，那麼，很明顯地，就是訴求Horney所稱的服從型人格特質。

參、特質論

特質論與代表佛洛依德理論和新佛洛依德理論的定性衡量方法不同（例如：人員觀察、自我陳述的經驗、夢的解析、投射技術）。

特質論主要是量化或實證導向的，它所注重的是心理特徵（即特質）的衡量。而特質被定義為「任何使個體有別於他人的獨特性、相對持久性作風」。特質論與人格測驗（或量表）的建構有關，可依據特定的特質，凸顯個別差異。

只包括單一特質的人格測驗（single-trait personality tests，只衡量一個特質，例如：自信），常被用於消費者行為研究中。而這些特製的人格測驗，大多用於衡量消費者創新性（consumer innovativeness，即消費者對於新經驗的接受程度）、消費者物質主義（consumer materialism，即消費者對於「世俗所有物」的愛慕），以及消費者種族優越主義（consumer ethnocentrism，即消費者對外國產品的接受程度）等特質。

特質研究者發現，人格與消費者決策及所購買的產品類別有關，而非攸關於特定品牌。舉例來說，個體的人格特質與其是否擁有休旅車的關聯性較大，至於，要以人格特質來預測可能偏好的休旅車品牌，則不太可能。

第三節 》人格與了解消費者多元化

行銷人員對於人格與消費者行為之間的關係極有興趣，因為這些知識能讓他們更了解消費者，幫助進行市場區隔，以提升產品或服務的溝通效果。以下我們將檢視數個有助於洞悉消費者行為的人格特質。

壹、消費者創新性與相關人格特質

行銷人員嘗試了解消費創新者（consumer innovators）—— 他們通常是第一個嘗試新產品、服務或事物的人，這類創新者的反應通常是新產品或服務能否成功的重要指標。

可用來區分消費創新者的人格特質，包括消費者創新性、教條主義、社會性格、獨特性需求、最適刺激水準，以及尋求感官經驗等。

一、消費者創新性

消費行為研究者已致力於發展衡量工具，以測量消費者的創新程度，這類人格特質的衡量，對消費者創新意願的本質和範圍，提供重要的意涵。過去認為消費創新者的特質和刺激與尋求多變性或獨特性需求有關（此三項特質將於稍後介紹），表12-2列出兩種衡量消費者創新性的量表，第一種衡量一般性創新、第二種衡量特定性（產品特定性）創新。

有研究指出網路創新使用與線上購買行為有正向關係，其他則有研究探討人格特質與創新性網路行為間關係，發現網路購物者通常覺得自己較能主宰未來、利用網路尋找資訊、享受改變，而且不擔心不確定性。

二、教條主義

許多行銷人員，尤其是銷售高科技產品者，對消費者面臨不熟悉的產品或產品特徵時的反應極感興趣（教條主義的程度——一項與人格有關的行為）。

表12-2　消費者創新性量表

「一般性」消費者創新性衡量量表	1.我寧願購買熟悉的品牌，而不願嘗試陌生者。 2.當我去餐廳時，我覺得享用熟悉的餐點較安全。 3.如果我喜歡二個品牌，我就不太會轉換。 4.我喜歡嘗試購買陌生品牌，以獲得多元化經驗。 5.當我在零售架上看到新品牌時，我不會怯於嘗試它。
「特定性」消費者創新性衡量量表	1.和我的朋友相比，我擁有較少的「搖滾專輯」。 2.一般而言，在朋友圈中我是最後一個知道最新「搖滾專輯名稱」的人。 3.一般而言，在朋友圈中我會率先購買新發售的「搖滾專輯」。 4.如果我聽到「新搖滾專輯」上市了，我將有濃厚的興趣去購買它。 5.我會購買「新搖滾專輯」，即使我從未聽過。 6.我比其他人更早知道「新搖滾專輯的名稱」。

資料來源：Gilles Roehrich, "Consumer Innovativeness: Concepts and Measurements," *Journal of Business Research*, 57 (June 2004): 674.

　　教條主義（dogmatism）這項人格特質是用來衡量僵化的程度（相對於開放而言），亦即衡量消費者在面對陌生，且和自身信念相反的訊息時之反應。一個高度教條主義的人，在面對陌生的事物時，往往會較為防衛，並且會有極度不安和不確定感。相反地，若是一個低度教條主義的人，則會欣然接受陌生或相反的信念。

　　低度教條主義的消費者（心胸開闊）較偏好創新的產品，而非行之已久，或傳統的產品。相對地，高度教條主義的消費者（心胸封閉）則較喜歡傳統的產品，而非創新的產品。

　　高度教條主義的消費者，較易接受以權威人物為代言者之產品或服務廣告。因此，行銷人員會以名人或專家為其新產品代言，以減低此類消費者（即非創新者）的抗拒程度。另一方面，低度教條主義的消費者（通常具有高度創新性），則較傾向接受呈現出真實差異、強調產品利益和以產品用途為訴求的廣告。

三、社會性格

　　以社會性格（social character）詮釋人格特質是源自於社會學的觀點，社會學所關心的焦點是辨識個體，並將之區分為不同的社會文化「類型」。將此概念應用於消費者心理學中，社會性格包括內在導向（inner-directedness）和他人導向（other-directedness）的人格特質。內在導向的消費者傾向於依靠自身的「內在」價值觀或標準來評估新產品，且很有可能成為消費創新者。相反地，他人導向的消費者，重視別人的看法，因此，他們較不可能成為消費創新者。

　　此外，內在導向和他人導向型消費者，會分別受到不同種類的促銷手法所吸引。內在導向者較偏愛以產品特性和個人利益為訴求之廣告（讓他們能根據自身的價值觀及標準來評估產品），他人導向者則較易受社會接受性、群體依附感為訴求（以保有重視他人看法的傾向）之廣告影響，而非廣告所提供的資訊內容。

四、獨特性需求

　　我們都知道個體喜歡追求獨特性，獨特性需求較強者，無論在外觀或擁有物上，均難以接受順從於他人之期望或標準。而且，面對他人批評，並不需要付出代價時，個體更易表現獨特性。最近有研究針對獨特性需求現象進行探討，以了解消費者在何種情況下較易或較不會制定獨特性選擇。根據該研究，當消費者被要求說明選擇原因，且不需顧慮他人批評時，比較可能制定獨特性選擇。有鑑於獨特性需求的重要性，其他消費行為研究者發展出相關量表衡量此特質。

五、最適刺激水準

有些人較偏好簡單、整齊、沉靜的生活方式，有些人則喜歡充滿新奇、複雜及不尋常的環境。從事消費行為研究的學者，已探討過個人刺激需求的差異與消費者行為間的關係。根據研究顯示，高最適刺激水準（optimum stimulation levels, OSLs）與高冒險意願、試用新產品、勇於創新，以及搜尋相關購買訊息等有關，而且比低最適刺激水準者更能接受新的零售方式。近來有研究探討大學生對選擇大量定製化之流行性商品（例如：特殊剪裁的牛仔褲）的行為，發現利用最適刺激水準可預測學生對於「嘗試不同外觀」的接受度（例如：每季我都會試穿新衣，看看穿起來的樣式如何），以及「增進自我」的想法（例如：我會嘗試購買與眾不同的服飾）。

個體對最適刺激水準的要求（個體的最適刺激水準分數），可以反映出其所期望的生活型態刺激程度。舉例來說，如果消費者的真實生活方式與其所要求的最適刺激水準相當時，會感到滿足；如果某人的生活型態中刺激量不足（即他們要求的最適刺激水準高於真實生活型態），他們便會覺得無聊；而那些生活型態受過度刺激的人（即最適刺激水準分數比現實生活低），則會想要休息或解脫。這說明了消費者生活型態和自身所能承受的最適刺激水準間之關係，會影響他們對產品或服務的選擇，以及如何管理、分配時間。例如：一個感到無聊的人（一個缺乏刺激的消費者），可能會被一項提供許多活動及刺激的假期所吸引；相反地，一個覺得喘不過氣來的人（一個過度刺激的消費者），便很可能會尋求一個安靜、與世隔絕、放鬆，並使人回復活力的假期。

六、尋求感官經驗

一項與最適刺激水準有高度關聯的特質為尋求感官經驗（sensation seeking），即指對變化、新奇性和複雜性感官經驗的需求性，以及為獲此經驗而甘於承擔生理或社會風險的意願。有研究指出十幾歲的年輕男性，若其感官性需求強烈時，將較其他同年齡者更偏好重金屬音樂，並從事危險行為。

貳、消費者物質主義與強迫性購買行為

研究消費行為的學者，對於探究各種有關的消費性（consumption）和擁有性（possession）特質極感興趣，而這些特質所涵蓋的範圍，包括消費者物質主義、定型化消費行為和強迫性購買行為。

一、消費者物質主義

物質主義（materialism）（一個人被視為「唯物性」的程度）是一個常在報章雜誌、電視上（例如：「美國人是非常唯物主義的」），及朋友日常對話中（例如：「他非常崇尚物質主義」）被論及的話題。物質主義是人格特質的一種，可區辨出哪些消費者傾向用物品當作個人身分之象徵或擁有高品質之生活表現。研究發現，唯物主義者的特徵包括：(1)他們特別重視獲得，並炫耀所有物；(2)他們以自我為中心，而且較自私；(3)他們追求充滿所有物的生活型態（例如：他們希望能擁有很多「東西」，而非一種簡單、整潔有序的生活型態）；(4)他們所擁有的所有物中，有許多並沒有為他們帶來較大的個人滿足感（也就是說，他們的所有物並沒有帶來較大的幸福感）。

物質主義常與廣告聯想在一起，研究者亦指出在美國地區平面廣告物質化趨勢越來越明顯。另外，消費者物質化傾向有國家之別（例如：墨西哥物質化傾向低於美國），因此，行銷人員由美國將產品外銷至其他國家時，必須注意目標市場物質化程度，以設計適當行銷組合。

二、定型化消費行為

定型化消費行為是在物質主義和強迫性購買行為間，另一種與消費或擁有相關的概念。和物質主義一樣，定型化消費行為（fixated consumption behavior）是屬於正常，且可被社會接受的行為。定型化消費者並不會將他們的所有物或購物興趣視為祕密；相反的，他們會經常展示它們，並公開和擁有相同興趣者分享。在收藏家的世界中（芭比娃娃、稀少的古老拼貼被單、泰迪熊，或其他吸引收藏家的東西），有無數的定型化消費者努力增加收藏品，以追求其興趣。

基本上，定型化消費者通常擁有以下數種特徵：(1)對某特定物品或產品有極深的興趣（可能是「狂熱」）；(2)願意不辭辛勞以獲得有興趣的物品或產品類別；(3)願意付出可觀的時間和金錢去蒐集物品或產品。這些定型化消費者特徵，正適合描述許多收藏家或愛好者的特性（例如：錢幣、郵票、古董、古老的手錶或鋼筆）。探討定型化消費行為動態性的研究（以錢幣收藏者為研究對象）顯示，定型化消費者除了對物品種類本身有持久性的涉入外，對於獲得物品的過程也有相當可觀的投入（有時候可視為「獵捕」過程）。

三、強迫性購買行為

不同於物質主義和定型化消費行為，強迫性購買（compulsive consumption）是屬

於反常的行為「消費黑暗面」案例。強迫性的消費者通常極為沉迷，就某些方面來說，他們甚至已失去控制，而且他們的行動可能會對自身或身旁的人造成不當影響。和強迫性購買問題有關的例子為：無法克制的賭博、瞌藥、酗酒，以及對各種飲食的失控。例如：有些人對巧克力相當偏好，甚至出現成癮情形。從行銷及消費者行為的觀點來看，強迫性購買即屬於強迫性活動的一種。一般來說，要控制或消除這類強迫性問題是需要治療或臨床診治的。目前已有研究致力於發展篩選量表，以發現強迫性購買行為。

參、消費者種族優越主義：消費者對外製品的反應

　　為了區隔能接受和不能接受外製品的消費者，學者已經測試並發展出消費者種族優越主義量表（consumer ethnocentrism scale），稱為CET SCALE。而CET SCALE已可成功地辨識消費者對外製品的接受度（或拒絕）。基本上，具高度種族優越主義的消費者，往往會覺得購買外製品是不適當、不對的，因為，他們覺得購買外製品會對國內經濟造成影響；相較之下，種族優越主義傾向較低者在評估外製品時，表面上來說是較客觀的，因為他們較少會考慮產品的外在特徵，因此，較有可能接受外製品。

一、種族優越感

　　種族優越主義傾向隨產品與國家不同而有區別，墨西哥消費者比法國和美國消費者傾向更強烈，而馬來西亞消費者喜歡購買本地製造的褲子、襯衫、內衣和皮帶，但是太陽眼鏡和手錶就偏好進口品。其他證據顯示，有些年紀較長的美國居民，由於受第二次世界大戰影響，拒絕購買德國與日本產品，但事實上，有些德國與日本消費者對美國製品也有排斥感。

二、種族優越感消費者

　　目前行銷人員藉由強調產品當地性（例如：「美國製」，或是「法國製」），成功地吸引種族優越主義的消費者，因為這類消費者通常較易接受本國製的產品。日本汽車廠商Honda，為間接吸引種族優越主義的美國民眾購買，向其他市場推廣Accord（雅歌）車款，即以「自美國出口」為廣告標題。然而，有研究檢視英國消費者對八種不同產品類別的偏好時，發現產品類別不同時，消費者可能出現的當地化情結程度不一（偏好居住當地製造的產品）。這表示本土製造商不可樂觀地預期消費者會偏好自己的產品，而非進口品。此外，亦有研究指出知識程度較低的消費者，比較容易受來源國印象影響其產品態度（消費者對產品了解程度有限）。

第四節 ▶品牌擬人化

　　有些行銷人員認為將品牌擬人化（brand personification）是有用的，也就是將消費者對一產品或服務的知覺，重新塑造為「擬人化的特徵」。舉例來說，在焦點團體的研究中，知名的洗碗精品牌被塑造成「完美大師」或「充滿活力的人」。許多消費者將他們對產品或品牌的內在感覺與已知的人格加以連結，因此，對行銷人員而言，辨別消費者對品牌人格的看法，或是為新產品創造適當的人格特徵，是相當重要的。

　　M&M巧克力人物即為品牌擬人化代表（www.mms.com），而欲了解不同人物所象徵的人格特質，可詢問消費者「如果M&M是真實人物，你認為是什麼樣的人？」同時也可以探討消費者對不同顏色M&M巧克力的觀感。此外，台新銀行玫瑰卡為了吸引消費者注意，在廣告中塑造了「認真的女人最美麗」的消費者特徵，期望與特定目標市場引起共鳴。我們會發現，現在有許多廠商都喜愛用擬人化、隱喻的方式來塑造品牌人格。

圖12-2　品牌個性的塑造通常是透過人、事、地、物等要素，來引發消費者將人格特質連結到品牌。例如：許多精品品牌會應用模特兒或是藝人代言來塑造其品牌個性，讓人覺得該品牌有某種人格特質。

第五節 》自我與自我形象

消費者本身有許多持久的形象，而這些自我形象或「自我知覺」和人格有非常密切的關係。因此，消費者會傾向購買和自身形象相近的產品或服務，並光顧那些形象或「人格」和消費者一致的零售店。就本質上來說，消費者藉由品牌的選擇來展現自我。在最後這部分，我們將檢視單一或多重自我的議題，探究自我形象的類別、延伸自我（extended self）的概念，以及改變自我形象的可能性。

壹、單一與多重自我

傳統上認為個體只具有單一的自我形象，消費者則對能滿足單一自我的產品或服務感到興趣。然而，視消費者為具有多重自我（multiple selves）的個體，可能更適合。這種思想上的轉變，主要是認為個體在面對不同人，以及處於不同情境下，行為表現可能是截然不同的。舉例來說，一個人與父母相處、在學校、在工作場合、在博物館開幕儀式上，或和朋友在夜總會狂歡時，所表現的行為是完全不同的。一個健康或正常的人，在不同的情境或社會角色（roles）下，可能會展現出不同的人格。事實上，在任何情境或角色下均有相同行為表現的人並未適應所面臨的情形，反而會被視為不正常或不健康的。

就消費者行為的觀點來看，一個人擁有數個不同的「自我」（即擁有多重自我形象），說明了行銷人員在瞄準產品或服務主要消費群時，必須針對特定的「自我」狀況，而且在某些情形下，需以不同的產品來訴求不同的自我（認為消費者具有多重自我，或扮演多重角色的想法）。

貳、延伸自我

消費者自我形象和所有物（消費者稱為「自我擁有」的物品）之間的關係，是一個相當有趣的議題。特別的是，消費者的所有物，能「認可」或「延伸」自我形象。舉例來說，能獲得一件夢寐以求的Levi's牛仔褲，也許可以增進臺灣年輕人的 「自我」形象。這個青少年可能會認為自己變得 「更令人喜愛、更流行，而且更成功」，只因為他擁有一件受歡迎的「牛仔褲款式」。相同地，如果一位大學生的黃金項鍊被偷了（是祖母送他的禮物），他可能會覺得在某些方面失去權勢。確實，失去值得驕傲、珍貴的所有物，會讓他覺得「悲傷」，而產生許多情緒感受，像是受挫、失去控制、覺得被「侵犯」，甚至覺得失去保護。

之前的例子說明，許多情緒皆與重要的所有物有關，在這些案例中，所有物被視為是自我的延伸。研究者認為，所有物可以下列數種方式延伸自我：(1)實際地，讓一個人去做原本難以達成，或不可能完成的事（例如：利用電腦解決問題）；(2)象徵性地，讓一個人覺得較好或「較厲害」（例如：獲得優秀員工獎）；(3)授予地位或排名（例如：因為獲得一件特別的藝術傑作，而享有盛名）；(4)給予不朽的感覺，即將有價值的所有物傳授給年輕的家族成員（這也可能會延伸接受者的「自我」）；以及(5)賦予神奇的力量（例如：繼承自祖父的袖扣，可能被視為帶來好運的神奇護身符）。

參、改變自我

有時候消費者希望能改變自己或是「改造」自我。而衣服、打扮或化妝品，以及各種飾品（像是太陽眼鏡、珠寶、刺青，甚至是隱形眼鏡），提供消費者一個修正他們外表的機會（創造「轉變」），也因此改變了「自我」。在使用改變自我的產品時，消費者通常藉由創造一個新的自我、保持現有的自我（或說是避免失去自我），以及延伸自我（修正或改變自我），來表現他們的個人主義或獨特性。有時候，消費者利用改變自我的產品或服務，將自己打扮成某種特定的人士（例如：軍人、醫生、公司主管，或大學教授）。

自我監視涉及個體行為如何受情境線索影響，以符合社會要求。自我監視程度較低者，通常會受內在情感影響；而高度自我監視者，則會視不同情境、面對不同人物而改變。因此，此類消費者較有可能採用有助於改變自我的產品，以增進理想或社會自我形象。

要改變一個人的自我，尤其是想要改變一個人的外貌或體格，是可以藉由化妝品、髮型重塑或染髮、刺青、捨棄一般眼鏡戴上隱形眼鏡（或是相反），或接受整形手術而完成。

肆、虛擬人格或虛擬自我

隨著網際網路的盛行，越來越多人將網路視為一種娛樂形式，或是一種結交新朋友的管道，進而促成線上聊天室的興盛。這些拜訪線上聊天室的人，通常能和來自全球各地的網友進行即時對話，並分享彼此共同的興趣。由於目前大部分的「聊天室」實際上大多只限於「筆下交流」，而非現場實況語音播送，所以參加者通常無法見到彼此，也因而提供聊天室的成員在網路上創造新身分或改變身分的機會。舉例來說，一個人可以從男變女（即「性別轉換」）、從老變年輕、從已婚變為單身、從白領專業人士變為

藍領勞工，或者從肥胖變成苗條身材；而以個性來說，則可以從溫文儒雅改為激進、狂野，或由內向變成外向，有無限的可能性。

虛擬人格（virtual personality）或虛擬自我（virtual self）提供每個人嘗試不同人格或不同身分的機會，就像是到一家購物中心去試穿不同的服裝。如果這個身分很合適，或是人格得以改善，則某人可能會決定要保有新人格。自消費者行為的觀點來看，這類嘗試新身分或轉變「自我」的機會，很可能會導致購買行為的改變，反而提供行銷人員新的契機，以發掘並訴求新的「網路自我」消費群。

想要發覺自己的人格特質嗎？有網站（www.outofservice.com/bigfive）提供相關測驗（五大人格特質測驗），提供使用者線上測驗機會。

第六節 ▶生活型態

生活型態，所知道的有心理、活動組成、興趣和意見（AIOS）。在興趣和意見部分的認知結構，那是一個可以經由調查被測量但是沒有證據為基礎的。而消費者心理因素的分析，透過選定的陳述，運用Likert 7點尺度可衡量出消費者在進行購物決策時的考量狀態。有些因素檢測對人格特質是相似的，以及包括其他如購買目的、興趣、態度、信任和價值的測量。由於它們的多功能，廣泛使用的心理描繪區隔，幾乎是任何混合區隔框架的一部分。

它經常被指出人口統計變數決定消費者的需求（如：男人和女人需求與購買不同產品）以及有能力去購買它們（如：收入），消費心理說明買家購買決策和他們做出選擇所購買的東西是他們可以享用的。例如：年齡是真正的人口統計因素，當他們退休，他們的消費在生活觀和優先次序產生變化。然而，不是所有人們達到退休時皆有相同心態的經驗。事實上，這些觀點呈現不同預期生活型態隨著退休生活反映未來的消費行為多樣類型。對任何的目標市場快速成長和大部分最終堅定區隔的成熟消費者，是很有價值的。

價值和生活型態（VALS）是最流行的區隔系統，結合生活型態和價值。SRI顧問公司發展出適合美國人民的一般化區隔架構，也就是所謂的價值和生活型態（values and life style, VALS）系統。此系統原先是藉由社會價值觀來解釋社會變化的動態性，但很快地被應用到行銷領域上，將焦點更明確的集中於解釋消費者購買行為。目前的VALS分類架構是依據受訪者的態度性和人口統計問題的答案，將美國民眾分成八個區隔群。

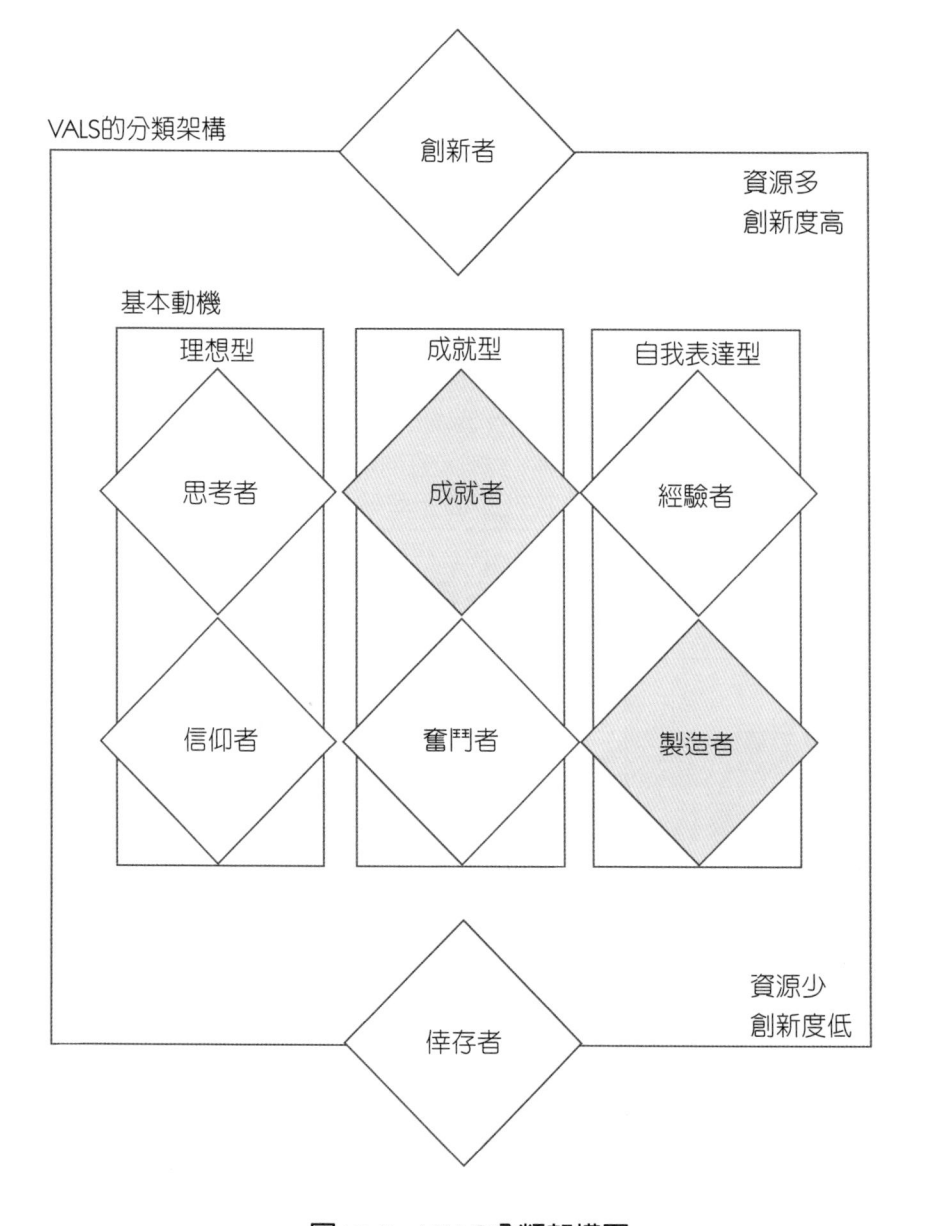

圖12-3　VALS分類架構圖

資料來源：Reprinted with permission of SRI Consulting Business Intelligence.

圖12-3描述VALS的分類架構，而表12-3包括八種區隔的描述。由架構可知，從左到右檢視圖12-3，區分出三個主要的動機：理想型動機（這類區隔群受知識和原則指引）、成就型動機（這類區隔群追求可彰顯其成就的產品或服務）、自我表達型動機（這類區隔群渴望社交和身體活動、多變性及愛冒險）。此外，這三種不同的動機群體具有

表12-3　使用VALS問卷調查分類區分出的八種人格特質描述

創新者	創新者是成功、世故、掌控者,且相當有自信。因為擁有的資源多,同時受到三類動機不同程度的影響。創新者是改變領導者,最能接受新觀念和技術,其購買行為反映對高級、利基型產品或服務的偏好。
思考者 (受理想主義影響,資源量多)	思考者是成熟、滿足、寬裕和沉思者,一般教育程度高者,在制定決策時會主動搜尋資訊。他們重視產品耐久性、功能性和價值。
信仰者 (受理想主義影響,資源量少)	信仰者相當傳統,尊重規則和權威。因為他們相當保守,不易改變,對科技感到嫌惡。他們選擇熟悉度高的產品和在市場中存在已久的品牌。
成就者 (受成就影響,資源量多)	成就者奉行目標導向的生活型態,以家庭和職業生涯為重心。他們儘量避免刺激或變動的環境,喜歡昂貴、能彰顯其成就的產品。
奮鬥者 (受成就影響,資源量少)	奮鬥者是流行和享樂追求者,他們所擁有的可支配所得較少,興趣也不多。喜歡時尚產品,為模仿物質條件較佳者的購物模式。
經驗者 (受自我表達影響,資源量多)	經驗者喜歡不遵循常規,他們很活躍、衝動,由新鮮、特異和風險事物中獲得刺激感。所得中,多半購買時尚、交際和娛樂產品。
製造者 (受自我表達影響,資源量少)	製造者重視務實和自給自足,他們喜歡從事手工活動,閒暇時間則多半與家人、親密友伴共享,因為他們強調價值感而非奢華度,通常僅購買基本產品。
倖存者	倖存者通常只關注生活,因為擁有的資源最少,無法展現基本動機,並常感覺無力;他們最關注的是安全和穩定,所以常傾向為品牌忠誠者,並購買折扣品。

*VALS針對美國地區年滿十八歲以上之英語系人口進行區隔,總計分為八種區隔群,區隔基礎為個體主要動機和表達能力。

資料來源:Reprinted with permission of SRI Consulting Business Intelligence.

獨特態度、生活型態與決策風格。重新檢視(圖12-3)由上而下,則顯示出不同資源和創新度區隔,包括高資源—高創新度(頂端)到低資源—低創新度(底部);資源/創新度範圍(由最多到最少)則含括心理、身體、人口統計和物質層面,諸如教育、所得、自信、健康、購買渴望性、精力程度以及消費者嘗試新產品的企圖心。

　　所有八種VALS區隔在美國成年人口中所占比例由10%至17%，其中信仰者是規模最大的VALS區隔群，約占美國成年人口之17%左右。以消費者特徵來說，八種區隔群有其差異之處，例如：信仰者傾向購買美國本地製品並不易改變其消費習慣；而創新者常購買高級、新穎的產品，特別是創新科技產品。因此，智慧型車用設備（如：全球定位儀器）均以創新者區隔群為目標對象，正由於此群消費者常為許多新產品之早期採用者，因此VALS已經使用在許多商業計畫中了。

本章摘要

- 人格是內在的心理特徵，決定與反映個體對環境的回應方式。雖然人格是相當一致和持久的，但也可能因重大生活事件而突然改變，或是逐漸轉變。

- 在消費者行為的研究領域中，有三個人格理論是非常重要的，分別是：佛洛依德理論、新佛洛依德理論，以及特質論。佛洛依德的心理分析理論為動機研究提供了基礎，且其所持的假設前提為人類驅力在本質上大多是無意識的，且能激發許多的消費者行動。新佛洛依德理論傾向強調社會關係在人格形成及發展階段的重要性。Alfred Adler認為每個人都希望能克服逆境，Harry Stack Sullivan相信每個人希望能和他人建立重要且有價值的關係，Karen Horney則認為人們希望能克服焦慮的感覺，並將人們劃分為服從、激進和疏離三類。

- 特質論與採用定性（或是主觀的）取向的人格衡量方式不同，它假設每一個人或多或少都擁有些與生俱來的心理特質（例如：創新性、追求新穎、認知需求、物質主義），而這些特質可以經由特別設計過的量表加以衡量。因為它們容易使用及評分，而且可以自我施測，因此，許多研究者在評估消費者人格時都偏好使用人格量表。產品及品牌人格提供行銷人員將消費者和各式品牌作連結的機會，品牌通常具有人格，有些甚至包含「似人的」特質，以及性別。而這些品牌人格，有助於塑造消費者反應、偏好和忠誠。

- 每一個人都有一個知覺的自我形象（或是多重的自我形象），即其為某種類型的人，具有某種特質、嗜好、所有物、關係，以及行為方式。而且消費者通常傾向購買和自我形象（或各類自我形象）一致的產品或服務，或者光顧符合自我形象（或各類自我形象）的商店，以維持、提升、轉變或延伸自我形象。此外，隨著網際網路的興盛，似乎有越來越多的「虛擬自我」或是「虛擬人格」出現，讓消費者得以在網路聊天室嘗試不同的新身分。

13

The Family and Socialization
家庭與社會化

Wu-Nan Book Inc

Goodness Publishing House

章節個案

HAHAKO消費世代

Hahako消費世代指的是⋯⋯

二十世代中段～三十世代的女兒和她們的母親，女兒們均為單身而且近八成和雙親同居。可支配的所得非常多！Hahako世代感情好到連物品和情報，都可以「母女共用」，但是，「結婚」、「生小孩」是家裡的禁忌。

她們之間存在的不只是「母女」，而是一種「成年人與成年人」的微妙關係。

一般被稱之為「關係融洽的母女檔」，從根本上來說是有著血濃於水、深厚感情牽絆的母女，有時候可以是互相借鏡的對象、有的時候又像是競爭對手、有些時候則類似師徒關係⋯⋯，在不同的情況下彼此扮演著不同的角色。

就因為如此，Hahako世代的消費市場，擁有各式各樣的意圖、較勁、上演著一幕又一幕的連續劇，進而衍生巨大的消費行為。

生活中沒有男朋友！父親的存在價值趨近零？

已經存在生活周遭的新興族群與市場，你掌握到了嗎？關鍵字是「兩個女人」，而且不同以往的姊妹淘，這兩個女人是「母女檔」。女性市場從單純的「追求美麗的女性」，逐漸隨著女力抬頭、晚婚甚至於不婚現象的擴張，出現了「30歲單身熟女」，最後也最令所有男性不解的現象終於來臨：「母女姊妹花」的新市場翩然現身！想要站在掌握市場脈動的最前端、開創女性商品的下一個藍海，本書是你唯一的選擇。

帶頭嘗鮮的是女兒，重複消費的是媽媽

從飲食到美容，從健康食品到珠寶，現在的女人越來越難搞？關鍵就在於Hahako消費世代的崛起，結合了兩個世代的愛美觀、飲食觀、健康概念，讓「美」的定義一夕之間添加了深度，這股力量居然能夠讓瀕臨倒閉的老字號：Burberry奇蹟式的起死回生！究竟雙重世代女性的交流，形成了怎樣的消費判斷準則？誰在體驗？又是誰在重複掏錢購買？永無休止的「美人競爭曲」，你得先聽聽Hahako消費世代帶來的變奏樂章。

　　「投資、旅行、盡孝道」，你的商品與這些沒有關係？你落伍了！

　　急速成長中的「留下回憶的商機」，以及對「未來不安」而迫使自己面對「學習投資降低不安治療法」，這些你都懂了嗎？如果不能夠深入了解Hahako消費世代所占有的關鍵角色，只能落在別人後面苦苦追趕，還極有可能根本就走錯了方向。這包含了住宅市場、寵物市場、居家防範市場、玩具市場、電視購物市場、旅遊、投資理財、知識學習……，聽聽Hahako消費世代的聲音，掌握十年以上的前衛商機，你會震懾於Hahako消費世代巨大的消費實力，也會被這股真實帶領出更多的想像。

資料來源：牛窪惠，「HAHAKO消費世代：流行或趨勢？她們說了算」，漫遊者，
　　　　　2008/10/9。

許多消費者行為並不是個人單獨的決策，也可能有許多其他的人涉及在內，形成集體的決策過程。集體決策常見於組織消費者和家庭當中，組織消費者和一般消費者之間有很大的差異，購買的數量、金額和正式化程度都不相同。家庭是許多消費品最基本的消費單位，諸如食品、汽車、房屋、家電用品等，事實上以家庭為單位的消費比個人為單位的消費更多，值得行銷人員重視。

因為家庭的結構組成和家庭成員所扮演的角色幾乎總是在轉變，所以儘管「家庭（family）」是一個基本概念，但卻不是那麼容易去定義它。傳統上，家庭被定義為由兩個或兩個以上因血緣、婚姻或收養關係而生活在一起的人所組成。從更廣義的意義來說，組成家庭的個體可能被描述「為滿足他們和其他成員的共同需求，而生活在一起的社會群體成員」。

本章將介紹家庭對於成員發展成為消費者的影響，以及家庭作為一個基本的消費單位是如何發揮功能。此外，將探討不同的人口結構階段（如家庭生命週期）是如何對家庭決策有所影響。更進一步，探討成人與兒童社會化以及孩童對家庭消費決策的影響。

第一節 》家庭與消費者行為

家庭（family）是指居住在一起，且彼此有血緣、婚姻或收養關係的群體。但是，從更廣義的意義來說，組成家庭的個體可能被描述「為滿足他們和其他成員的共同需求，而生活在一起的社會群體成員」，這群體可能包含了家庭與非家庭之成員，例如：室友或女傭等。

家庭會以多種形式呈現，如：(1)核心家庭：由已婚夫婦和一個（含）以上的兒女所共同組成，是社會最普遍的組成模式；(2)延伸家庭：是指核心家庭再加上至少一位祖父母同住，意即「三代同堂」；(3)單親家庭：由單一父母與小孩共同組成；(4)單身家庭：由於婚姻觀念的改變，已有許多單身男女傾向採用「同居但未締結婚約」的組成模式。另外，可能因經濟或健康等因素使然，已婚夫婦卻無小孩的家庭亦有成長狀態。

對行銷人員來說，家庭亦是重要的分析單位。在參考群體的類型中，有一類型稱之為主要團體（primary group），這類團體的成員彼此間互動頻繁且具有親密的歸屬感，甚至情感的凝聚力也比較強，因此消費者的價值觀念、態度與行為等很容易受到主要團體的影響，而家庭即屬之。家庭成員對彼此的消費行為影響力是強大的，其不只是培養知識能力基礎的地方，亦是塑造消費者品牌認知、教育消費者如何購買或影響購買決策

◀子女會經由與父母一起選購產品，而習得消費的相關知識與技巧。

的管道之一，例如：父母對日常生活用品之認知與態度，對兒女的消費觀念會有世代影響的效果產生。因此，行銷人員在決定目標市場及產品定位前，應了解並考慮消費者的家庭結構、家庭成員之間的相互影響購買決策現象等，才能達到事半功倍之效果。

第二節 ▶現代化家庭及家庭生命週期

　　家庭是一個相當重要的基本消費單位，事實上以家庭為單位的消費機會，比個人的消費多。家庭不僅在消費過程中扮演重要角色，它也是負起子女社會化的責任。家庭是社會最基本單位，社會的文化和價值觀念，都會透過家庭傳達給下一代。在家庭各種生活習慣的薰陶下，新生的一代學習購買與消費的態度及技巧。

　　我國過去以大家庭為主，其成員不僅包括父母，也包括許多其他的親戚在內；近年來已轉變為以核心家庭為主，這是指由父母以及其子女所組成的家庭，也是為了配合工業化之後，社會的需要所產生的家庭形式。但是近年來這種由父母及子女所組成的核心家庭，已有些變化，出現許多的變形。最常見的變形是「單親家庭」，這種單親家庭的出現，可能是由離婚或配偶的死亡所產生。

　　另外與年老父母同住的折衷家庭也漸漸增加，這種家庭在現代化的社會中出現，具有許多優點。首先是年老的父母與子女同住，可以降低社會的老年福利支出，並且享受天倫之樂。而且當夫婦都外出工作時，也可以協助照顧年幼的孫兒，有許多便利之處。

壹、家庭生命週期

所謂家庭生命週期（Family Life Cycles），就是將家庭按照其發展過程，劃分成若干個不同的階段。利用家庭生命週期的概念可以發現，一個家庭的需求及消費會隨著時間而變動，這種分類方式在行銷中已被廣為使用，它可以與收入及家庭成員結構的改變配合。

人口統計變數經常被用來區分家庭生命週期，比較常用的幾個變數包括：(1)婚姻狀況：單身、已婚或喪偶；(2)在家的子女人數；(3)在家的子女年齡；(4)家長的工作狀況。家庭生命週期的分類，很難把各種不同的狀況都包括在內，因為有太多的例外情形，但是這些例外所占比率並不高，不會影響問題分析的精確性。

隨著年齡的改變，喜歡的產品及活動也會改變，在開始工作後到退休之前的所得應該會逐漸增加，所以家庭生命週期的概念，和所得有很高的關係。而有許多的購買行為只在早期進行一次即可，重複的機會不多，例如：買了一幢房子之後，可能只進行一些小的維修，除非有特殊狀況產生，否則重購的可能性不高。因此以家庭生命週期，作為分析和預測多數消費者的行為，仍不失為有用的觀念。

這種縱斷性的分類，對於不同產品的消費有很大的幫助。一般將家庭生命週期分為八個階段（Wagner and Hanna, 1983）：

一、年輕單身期（The Young Single Stage）

這群體大部分是三十五歲以下，從未結婚，剛進社會沒多久，收入還算較低的族群，但是不像許多年齡較大者，需要負擔各種義務或支出，所以財務上相當自由，大部分將其收入放在娛樂上。這類的人口占總人口數的10%以下。許多人認為這一階段的生活方式，只是暫時性的，都以短暫的時間觀念來處理他們的消費決定。

他們喜歡建立自己獨特的生活方式，有別於原來在家中的生活。此外，他們還有兩項主要的活動：尋找與選擇未來的配偶及專業能力。配偶的尋找與選擇，經常與這些人的娛樂結合在一起，並且花費最多的時間和精力，他們也是外食人口中的大部分。專業的選擇與準備，則決定一個人未來的所得及社會階層。

二、新婚期（The Newly Married Stage）

這是指新婚尚無子女的階段，這群人的數目不多，但他們是許多家庭生活設備的購買者，因為他們要建立一個舒適的生活環境，所以他們是家具、電氣設備的主要顧客。有人估計在美國，所有純銀的扁平餐具有58%是被結婚不到三個月的夫妻所購買。

這時候的最重要工作，是創造出一種雙方都可以接受的生活方式。他們會經歷一個試驗、衝突和妥協的過程。而另一方面，其中的一人或兩人要發展自己的事業，在事業和生活中可能會發生一些衝突，而產生矛盾和婚姻關係的緊張。為解決這種矛盾和衝突，可以透過更廣泛的活動，及購買更多的產品來加以調整和解決。例如：購買洗碗機，可以減少做家事的時間及勞累。

三、滿巢一期（The Full Nest I Stage）

當這對小夫妻有了一個嬰兒之後，生活方式有明顯的改變。在這個階段中，他們開始養育小孩，最小的一個在六歲以下，許多家庭開始覺得財務上有點壓力，尤其是那些辭去工作在家顧小孩的家庭。據估計在美國有三歲以下的小孩，母親被僱用的只有三分之一，這時對於保險、醫療和嬰兒用品需求最高。

由於可支配所得減少，照料嬰兒的支出增加，所以造成晚間外出活動減少。他們對兒童必需品的購買，以及與兒童有關的奢侈品（如玩具和鋼琴等）的購買，有明顯的增加。另外隨著孩子的長大，對於外出休閒和家庭娛樂設備的需求會增加。

四、滿巢二期（The Full Nest II Stage）

當最小的孩子大於六歲，有時母親會在此時重新進入就業市場，所以財務狀況開始好轉，購買一些有助於小孩成長的產品，如上音樂班或買運動設備。

由於這些家庭的資金和財富還是很有限，因此對於經濟的考量仍相當重視；不過，他們對於新產品是十分嚮往又缺乏了解，致使他們只是憑藉試驗和衝動購買；同時由於比較年輕，所以對款式和式樣還是十分重視。

五、滿巢三期（The Full Nest III Stage）

主要的是有一些十多歲的小孩，此時父母的經驗增加，子女也更加靈活和獨立，開始產生一些叛逆心理，父母親更需要為子女的成長與和睦相處費心。但一般說來，父母對於生活的滿意程度會增加，這時會有一些增加或重置耐久性消費財的支出。如換車或其他家電產品。甚至可能會因子女的活動空間不足，而更換較大的居住環境，以降低發生衝突的可能，並且開始安排一些較長期的渡假和旅行。這時對於一些奢侈品的購買會增加，如音響組合或高級視聽組合。

六、空巢一期（**The Empty Nest I Stage**）

小孩開始不住在家裡，可能是上大學或外出工作，不需要父母的財務支援，所以財務狀況有了明顯的好轉，對鈔票發愁的人顯著減少。

另外，這些人還有一個明顯的特點，他們大部分身體狀況比較佳，有較高的自由支配所得水準。使得這些人開始有更多的時間培養興趣或到國外旅遊渡假，他們是高級家具和渡假服務的基本市場，許多的高級服飾、漂亮汽車、豪華餐廳，也是以他們為主要對象。

七、空巢二期（**The Empty Nest II Stage**）

有些人開始退休，收入逐漸減少，可能選擇換更小的房子或到養老院，醫藥上的支出也開始增加。

這些可支配的所得減少，導致他們對於價格的敏感度增加，由於心理和生理的靈活程度受到限制，導致購買行為的減少和無法遠距離採購。所以便利的商店、郵購或電話採購，對這些人而言非常重要。

八、寡居期（**The Solitary Survivor Stage**）

配偶之一可能死亡，這些人的收入降低更多。一般上了年紀的老人，將所得大部分用在住屋、食品、醫療和禮品上。他們通常不會接受新的產品，除非是和老人有關的新產品，否則這些人希望使用現有的產品。

他們會減少與外界社會團體的接觸，但仍希望有更多的同伴，從事有限的活動，所以仍會與親戚和臨近的朋友保持密切關係。他們利用大眾媒體蒐集資訊的時間，比起年輕人更多，閱讀報紙的機會也多些。

貳、現代家庭的變化趨勢

在一個現代化的社會中，因為環境的需要造成了家庭結構的轉變，這種變化趨勢會影響到一個家庭的消費行為，進而影響公司的行銷策略。

一、結婚時間延後

根據美國統計，在1950年代第一次結婚的男性平均年齡為22.8歲，到了1987年上升到25.8歲，而女性由20.3歲升到23.6歲（**Engel**, 1990）。受過大學教育的結婚年齡更

高，而在臺灣因為男性還有兩年的兵役，所以結婚年齡比美國更晚。這種現象使得新人在結婚時，都已經有了相當經濟基礎，所以結婚的花費比以前更多，排場也更考究。近年來與婚姻有關的行業，都大幅的成長，從喜餅、喜宴、婚紗攝影、到蜜月旅行都不例外，尤其是有些經濟基礎不錯的新人，選擇到國外渡蜜月，也使得旅遊業大興利市。

二、小孩數目減少

由於小家庭的盛行，許多家庭都只養育少數的小孩，平均一個家庭的小孩數目已不到二個，這種現象使得兒童在家中的地位提高，對小孩的關心程度增加，購買了許多小孩的用品、玩具及教育器材。加上國人傳統上對教育的重視，使得幼兒的啟蒙和教育也相當發達。在臺北有些幼稚園，每個月的學費和雜費超過1萬元，甚至比上大學還貴，但是就讀的人仍十分踴躍。

三、職業婦女的增加

由於婦女所受的教育普遍提高，在完成教育後，外出工作的比率也大幅增加，即使在婚後，因生小孩而暫停工作的也不多，所以這些職業婦女在家時間減少，使得許多可以減少烹飪時間的產品大受歡迎，外食人口也比以前多，許多公司還為這些職業婦女提供育嬰的服務，使她們能安心工作。

四、單親家庭的增加

由於離婚率的增加，以及再婚時間的延長，使得單親家庭的比率也逐年提升；這種現象使得家計單位增加，家計規模縮小。根據統計離婚後的男性收入通常會增加，而女性若要帶小孩，經濟能力會下降。有些單親家庭更共同組合成為一個較大的家計單位，以減少一些必要的支出。

五、歸巢小孩（**Boomerang Kids**）

有些人在唸完書，或是在外工作一段時間後，回到原來的家庭中；也有一些人在結婚之後仍和父母住在一起，在臺灣這種現象似乎更加明顯，因為有些地方的房價太貴、房租太高，使得一些人為了要節省支出，而回家和父母同住。這種情形會造成房屋、家具、家電用品等的需求降低，對廠商來說不見得有利。但是這些人卻因收入仍然頗豐，所以對於音響、汽車等高級奢侈品的需求反而增加。

六、折衷家庭增加

在臺灣由於大部分的家庭有敬老尊賢的習俗，所以和年邁的父母同住為普遍現象，而且職業婦女增加，使得年幼的小孩乏人照顧，此時許多祖父母便主動照顧年幼的孫兒，順便享受含飴弄孫之樂，同時解決了老年和小孩的問題，這也是我國社會問題比其他國家少的一個原因，減少了對養老院和托兒所的需求。

第三節 ▶家庭中的決策制定過程

在家庭中，有些購買決策是「個別決策」，是由家中的單一成員所決定，例如：許多日常用品的購買，是婦女的決策；而買香菸則是丈夫的決定；但是有時可能全家都會參與決策，例如：購買汽車時，可能是太太的提議，兒子的建議，最後再由先生作最後的決定。

行銷者若能了解某類產品的決策過程，即可制定適當的溝通策略，以便影響在這個過程中具有影響力的成員。有時這種過程對購買的結果有很大的影響，在決定購買的參與程度上，有四個因素會影響配偶的參與程度（Sullivan and O'Connor, 1988）：

1. 性別角色的印象（Sex-Role Stereotype）：如果夫妻對於傳統性別角色的認同程度高，他們會各自購買其性別角色所應購買的產品。

2. 配偶的影響力（Spousal Resources）：對於這個家庭貢獻較大的配偶，在購買很多產品中都具有較大的影響力。

3. 經驗（Experience）：若有一方對於該項物品的購買具有經驗，則他對於這項決策的影響力較大。

4. 社會經濟階層（Socio-Economic Status）：在中產階級中，夫婦比較經常進行聯合的決策；而高階層或低階層者，一齊決策的機會較少。

壹、性別角色和決策制定的責任

因為外出工作的婦女越來越多，所以男性在分擔家庭工作上所占的重要性也越來越高。基本上夫婦對於傳統角色的認同程度，決定他們在家庭事物中分擔的分量，以及決策制定的責任。

David與Rigaux（1974）做了一個研究，他們認為：

　　各項採購的行為，可以分為聯合決策、丈夫主導型、太太主導型和自動決策四種。

　　如圖13-1所示，這個圖以角色整合程序和太太或丈夫的相對影響程度為座標。而消費決策的制定，可以分為三個階段：問題確認、資訊搜尋和最後的決策，這些改變也顯示在圖上。

　　這其中有幾個現象值得重視，一是從第一個階段進入第二個階段時，大部分的改變都不大，但是卻都向右移動，亦即自主程度提高。但是由資訊搜尋到決策制定，則變化相當大，有許多的產品都偏向聯合決策。這個研究的結論表示，決策的整合程序和配偶的影響程度，與產品的類型有關，也和在制定決策的各個階段有關係。

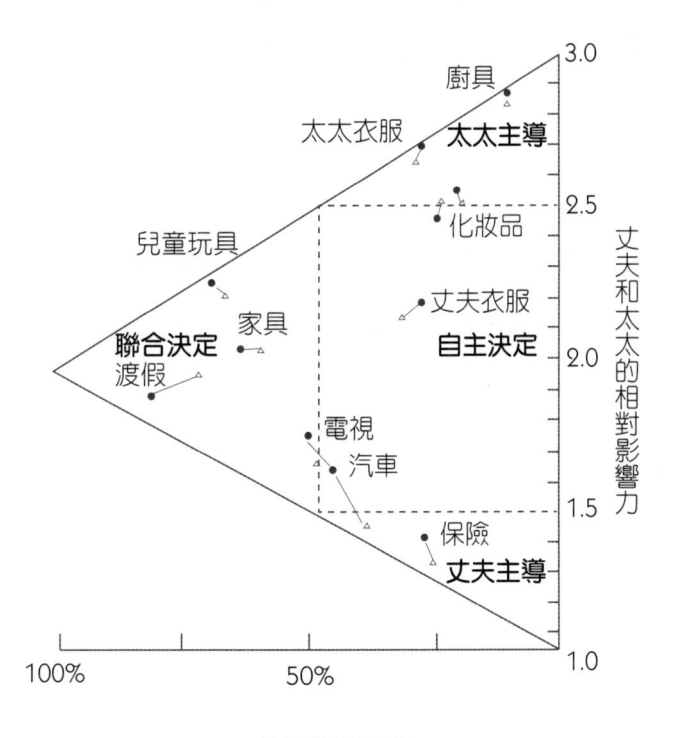

圖13-1　不同消費者決策制定階段的夫妻相對影響力

資料來源：H. L. Davids and B. P. Rigaux (1974). "Perception of Martial Role in Decision Processes," *Journal of Consumer Research*, p. 54.

貳、決策的制定方法

在理想的狀態下，夫妻雙方在共同進行決策時，他們會十分慎重地評估各種可行的選擇，理性地做出對大家都最有利的決定，使得總和的利益最大。但是事實上，經常會使用雙方的影響力來影響對方，希望降低衝突的程度，以「達成」一項決策，而不是「制定」一項決策。為了避免衝突，經常使用啟發式（Heuristic）的方法來解決問題，當我們觀察一對夫婦在購買房子時，經常會發現他們使用這種啟發式的方法來解決問題。

1. 這對夫婦的考慮重點，經常是放在一些比較客觀、明顯的特性上，而不是一些比較細微、難以定義的特徵上。例如：他們會先決定新的房子應有幾個房間，而不是決定它的外觀或裝潢。

2. 他們也會分別負責不同的工作，而不互相干擾，這種工作的分配也受到其性別角色的影響。例如：女性會看房間是否能夠符合未來的需求，男性則決定如何取得貸款。

3. 會根據配偶雙方不同的偏好而達成某種協議，例如：丈夫可能在廚房的設計中聽從太太的意見，而希望在車庫中工作房的陳列能夠按照自己的意見。

參、兒童在家庭購買決策中的擴展作用

在過去的幾十年間，兒童在家庭購買以及家庭決策過程發揮越來越重要的作用。這種影響機制轉變的產生，主要是因為現在家庭孩子的數目越來越少（意味著每個孩子的影響力上升），更多的雙薪家庭能夠負擔得起孩子的要求，媒體也鼓勵孩子「表達自己」。另外，單親家庭經常鼓勵自己的孩子參與家庭事務。有一個兒童發揮影響的典型案例，在超市中陪伴父母購物的兒童平均提出十五項要求，幾乎一半能夠得到同意。近來在法國和德國所作的家庭假日調查發現，儘管父母認為孩子在渡假決策上發揮的作用有限，但是兒童自己發揮了相當大的影響。

也有研究證據顯示，兒童對於家庭購買的影響與家庭溝通模式有關。當父母屬多元化（pluralistic）父母（鼓勵孩子說出自己的聲音，並表達自己的購買偏好），以及感性型（consensual）父母（鼓勵孩子追求和諧，但能接受孩子的購物觀點）時，兒童在家庭中的影響力達到最高；保護型（protective）父母（強調孩子不應該強化自己的偏好，而是與家長的購買決策保持一致）允許孩子在家庭購買決策上，有更多的影響力。

而其他研究提出了新概念，少年網路專家——花相當多時間在網路上，知道如何搜索和尋找訊息，以及能對他人要求作出訊息回饋的少年。研究顯示，少年網路專家在家

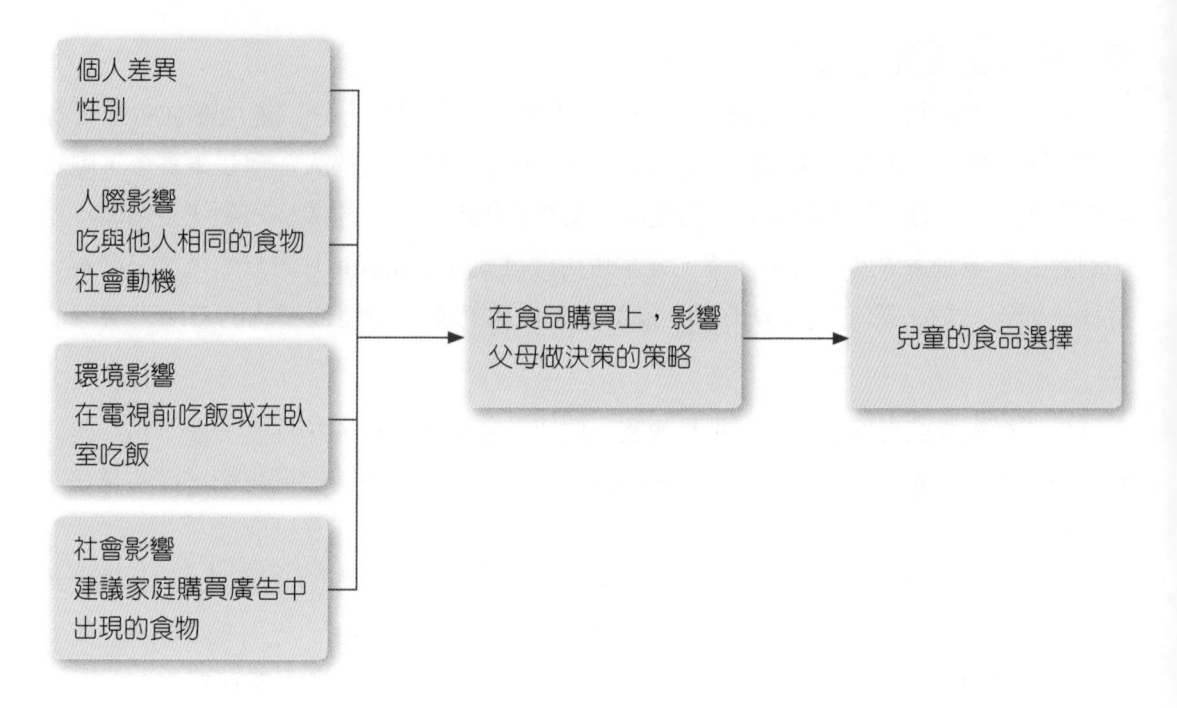

圖13-2　解釋十歲兒童影響父母食品購買策略的概念架構

庭決策中有顯著的作用，尤其是在研究和評估家庭購買時發揮更大的作用，他們的父母傾向認可孩子在家庭購買決策上的影響。

　　最後，廣告商也注意到「糾纏力（pester power）── 兒童吵著父母親購買東西的能力，有些兒童以纏、黏、吵、哭的方式，迫使父母親不得不掏出腰包購買他們平常不會買的東西」的重要性，因此鼓勵孩童去糾纏父母來購買他們在廣告中見到的物品。近來有針對兒童使用策略來影響父母的食品購買決策報告指出，兒童有以下四種影響力：個人差異、人際影響、環境影響及社會影響。兒童藉由使用這些策略來影響父母，進而促使父母購買自己喜歡的食品。圖13-2描述了此一模型，該研究顯示，十歲的法國裔加拿大兒童認為，與其他孩子吃類似的食物、在電視前吃飯、吃電視廣告中的食物，以及利用策略來影響父母的食品購買決策是重要的。兒童會使用以下說服性的策略方式，以影響父母的購買決策，包括表達自身偏好或請求、情緒性的表達（如，反覆的哭鬧，要求某樣商品）。

肆、制定決策的角色

　　在家計單位中的決策過程，有點類似企業單位中的決定，會把一些決定放在桌面上

討論，不同的成員會有不同的意見及優先順序，在決策過程中，也會有各種不同的影響力及策略的運用。在各種不同的生活環境中，無論是傳統的家庭，或是分居同一公寓的學生，或是各種不同的共同生活方式，其成員間在購買產品時，扮演不同的角色，有些是發起人，有些是使用者，有些是擔任技術的顧問或最終的決策者，與公司內的購買決策類似。

在進行決策制定時，不管是在一個家計單位或是組織單位中，均涉及許多的成員，這些成員分別扮演許多不同的角色，或一個人扮演多種角色，要視情況而定。在一個組織的購買行為中，通常會有下列的各種不同角色：

一、發起者（Initiator）

是指一個建議進行某種購買或消費的發起人，例如：兒子可能建議老爸換輛新車。

二、守門者（Gatekeeper）

負責與外界的接觸或資訊的蒐集，例如：媽媽記起今天剛好收到許多新車的廣告，提供寶貴的新資訊。

三、影響者（Influencer）

這些人企圖去說服其他的人，以便得到他所預期的結果，例如：兒子可能希望買輛拉風的跑車，以便和女朋友一起開車去兜風。

四、購買者（Buyer）

指最後真正進行購買決策的人，例如：父親可能是最後決定要買哪一輛車，並且付錢的人。

五、使用者（User）

買了之後，可能是太太使用得最多，父親仍開舊的那輛車，所以太太成了使用者。

伍、決策制定的衝突產生及解決方法

在家庭的決策過程中，有些成員會遊說其他成員，以達成他希望的決策，這種過程與政府中的政治運作過程類似，各種不同利益的代表可能會聯合贊同或反對某項提案，

也可能會發生某種妥協或交易,例如:有些人希望同意這項提案,而在其他提案別人也能支持他。

在配偶之間決策制定的過程中,也會使用許多方法來達到這個目的,首先是考慮每一個成員是否同意這項消費,不同意就可能會發生衝突。事實上,在購買的過程中,可能會產生許多的衝突,例如:可能是目標的衝突、購買品牌的衝突、或是購買的程序。

但是若在成員之間的利益不能夠取得協調時,就有衝突產生,這種衝突的程序會受到一些因素的影響(Seymour & Lessne, 1984):

1. 他對於這個群體的需求程度:當人在家庭環境中時,對於家裡購買什麼產品的關心程度,會大於在學校和其他朋友一起居住時所購買的東西。例如:一個人對於這個團體的需求程度不高,很可能關心的係數很低。

2. 對產品的涉入程度和效用:例如:在家裡若有人對於看錄影帶很有興趣,購買新錄影機時,他一定比其他人有興趣,也比較容易提供意見。

3. 負有購買、維護、付款責任的人,對於會產生長期承諾的購買行為,比較會採取反對的態度。例如:當買一隻寵物的時候,可能引起較多的衝突,因為小孩子都比較喜歡養寵物,但卻疏於照顧,責任變成由家庭主婦負擔。

4. 若在家中具有較高權力的一方,利用權力來達成某項決策時,比較弱的一方就會產生反抗的心理,容易引起衝突。在家庭中也可能會發展出一些規範的機制,以避免家庭中的衝突產生,或一些工具機制以解決這些衝突,這些可行的方法,能讓家中的生活更為和諧(Blood and Wolfe, 1965)。

一、規範機制(Normative Mechanism)

1. 避免可能的衝突來源:在一個家庭中,在進行各種決策時,最好有充裕的時間考慮,可以避免衝突的產生,因為有時候延緩決策可以避免衝動性的購買,並考慮各種可行的解決方案。

2. 平等地對待家中的每一個人:有些家庭會平等地對待每一個成員,在一些消費行為中,所謂平等的對待,可能是這一次家中的某一個小孩子,可以決定去哪一個地方玩;下一次則輪到另一個小孩決定。

3. 對某人賦予全權:在購買的決策中,也可以由某個成員全權決定,而這種產品可能和前面我們所談到的產品類型有關,有些可能是太太決定,有些則由丈夫決定。其實這種決策權力的分配,可能和每個成員的能力和興趣有關,例如:丈夫對汽車的知識很豐富,而太太則對時裝和流行很有興趣,小兒子可能對電影和錄影帶很熟悉。

二、工具機制（Instrumental Mechanisms）

1. 設立一個購買的優先順序：因為家中的預算和收入有限，所以如果能夠事先設定一個購買的優先順序，就可以讓成員之間有一個共識，知道這次應該先買什麼東西，大概可以花多少錢等。

2. 增加成員的採購自主權：許多可能會產生衝突的原因，是家中的成員，覺得他沒有足夠的自由來進行採購的決策。或許最明顯的例子，是一些青少年希望能夠不考慮父母的意見，而可以自行決定如何使用其零用錢。

3. 為滿足全家人的需求，而增加設備及空間：有些家庭可能會購買兩個一樣的玩具，以解決每個小孩都希望擁有這項產品的願望。而一個家庭也可能會隨著不同的家庭生命週期階段，而需要不同的生活空間，所以有時候也要換個較大的房子，以免逐漸長大的小孩之間，因空間不足，造成不必要的衝突。

一般而言，若家庭成員中對於某項決定，都有自己的意見及看法，而且熱切的希望別人採取他的意見時，衝突產生的可能性就更高。而經過各種協調的過程之後，可能會達成某種決策，這些決策的類型主要有三種（Davis, 1972）：一致同意的決策、妥協或服從權威的決策。

所謂「一致同意的決策」，是指所有的成員都從內心同意這項決定。要做到這一點不太容易，因為要考慮到各方面的意見，使得各成員都能覺得受到重視；要做到這一點，在考慮各方面意見後，還要蒐集更多的資訊，重新考慮和增加新的可行選擇。然而一旦出現衝突，還要取得大家的同意，通常不太容易，所以可能較常利用妥協或權威來解決問題。

「妥協性的決策」是指為使某項決定求得一致的意見，一方或多方成員作了讓步，或有人答應在日後作某種補償。妥協的形式有許多種，例如：(1)購買雖然未能完全滿足各方需求的產品或品牌，但是這種產品或品牌是各方尚可接受的；(2)某一方面作了讓步，但是希望日後在類似購買或其他購買決策上，能夠有決策的權力；(3)基於感情上的需要，如同情或關愛所作的妥協。

不過在許多情況下，父母也會利用其父母的權威，來制定一個決策，例如：在無法接受子女的要求時，狠下心來說：「我說不行就是不行！」而不再給予任何的解釋或溝通。不同的決策權威適用在不同的環境後，當環境因素有利時，兒童可以學得和其他同學一樣，但是在不良的環境條件下，權威勢力可能是達成目的的方法。

第四節 》消費者社會化

壹、家庭成員的社會化歷程

家庭成員社會化（socialization of family members）是一個家庭的核心功能，其範圍從小孩延伸至成人。對於兒童而言，其社會化歷程包括基本價值觀，及符合文化規範的行為。這些價值觀和行為模式通常包括道德和宗教信念、人際交往的技巧、衣著打扮的標準、合宜的禮儀和談吐，以及職業與生涯目標的選擇。

父母相當重視小孩子的社會化歷程，這可從他們在小孩子還未學會走路或說話，甚至孩子出生才滿周歲時，就會舉辦「抓週」儀式，希望得知未來小孩子會成為什麼類型的人。另外，父母為了幫助孩子取得「優勢」或「領先」的地位，而不斷的在他們的日常生活中加入更多的學習項目或時程（如每天的學習、玩樂的時間……）。如此緊湊的時間安排，只是培養孩子對於競爭和結果的重視，而不是興趣或創造力；然而，處於社會高度競爭及被專為兒童播出的媒體所環繞，兒童很少有機會去探尋他們的世界。

由於家長重視小孩子的社會化過程，此族群逐漸成為行銷人員鎖定的對象，而開始對兒童社會化過程抱持相當興趣，畢竟，社會化歷程是兒童建立經驗的根基，當其漸漸成長為青少年、青年和成年人時，這些經驗更會不斷受到增強或修正。

貳、兒童的消費社會化

與消費者行為研究息息相關的兒童時期社會化問題，即「消費者社會化（consumer socialization）」，兒童的消費者社會化被定義為一個過程，透過這一過程兒童獲得技巧、知識和作為消費者所必須的態度和經歷。有不同的研究關注兒童如何提高他們的消費技巧，多數青春期之前的兒童藉由觀察他們的父母和兄姐來獲得他們的消費行為準則，他們的父母和兄姐扮演了角色模範和基本消費知識來源的作用。與此相比，青少年可能尋求朋友作為消費行為參考。亦有研究發現，年齡較小的兒童通常對廣告中成功扮演父母角色的代言人，有較正面的反應；反之，青少年通常會選擇父母不喜歡的那種產品。

共同的購物經驗（如父母與孩子在一起共同購物），也給孩子們獲得學習購物技巧的機會。可能是由於較匆忙的生活方式，有工作的母親比沒有工作的母親更有可能與她們的孩子一起購物，共同購物是與孩子共度時光的一種方式，並在同時完成了一項必需的任務；研究也發現兒童會顯著影響家庭購買產品的類型。消費者社會化就像一個工具，藉由這個工具，父母影響孩子社會化過程。例如：父母經常把承諾和物質獎賞作為改正或控制孩子行為的一個工具。當孩子做的某件事使母親高興時，她就可能給孩子一

個禮物；當孩子不順從時，則可能把禮物收回。學者的研究證明了行為控制功能的作用，特別是青春期的少年說他們的父母，經常用購買巧克力的承諾，作為控制他們行為的一種方法（如使他們完成家庭作業或整理房間）。

社會化代理（socialization agent）是指「個人或組織因為與他人的頻繁接觸或透過給予個體的獎懲控制，而涉入其社會化過程」。一般認為母親是比父親影響更大的消費社會化代理，因為她們通常與孩子有較多的交流，更可能影響孩子所接觸到的商業訊息。另外，她們提供消費者需要的技術指導，而且通過控制孩子的零用錢來充當訊息和外界影響的守門人。在調查母親是如何與市場中的影響產生關係時，發現了存在六種不同類型的母親——有三種對於市場活動有正向態度（接受市場），另三種有負向態度（抵制行銷）。例如：女主角型母親將推廣訊息和市場活動的影響看作是正常的，保護者型母親則傾向於不信賴市場活動以及以孩子為目標的市場訊息，因為她們將這類影響視為對她們保護本能的威脅。表13-1列出了美國母親的六種市場區隔。

表13-1　美國母親的六種市場區隔

市場容納者
* 平衡者（占美國人口的25.4%）
  她已經明白如何兼顧工作、婚姻和家庭，能同時完成多項任務以及她相信自己能教育好孩子，偶爾允許自己的孩子犯錯；因為有較高的收入，所以也不太有問題。
* 鼓勵者（占美國人口的9.6%）
  將所有精力都放在自己的家庭上，經常犧牲自己以滿足孩子的需求，非常信賴他人以及「傳統家庭」鍾情的公司和品牌；她們非常快樂和充實。
* 女主角（占美國人口的7.2%）
  關注自己，積極尋求他人對自己的接受和關注，是一個明顯的消費者，非常關注所使用的品牌和聲譽，並且將孩子看成是自己聲譽的一部分；經常屈服於孩子的要求，而讓自己的生活更輕鬆。

市場抵制者
* 保護者（占美國人口的21%）
  在所有母親市場區隔中其有最高的收入和教育程度，是理性和從容的決策制定者，教導孩子購物及有節制的消費。出於對孩子的保護意識，十分厭惡媒體及市場訊息對孩子的影響。
* 掙扎者（占美國人口的21.6%）
  財務狀況不允許寵愛孩子，為了生活可能會拒絕孩子提出的部分請求，十分注重CP值；整體而言，對生活有負面情緒。
* 禁欲主義者（占美國人口的15.1%）
  通常與社會和文化相關，很重視隱私，將自己視為照顧者和顧家者，愛孩子但與孩子感情疏遠；做每一項決定都很謹慎。

特別的是，兒童的消費者社會化並不能在所有的文化中都能同樣的發揮作用。例如研究顯示，美國母親比日本母親更強調自治，而且希望孩子在早期就有獨立消費能力；相較而言，日本母親對孩子的消費有較強的控制，因此，其子女對廣告的理解及相關消費技能的展現，較美國孩童來得晚。

參、成人消費者社會化

社會化過程並非僅限於兒童時期，它是一個持續的過程；社會化開始於早期的兒童階段並持續於一生，這觀點現在已被普遍接受了。例如：當一對新婚夫婦建立了家庭，就需要不斷調整共同的生活和消費方式，這就是不間斷過程的一部分；同樣地，決定搬遷到佛羅里達或亞利桑那的退休夫妻所面臨的調整，也是不斷社會化過程的一部分，甚至迎接一個寵物進入家庭，家庭中成員也必須面對使寵物社會化，讓寵物適應其家庭氛圍。最近的研究指出，寵物的主人通常把寵物當作真正的家庭成員對待，例如：58%的受訪者表示，他們已從他們的寵物收到（或發出）節日賀卡，78%的受訪者承認他們經常用不同的語調對寵物說話。

肆、兩代人（intergenerational）之間的社會化

對某種產品的忠誠或對某品牌的喜愛，將從一代傳給另一代，這看起來是十分普遍的。世代之間的品牌轉移，甚至可能是同一家庭的三代或四代。例如：對特定品牌產品的喜愛，如花生奶油、番茄醬、咖啡……，都是經常從一代傳到另一代的產品。以下是從大學生年齡層的消費者，對於延續世代的產品用途感受所作的研究中，挑選出來的一段筆記：

> 我發現我不能逃脫從小就一直使用的產品（如凡士林、水晶肥皂、玉米片），現在生活在校園中，我必須自己購物，並且每當自己購物時，都能在我心中看到母親的身影，我買經常使用的東西，通常是媽媽為我們居家所買的產品。

圖13-3列出了社會化過程的模型，這個例子關注的是兒童的社會化，但是此過程能夠擴展到各年齡層的家庭成員。注意，箭頭在年輕人與其他家庭成員及年輕人與朋友之間是雙向的，這種雙向箭頭表示社會化確實是一種雙向路徑，在這種雙向路徑中，年輕人在自身社會化的同時，又影響正在社會化的他人。支持任何年齡的兒童都經常影響他們父母的看法和行為，這觀點是被認同的。例如：最近對學齡兒童所做的研究發現，父

母的積極肯定與以下幾點相關：(1)父母對網路興趣的增加，對於兒童的網路興趣有催化作用；(2)孩子教父母多少網路知識；(3)兒童能否成為父母的網路經紀人（如孩子在網路上為父母購物）。兒童對數字和電子媒體的適應能力通常比父母強，他們在家庭中經常教別人。

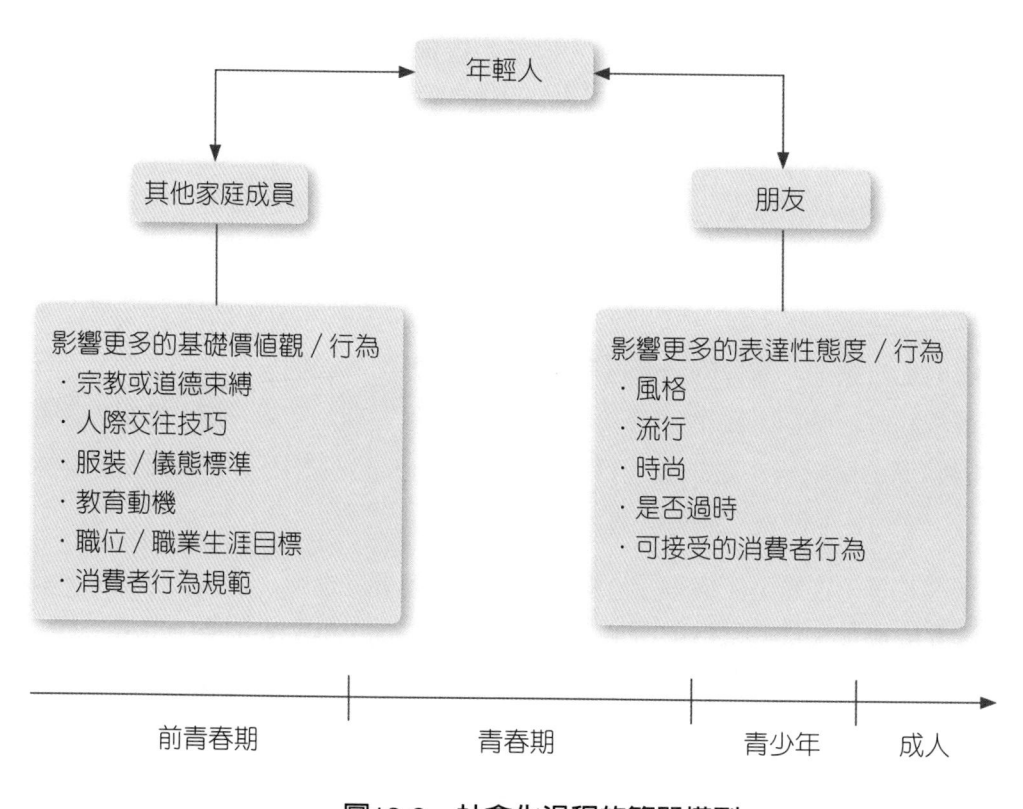

圖13-3　社會化過程的簡單模型

本章摘要

- 組織消費者是集體決策的一種，組織消費者包括工業購買者、中間商以及政府。這些組織的購買者特性和一般的消費者有很大的差異，包括市場結構與需求性質、購買單位的性質、購買的特性和購買決策過程，都與一般消費者不同。組織的購買行為，也可以根據所需資訊數量、考慮各種可行選擇的深入程度及購買者對這種購買的熟悉程度，分為直接重購、修正重購和新的購買工作。

- 家庭生命週期和家庭的消費行為有很大的關係，一般把家庭生命週期分為年輕單身期、新婚期、滿巢一期、滿巢二期、滿巢三期、空巢一期、空巢二期和寡居期等八個階段，雖未能包括各種可能狀況，但已占所有家庭類型的絕大部分，對行銷策略擬定很有幫助。

- 現代社會中的家庭結構有了一些轉變，結婚時間的延後、小孩數目減少、職業婦女的增加、單親家庭的增加、歸巢小孩的增加，這些變化使得消費者經濟能力改善，有能力購買更多的產品，作更多的消費，創造了一些新的市場機會。

- 在家庭中的決策制定受到很多因素的影響，包括性別角色和決策制定的責任、決策的制定方法、兒童的影響、制定決策的角色以及決策制定的衝突影響。在家庭中可以發展出一些規範機制，以避免衝突的產生；或一些工具機制，以解決這些衝突。

- 兒童在家庭的決策中，經常扮演重要角色，而且他們會漸漸地成為一個可以獨立決策的消費者；他們在家中不但主導玩具及零食的購買，對於其他產品的影響也越來越高。而且兒童市場的重要性與日俱增，行銷者不可掉以輕心。

14

Social Class
社會階層

會移動的豪宅！

臺灣有錢人的實力，再度讓人驚訝，瑞士日內瓦車展正在舉行，而義大利車廠帕加尼在現場展示一輛黃色超跑叫做「風神」，要價近7,000萬臺幣，車主不只是臺灣人，還只有15歲，義大利部落客就爆料，這輛頂級超跑，是少年的17歲生日禮物，儘管已經打造好，但要等到他有駕照才會交車。

鮮豔的黃色車身、流線型車體，這輛正在瑞士日內瓦車展展示的超跑Pagani Huayra，要價近7,000萬，最讓人驚訝的是，車主來自臺灣，而且才15歲，義大利部落客爆料，見過車主，頂級超跑是他的第一輛車，而且是17歲生日禮物，但因為還沒有駕照，所以暫時將車交給車廠保管，這不只是Pagani接到第一張來自臺灣的訂單，也是全球第一輛黃色的Huayra。

Huayra是Pagani 2011年推出的新車款，華人圈綽號「風神」，外殼是碳纖維和鈦合金混合材質，採用賓士AMG引擎，有730匹馬力，最快時速372公里，基本款就要價近6,000萬，在超跑界屬於頂級車款。

事實上，臺灣知名的資深超跑玩家，綽號「將軍」的鄭為元也有一輛，編號88的橘色Huayra，但下單時間比這位15歲車主晚一點，很多臺灣人對Pagani車廠不熟悉，它1992年才在義大利創立，強調手工打造，一個月產能僅六輛，而且從下訂到交車，需要一年時間。

事實上，臺灣擁有超跑的人不少，大部分是45歲以上大老闆或是企業小開，藝人周杰倫、林志穎、小豬羅志祥，也都是超跑車主，但大家更好奇，能獲得一輛7,000萬超跑當生日禮物是哪位富二代。

資料來源：張允曦，「7千萬生日禮！　15歲少年獲超跑「風神」」，https://tw.news.yahoo.com/7%E5%8D%83%E8%90%AC%E7%94%9F%E6%97%A5%E7%A6%AE-15%E6%AD%B2%E5%B0%91%E5%B9%B4%E7%8D%B2%E8%B6%85%E8%B7%91-%E9%A2%A8%E7%A5%9E-043400116.html，雅虎奇摩新聞，2014/03/5。

在研究消費者行為時，社會階層是一個重要的概念，因為許多的消費行為和社會階層有直接的關係。不同階層的人購買不同的產品、觀賞不同的媒體、光臨不同的商店、對價格的感覺也不相同，行銷者可以根據這些差異來進行產品的區隔，以符合各階層人士的需求。

第一節 》社會階層之定義與特性

「人生而平等」是老生常談，很少人會提出異議，但是在人和人的互動中，我們也常看到彼此打量、互相秤秤斤兩之情況。雖然說「英雄不論出身低」，但我們也常聽到「門當戶對」之類的話語。顯見這個社會並非完全平等，至少在社會地位和社會階級上並不完全一樣。社會階層（Social Class）就是在社會分群上，被認為具有相同社會地位的一群人。他們經常以正式化或非正式化的方式進行社會化，並且具有類似的規範行為。社會階級就是社會分層化（Social Stratification）的結果。社會分層化是將社會中的成員分成較高以及較低的階級，以形成一種具有尊卑與威望意涵的層級體系。社會分層化是在社會中創造一種人為分級的過程，這樣的分層化出現了地位層級（Status hierarchy）的結果，並影響了社會中對於有價值資源與稀少資源的分配方式。

社會階層是指一個人在層級化社會系統中的位置，它是一個社會按照生活方式、價值觀念、行為態度等方面的差異，劃分成許多組較持久的同類人群。社會階層具有四個重要的特性：

1. 這是一種層級性的系統，具有先後的順序，在上一階層的人，擁有比較多的財富和權力。

2. 在同一層級的人具有相同的價值觀念、信念、行為和消費習慣。

3. 在不同層級人員的互動，受到社會階層的限制。

4. 社會階層要用多元尺度來劃分，如職業、教育水準和收入。

在一個社會中，有一些人較受歡迎，他們可以得到較多的特權，較好的車子，信用額度也較高；在工作上似乎也在特別的安排下，快速的升遷，得到較高的職位。這些人好像處處都高人一等，這種可以得到較多資源的演變過程，就是所謂的「社會分層化」（Social Stratification），造成人為的社會區隔，在一個社會中的分層化過程，會把社會的資源不平等地分給每一個人，而所擁有的資源又可能成為下次資源分配多寡的依據。所以，可能產生一種循環的現象，使得這種層級不是很容易改變。

在不同的文化之下，發展出不同的社會階層，而他們之間的最大差異是這種階層的明顯程度，以及可變化的程度。這種分層的觀點在任何社會中都存在，即使標榜沒有階層的中國大陸，也有許多人對於所謂「高幹子弟」的作威作福感到無奈，這些人因為家庭的關係，可以得到最佳的工作，但往往都很懶惰，又重視物質的享受，他們也是在這種標榜無階級社會中的特權階級。

在美國，則一向被認為沒有無法突破的階層限制，或是非常明顯的差異，但是美國可能會因為所得不同而成為不同的社會層級，所以美國雖有社會層級，但其組成的分子可能經常變化。在美國最早的社會階層區分，是學者Eugene Sivadas, George Mathew和David J. Curry，在1997年將社會階層區分為上上、上中、下上、下中和下下階層。這種分類表示他們對於錢、教育和奢侈品的看法不同，這種分類雖然有許多爭議，但基本上可以反應出社會學對於社會階層的看法。

行銷者想要將消費者區分為數個不同的區隔，社會學者也想把社會依照其社會關係、經濟能力劃分為幾個不同階層，有些劃分還包括政治的權力和控制資源的力量。我們常使用社會階層（Social Class）這個名詞，來說明社會中不同地位的人，被區分在同一個社會階層的人，通常工作的範圍很接近、生活型態、所得和興趣亦相去不遠，這些人會經常在一起交往，分享一些共同的生活觀念。

社會階層會影響消費行為，因為在不同社會階層的人，會有不同的偏好，對於時間和金錢安排的看法也不一樣。也有人認為是消費影響了社會階層，因為我們會以別人的消費行為，來判斷他的社會階層。但不管何者為因、何者為果，社會階層和消費之間的確存在著某種關聯性。

第二節 ▶社會階層的分類

壹、社會分層與社會流動

由於分層的準則會隨著社會的不同而有所差異，再加上個人的因素也會產生變化，因此就出現所謂的社會流動。社會流動（Social mobility）是指一個人從某一社會階級異動至另一社會階級。社會流動代表著社會階級的動態性概念，也就是隨著時間的經過或個人因素的變化，社會分層的結果也會有所不同。

社會流動可分為向上流動（Upward mobility）和向下流動（Downward mobility），向上流動指社會階層的提升，而向下流動則指社會成員的社會階級向下調

整。

　　研究發現，美國的社會階層劃分不像在其他國家與文化中那樣穩固而固定，儘管個人能夠在其父母所處的社會階層上來回流動，但是因為享有免費教育與自我發展、自我提升的機會，所以美國人主要是從向上流動（Upward mobility）的角度考慮社會階層。其實美國小說、電影以及電視劇中曾反覆描述一個身無分文的孤兒，最後在事業與生活均得意的故事。今天眾多有雄心壯志的年輕人夢想上大學，並自行創業。

　　因為美國社會普遍可以實現向上流動，所以社會地位低但野心勃勃的年輕人，通常以社會階層高的作為參考對象。耳熟能詳的向上流動案例：管理實習生試圖穿著像上司、中產階級經理熱衷於出入有社會地位的城市俱樂部、地方院校畢業的人把兒子送到耶魯就讀。

　　意識到個人往往追求高階層人士享受的生活方式與擁有的財富，行銷人員通常在廣告中將自身產品與上層社會的身分象徵結合，例如：廠商的產品在廣告中，通常會在上層社會的背景中呈現。

　　儘管如此，美國現實生活中也存在向下流動（Downward mobility）的現象，社會評論家發現，現代的部分年輕人（如X世代成員）不僅難以比其父母做得更好（如更好的工作、組織家庭、可觀的收入與儲蓄），而且不可能做得與父母一樣好。社會階層的向下流動有據可依，研究者發現年輕一代到三十歲時達到中產階層的比例有所下降。不考慮種族、父母收入及年輕一代教育水準等因素，這種向下流動在所難免。

貳、社會階層生活方式的特徵

　　消費者研究顯示，在每個社會階層領域都存在特定的生活方式（共同的信念、態度、活動與行為），這些因素用於區分各階層的成員。

　　為了了解各社會階層的生活方式組成，表14-1顯示對以下六種社會階層特徵的整體描述：上上層、下上層、中上層、中下層、上下層及下下層，這些特徵只是階層的總體寫照，每個階層的人都可能有兩個或更多階層混合的價值觀、態度和行為方式。

表14-1　社會階層特徵

上上層—城市俱樂部式的團體		
小部分的美好家庭	屬於城市俱樂部和大型慈善活動的贊助者	當地大學或醫院的董事
可能是大型金融機構的高層，或大型企業的擁有者	與財富相關，所有花費並不引人注目	
下上層—新貴（新富）		
不是很被社會上層所接受	代表了新財富	成功的企業經理
新財富的明顯使用者		
中上層—成功的專業人士		
既沒有顯赫的家庭背景，也沒有不尋常的財富	職業導向	年輕的成功專業人士、公司經理和企業所有人
大多數是大學畢業，很多有更高學歷	在專業領域、團體和社會活動中很積極	對獲得更好的生活，有強烈的興趣
他們的住所是他們成就的象徵		
中下層—忠心的追隨者		
非管理階層的白領者或高報酬的藍領工人	希望獲得尊重並被視為好公民	希望他們的孩子表現很好
經常去做禮拜，並經常參與教會活動	喜歡整潔而優雅的外表，傾向避免流行服飾	
上下層—關注安全的大多數		
最大的社會階層	主要是藍領者	為安全而努力（有時從聯盟成員處獲得）
將工作視為一種「購買」娛樂的方式	希望小孩能適當的表現	這個群體中的高工資者，可能發生衝動性消費
對改善他們娛樂時間的東西感興趣（如電視機、打獵裝備）	丈夫多有強烈的男子氣概	男性是體育迷、菸迷和啤酒愛好者
下下層—最低點		
教育程度低、技能差的勞動力	經常失業	小孩得不到好的對待
過一天算一天的生活		

第三節 ▶ 社會階層之決定因素及衡量

社會階層的決定，受到許多因素的影響，包括職業、個人的努力、財富與收入、教育、社會及人際關係、價值觀念及行為；而這些社會階層在衡量時，所考慮的是一種多元的尺度，不能以單一指標來衡量。

壹、社會階層之決定因素

Giddens（1997）認為階層可以被界定為不同人們群組之間的結構性不平等，並有以下幾項定義：

1. 階級並非由法律或宗教規定來建構，階級體系比其他階層類型更具變動性，階級之間的界限也從未劃分清楚。

2. 個體的階級至少在某些部分是被成就的（achieved），社會流動比在其他類型中更普遍。

3. 階級是依個人所屬團體的經濟差異而決定的。

4. 其他階層體系中，不平等的主要表現在職責或義務上的人際關係。相反的，階級的運作，則經由大規模的非人際（impersonal）接觸方式。

總而言之，Giddens 認為階級為共享同樣經濟資源的大規模人群的組合，此經濟資源強烈地影響他們可以主導的生活方式的類型（Giddens, 1997）。

一、職業

在一個社會中，一個人所從事的職位，也可以決定他受到尊重的程度。許多人會以他所從事的職業來判斷他對社會的貢獻，這種對於職業的評價似乎不太容易改變，在不同的社會中差異也不大。例如：對醫生、律師、教授或高級企業主管，應被視為是層級比較高的職業。而擦皮鞋、收垃圾等工作，則屬較低階的職業。

另外，在這個社會中有些工作的重要性正在增加當中，例如：電腦人員、生化工程師、或演藝人員等，這些人對於社會的貢獻正逐漸受到重視和尊敬。而資本家所建立的企業，通常對於家庭社會地位有持續性的影響，所以這些人以及其後代的收入，都會持續地增加。

二、個人的努力

一個人的社會地位，也會因其努力，而比從事同一個工作的人，受到更高的重視。例如：他是這個城市最好的外科醫生。而且個人的收入和他在這個行業的表現好壞也有關係，所以在同一個行業中，能夠賺得越多，往往表示功力越高，得到額外收入的機會也較多。

個人的努力和績效，也可以表現在他的職業以外的工作，例如：有些人十分熱心公益、樂於助人，也很容易受到別人的尊敬。

三、財富與收入

一個人所擁有的財物數量和選擇，都可以顯示他們的社會地位。儘管汽車價格並沒有很大的差異，一個中產階級的家庭，可能選擇一輛國產車，上層階級的家庭可能選擇進口車。一個家庭所居住的地方，也會反應出他們的社會階層，住在貧民區和高級住宅區的社會階層很顯然有差異，而且社會階層也會影響到應該上哪所學校，這會決定他未來的社會地位。

一個人的收入可能是判斷社會階層的最重要依據，這種資訊的重要性占了一半以上的分量，社會學者和行銷者都十分重視所得的分配情形，因為它決定誰最有購買的能力和市場的潛力。在美國大約前五分之一的家庭，掌握了75%的資產。

一般認為社會階層可以用來預測那些和社會地位有關的象徵性產品的購買行為，但是對於價位的選擇則影響較小；而收入則和購買單價較高的產品有關；對那些較貴、又具有地位象徵的產品，則要同時考慮社會階層和收入。

四、教育

教育可以影響一個人的社會階層，而且是突破社會階層限制的一種有用的工作。在中國古時候所謂的科舉制度，就是鼓勵人們讀書求學問，一旦能夠通過科舉考試，就能夠位居高級官員，社會地位可以大大提升。科舉制度不但提供學者一條成功的途徑，也為社會選拔賢士，成為社會安定進步的一個重要因素，這也說明東西方社會特別重視教育的原因。

在臺灣，以前的大專聯考制度，只要肯用功唸書，就有機會唸臺大，甚至學醫、學法律、學工程等，有機會進入上層的社會，所以這種聯考的制度，其實就像古代的科舉制度一樣，使得讀書人可以「十年寒窗無人問，一舉成名天下知」，有機會突破階級的

限制。

五、社會及人際關係

人們與具有和自己相同價值觀或社會地位的人交往時，會覺得最為自在。所以經常和某些人一起吃飯或聊天，會讓別人認為你們是屬於同一社會階層的。不過，這一點在西方社會和東方社會會有一些差異；在西方社會中往往喜歡和自己同一階層的人交往，而東方社會，尤其是日本，卻以和高出自己一、兩個社會階層人士來往為榮。

社會的互動往往局限在一個較小的範圍中，大部分的婚姻都是發生在同一個或是相近的社會階層中，雖然在許多地方都鼓勵大家可以隨意交朋友，但是往往物以類聚，社會階層不同者，其價值觀、活動範圍和興趣會有很大的差異，可能話不投機半句多，往往不歡而散。

人際關係也有繼承的性質，尤其在東方社會中，這種現象更明顯。如果你的父親是國家的黨政軍要員，則你在日常生活中所交往的朋友，也很可能是其他黨政軍要員及其後代，未來在從事相關工作時，可以得到特殊的便利性。

六、價值觀念及行為

價值觀念可以教導許多人應採取什麼樣行為，對於許多事物應該採取什麼樣的看法。例如：應該做什麼樣的工作，或許當個小販所賺的錢，不會比大學教授少，但是大學教授不會因此而放下身段，從事小販的工作。而這些價值觀與許多消費品有關聯，所以在廣告上，我們可以看到「臺北高峰會」的住宅大樓，以若你擁有兩輛名車以上，你就是我們的住戶人選為廣告訴求，而這些名車包括賓士、保時捷、BMW、法拉利等，顯示這種住宅是屬於非常高級的人士才能擁有。

七、階級觀念

一個上層階層的人，可能對於階級觀念的意識較為強烈；而在較低階層的人，也會想往上走，所以對於有些可以顯示出社會地位的產品，適合以較高的層級作為訴求，而對一些日常的必需品，象徵性又沒那麼強烈的產品，則要視產品定位而定。

Beeghley（1978）提出一個社會階層的動態觀念，這個社會階層的動態模式可以圖14-1表示。他認為一個人的社會階層，可以由其教育、家庭、經濟、宗教、甚至法律和政治所決定，他把它簡單地分為四層，包括上層、白領、藍領及下層等四級，一個人在這個社會中可以平行或垂直的移動。這種移動性涉及了移動的難易程度和移動方向。基

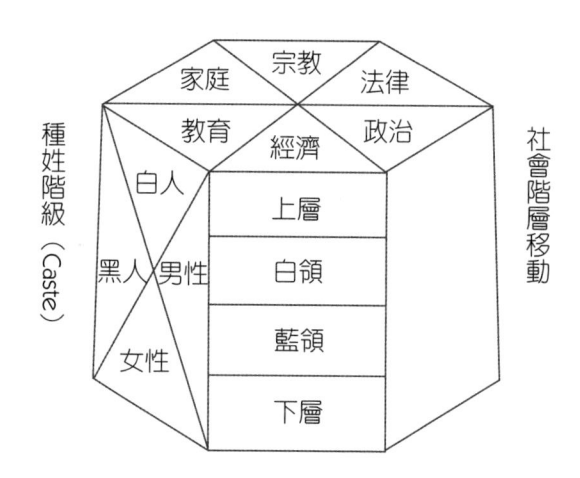

圖14-1　社會階層的動態概念

本上，每一個社會都有階層存在，若移動不太困難，反而可以成為人民努力的目標，成為社會進步的重要動力。

　　另外，種姓階級（Caste）是印度古時候的一種世襲的階級觀念，在印度教中把人分成四大類：最上層是僧侶及學者，其次是戰士及國王，第三層是工人及商人，最底層則是奴隸，這種種姓階級是與生俱來，永遠無法突破。在美國由種族和性別所造成的差異，也很難突破。

貳、社會階級的衡量

　　社會階級的衡量可以分為三大類：主觀法、聲望法或客觀法等，各有其優缺點。

一、主觀法（Subjective Approach）

　　主觀衡量的方法又可稱為知覺衡量法，由個人對於自己的社會階層作主觀的判定，有些學者認為這種衡量的方法十分有效，因為大部分的人會按照自己的知覺來做事。但是它也有缺點，因為我們不知道每個人的標準是否一致，中產階層對於不同的人可能有不同的涵義，兩個人都自認為中產階級，可能在其行為和價值觀上不一樣（Centers, 1952）。

二、聲譽法（Reputation Approach）

　　這種方式，是找到一些對於某一個地方的人都很熟悉的資訊提供者，作深入的訪談工作，請這些資訊提供者根據他對於這些人的認識，把這些人歸類成不同的社會階層，

這種分類方式可能和這些人參與社區事務程度有關。

不過這種分類方式的關鍵，在於是否能夠找到一個對當地的人都很熟的資訊提供者，而且這個人又能以相同的準則來評估每一個人，使用這種方式，通常成本較高又很費時。在農村地方要找到這種資訊提供者較容易，但是在都市化程度高的地方，人員的流動較快，恐怕不易找到適合的資訊提供者。

三、客觀法（Objective Approach）

在行銷研究中，通常使用客觀法來求得社會階層，在這種方法中要先找到幾個客觀的指標，作為衡量社會階層的基準。經常使用的指標包括職業、收入、財富、教育、居住地方等，然後研究者可以分別給予不同的權重加總之後，就可根據這種指標來判斷其社會階層的高低。

因為社會層級是一個十分複雜的觀念，受到許多因素的影響。行銷研究者是最早認為不同的社會階層，可以從許多方式來區分，但是許多衡量方法大都已經落伍，不合時代的需求。因為這些衡量是以小家庭為主，男性在外工作，女性在家作家事為假設，但是現在家庭的型態有了改變，工作狀況也不同，所以需加以修正。

另一問題是在同一個階層的人，可能差異也很大，例如：有些可能是從事較高階層的工作，但是收入並不多，如教授；另一些可能從事較低職位的工作，但收入卻較高，如攤販。另一個相關的問題是，有些人可能收入比該階層應有的平均收入高，會購買較奢侈的產品。但是卻有另一些人收入太低，為了維持社會地位，可能減少許多必要的支出。

讓消費者自行決定屬於中產階級或勞工階級，並不會很困難，而且在1960年前，勞工階層的比率還一直增加中，雖然有些勞工階級賺的錢比其他白領階級多，但是在分類上所得到的結果還是相當客觀，具有高的可信度。

在一些社會中，社會階層的改變似乎不太容易，例如：在印度就很困難。但是在美國或臺灣似乎都不會很困難，人人可以力爭上游，為社會帶來很大的活力。

社會階層的移動可能是向上、向下或平行的移動，平行的移動可能是由一個職位移動到另一個大約相等的位置，例如：由護士變成小學老師。向下的移動是很多人不希望看到的事情，但是失業也可能使一個人只能領救濟金，或是接受一個原來不想接受的較差工作；或是成為無殼蝸牛族。

另外，也有許多人是移到較高的社會階層，在臺灣中產階級的人數越來越多，這是

因為經濟的發展迅速，而且有公平的教育制度，使得大部分的人得以完成基本的中學教育。如果有能力考上更好的高中或大學，就有機會從事專門性的工作，可以改變原有的社會階層，向上爬升。這種中產階級的增加，是社會安定的一股力量。

傳統的觀念中認為，丈夫可以決定一個家庭的社會地位，而太太只好待在這個家中，接受現成的事實；在許多的情形下，女性都想要嫁一個較好的丈夫，所以在外表上具有較高吸引力的女性，可以因結婚而進入一個上層社會的家庭中，所謂嫁雞隨雞，嫁狗隨狗。

但是今天這種假定並不十分合理，在現代的社會中，女性的地位與男性逐漸平等，對於家庭有同樣大的貢獻，甚至有許多女性的社會地位比男性高，所以在考慮社會階層時，都是同時考慮夫妻雙方的條件，女性不再處於附屬的地位。

而男女雙方在擇偶時，也會考慮對方的社會地位，因為雙方的家庭背景或教育及工作相差太遠時，可能無法得到足夠的交集，而彼此的談話會沒有交集，觀念或行為上會有很大的差異，很難在一起和諧的生活。所以，中國傳統上「門當戶對」的觀念，在現代化的社會中，依然具有參考的價值。

第四節 》消費行為差異與富裕的區隔

壹、消費行為的差異

同一社會階層者，在其價值觀念、生活型態和許多行為上都有一致性存在，所以我們也希望消費行為具有差異。許多產品和社會階層的關係，可能比所得或性別來得大，尤其是那些會影響到生活型態的消費。而這種社會階層的差異，也是透過價值觀念和生活型態，間接地影響到消費的類型，而非直接的影響。

例如：社會階層不同，價值觀也不同。在上位階層者對於教育評價較高，這種評價會影響其生活型態，所以他們購買較多的書籍，上大學的比率也較高，這些消費和所得並沒有太大的關係。有些上班族雖然所得不高，但花在書籍上的金額卻很多；相反的，有些有錢人，並不一定經常買書。

我們會認為某些產品或商店，可能只適合某一個社會階層的人，勞工階層在購買汽車時，可能更重視汽車是否耐用或舒服，而不重視其車型或是否流行，對於新產品或新

式樣產品的興趣較低。許多富裕的中產家庭，對於家具或家庭的裝飾比較重視，所以有許多家庭用品商，以中產階級為其目標客戶。

不同的階層在生活型態和休閒上也有差異，勞工階層會把一些當地的運動明星當成偶像，在附近作短程的旅遊；而較高階層者會經常出國旅行，比較重視長程的生活目標，對自己未來的升遷較關心，參加一些能夠增進自我能力的進修課程。

勞工階層把親戚當成心靈上的依靠，對於家庭及社區的生活較重視，自己動手修護房子或家具，缺乏世界觀；但是這些人不一定會羨慕那些較高階層的生活，他們覺得自己的生活較實在。

不同的社會階層在品味上會有很大的差異，他們在審美或是智力活動上有很大的差異，這種品味上的差異可能是反應教育程度的差異，或涉及價值判斷的標準。這種差異在行銷上有很大的用途，有些研究就發現在高階層的家庭中，經常會掛些抽象畫或是擺設彫刻及時髦的家具。低階層的家庭中，喜歡寫實的畫、人造花或宗教的圖片等（Laumann and House, 1970）。

在移動性方面也有差異，有學者發現55%的低階層者和45%的勞工階層者，其與直系親屬的居住距離在一英哩之內。而中產階級只有19%，在上層階層者更只有12%，這可能是因為工作和求學環境所造成，中高階層的人，比較容易到較遠的地方上大學，而且也會接受較遠地方的工作機會；或是為了升遷，就得離開家鄉，到較具有發展潛力的地方。

貳、富裕的消費者

一、富裕消費者的區隔

許多行銷者想要針對富裕的上層社會，因為這些人有較多的消費能力，購買較昂貴的產品，但是若把這些人都視為同一個市場區隔，並不理想。因為從前述的討論，我們發現消費者的社會階層，不完全是由收入來決定，而且消費的決定和這些人如何得到這些錢，或得到這些錢的時間長短有關。

例如：有一項對高級車的研究顯示，買Cadillac的人會請司機開車，他們對於汽車的型式和顏色並不重視，對於舒適性和帶給其他人的印象較重視。而Porsche的購買者比較喜歡自己開車，重視的是它的速度和馬力，而非舒適性，最喜歡紅色的車子。Jaguar的購買者則自律甚嚴，重視典雅，喜歡深色系的顏色。Mercede的擁有者喜歡有

控制的感覺，喜歡灰色或銀色。

當人們有錢可以買任何他們喜歡的產品時，這時候再以其所擁有的財富來區分消費行為就不太適合；相反的，以他們如何得到此財富，和其消費習慣來區分可能較適當。靠自己能力辛苦賺錢的這些人，和本身家世顯赫的消費行為就有差別，他們會有一些類似暴發戶的消費行為，以證實他們十分的富有。十分有錢並不能保證得到社會大眾的尊崇，還需要有良好的家庭歷史，熱心公益的美名。所以有些行銷者就利用這種心理，來促使這些人捐出一大筆錢，如洛克菲勒大學。許多這種有錢人，都比較重視其家庭的血統，而不是重視價格，例如：Jaguar的車子就強調其血統純正，是上流紳士開的車子。

這些原來就很有錢的人不太容易找到，有些人認為他們是一群隱藏性的消費者，他們比較不願炫耀其財富，不住在曼哈頓的華廈，而住到維吉尼亞或康乃迪克州的鄉下。這些人對於自己的地位十分確定。因為其從小在富裕的環境中長大，知道如何當一個有錢人。且這些人對於金錢的重視程度不高，大部分的人不會覺得有豪華汽車、古董或名畫是很重要，只有少數人希望加入名人俱樂部，大部分人覺得他們很節儉，會買店裡較便宜的東西。

那些花了很大的努力，才由貧窮變成富有的人，在消費市場上仍然十分地活躍；當他們十分努力地成為億萬富翁後，才發現他們的社會階層改變，這些新加入上層階級的人，並不知道如何當一個有錢人，有人將其稱為「暴發戶」，這個名詞略帶輕視的味道。

許多暴發戶對於自己的社會地位，並不是十分的有信心，他們會觀察其他有錢人的行為，以確定自己所做的事對不對。他會買一些名貴的住宅及家具，使他們看起來很有錢；這種消費行為，可稱為是一種符號的自我完成，會過度地強調各種不同的階級象徵，這是因為他想要顯示本身是具有某種社會地位，降低心中的不安感覺。

當然擁有某種程度的財富，是判定社會階層的重要依據。有些行銷者針對那些有錢但不是十分富裕的市場作區隔，這些人也希望得到最好的產品和服務，他們對於買得起的產品也是精挑細選、重視實際的效用，可能會犧牲某方面的享受，而買另一方面最好的產品。這是一般的新一代消費行為的觀點，通常來自由中下階層逐漸進入中上階層的消費者，這大約占美國70%的消費能力。

許多上層階級的品牌，紛紛要降低他們目標顧客的層級，以吸引這群新興的廣大市場。有許多行銷策略就是鼓勵這些消費者，購買最高級的產品，雖然他們可能要因此而少買一些其他的東西，但是他們說服這些消費者這樣的犧牲是值得的。

人們會對自己進行評估，包括自己的專業成就、物質的享受等，他會將這些東西和其鄰居或朋友來比較，希望自己能夠比其他人好或是至少不比其他人差。

滿足是一個相對的觀念，我們的滿足受到其他人的影響，而這個滿足的標準也經常會改變。非常不幸的是有許多消費行為，並不是為了滿足我們本身的需求，而是為了告訴其他人，我也能夠進行這樣的消費，這種產品的主要目的是作為一種「地位象徵」。

二、炫耀性消費

為了消費而消費的行為，在本世紀初的時候就有人進行研究，他們發現有一種產品就是為了讓消費者覺得他和其他人不同，是為了吸引其他人羨慕的眼光，這種消費稱為「炫耀性的消費」（Conspicuous Consumption），其目的在告訴其他人自己有能力購買較豪華的產品。

這種炫耀性的消費，還擴及其配偶。例如：讓太太穿高級的衣服，生活的非常悠閒，以表示其丈夫很會賺錢。在現代社會中有一些人，願意冒著得到皮膚癌的危險，照射紫外線，得到健康的膚色，也是一種炫耀的行為。

三、家中宴客

有一位人類學者研究北美印地安人，在家中請客的習慣，發現這是他們表現財富的好機會。如果請客吃剩下的東西越多，而且主人可隨意將剩下的東西丟掉，表示越有錢，有時他還會公開地展示他所有的財產，讓客人知道他有多少錢。

這種習俗有時也當成一種社會武器，因為客人也要想辦法回請一下，被請的人有時候發現如果要像主人那麼大手筆的請客，可能會破產。現代的許多婚禮有時候也有這種情況，過分地誇張浪費。

四、地位象徵消費的消退

為了炫耀而消費的行為，要在能夠買得到這種產品的人不多的場合中，才比較容易發生，否則大家都買得起，也沒有太大的炫耀作用，希望得到獨特性的產品，也是消費時的一個主要動機。

這些象徵性的東西如果擴散的太廣泛，就失去其炫耀的價值，這個問題在許多以設計家簽名為品牌名稱的產品就發生過。在開始的幾年，可能覺得穿這種衣服很具有獨特性，但過幾年後，發現每個人都穿這種衣服，也就沒有什麼意思，如皮爾卡登，曾是十分受到注意的品牌，但是它的品牌使用太浮濫，以致影響到它的價值感，許多人已把它

視為和一般品牌一樣沒有差異。

　　與這種趨勢相反的，也有一種所謂的反地位象徵的消費觀點，強調的是個人的鑑賞力，而非強調名牌的吸引力，重視個人的品味。崇尚名牌的消費風氣，會隨著社會的發展，而有所改變。在一個社會剛進入富裕的階段時，會較重視名牌，等到社會都普遍富裕之後，對於名牌的崇拜心理下降，開始重視個人的品味。所以，日本大概在十多年前十分講究使用產品的品牌，而臺灣大概在五年前也有這種情形，現在中國大陸也對名牌非常講究。

第五節 》社會階層與行銷策略

　　社會階層可以作為許多產品和服務的區隔變數，此外，它還可以協助行銷經理制定產品、廣告促銷、定價和通路選擇的策略。

壹、產品策略與區隔

　　社會階層與消費者的產品和服務選擇有關，例如：某些產品可能只適合某一種社會階層人士使用，進一步了解這個社會階層的人口統計變數和生活型態，有助於行銷策略的擬定。例如：銷售銀器餐具、高爾夫球用品、飛機旅行資訊、金融投資者，就認為他們的目標客層是上流的社會人士。所以，可以從這些人的觀點出發，設計一種適合他們的產品或服務組合。

　　有些產品是各種社會階層的人都會消費的，但是在這種產品中的不同品牌，可能吸引不同的社會階層。例如：酒的種類很多，從米酒、啤酒、高粱、紹興、VSOP、XO等，各有不同階層的消費者，這些產品雖然在口味、價格上有差異，但是消費者反而較重視它的社會意義。

　　通用汽車的董事長Alfred P. Sloan在1930年代，首創汽車區隔的觀念，為通用汽車建立了五大車系，各有不同的區隔及定位，如Cadillac是上層階級的用車，往往會僱用司機開車；而Buick則適合中年有成就，但喜歡自己享受開車樂趣的人；Oldsmobile是適合中產階級的用車；Pontiac屬於愛拉風、時髦的年輕人用車；Chevrolet是經濟實用的平民車型。

貳、廣告

不同社會階層者在接觸媒體上也有差異，一般而言，上流社會的人士接觸印刷媒體，尤其是雜誌的比率比低階層者高，這可能和其教育的程度有高度的相關。電視的收視上也有很大的差異，一般較低階層者對於連續劇或綜藝節目的興趣較高，而上流社會則對影集、益智性或新聞性的節目較有興趣。

一般消費者在解釋所收到的訊息時，也和其社會階層有關；研究不同的階層如何解釋各種不同的訊息，或稱為「編碼」（code）方式，有助行銷者設計出一個最容易與其目標消費者溝通的訊息和用語。

參、價格知覺和價格策略

社會階層會影響消費者對於價格的知覺，在較低階層的人比較重視價格和品質之間的關係，從比較各個不同品牌之間的品質及價格，選出一個可以接受價格中品質最好的產品。而高階層的人，比較願意購買那些具有地位象徵的產品和服務，如在豪華餐廳用餐、到國外旅行，或是名牌轎車。

通常高價產品的利潤加成比低價產品高，但是銷售的數量往往比低價產品少。例如：賓士汽車的成本比國產車高，但是其利潤加成遠比國產車高，其中有一部分是符號性價值所附加上去的差價。有些進口商品原以平實價格在臺灣銷售，但是銷售並不如預期的好，反而是在提高價格之後，才有人問津。

一般而言，高涉入又具有高外顯性的產品，比較適合使用高價策略，但是一般不具象徵性的必需品，則比較不適合用太高的價格策略。不過這和社會的發展也有高度的關係，在社會剛開始進入富裕的階段時，對於產品的象徵性和品牌較重視，但是等到大家都相當富裕之後，反而個人的品味較重要。

肆、配銷通路

社會階層也會影響消費者對於商店的選擇，量販店、百貨公司或外銷成衣店，各有其不同的目標消費者，即使同樣在百貨公司中的定位也有很大的差異。例如：在微風廣場的消費者就是以上流社會為主，一件普通衣服的定價最起碼上萬臺幣以上，而SOGO屬於較大眾化的定位。三商百貨則強調價格便宜，以剛進入社會的中低階層人士或是大學新鮮人為主要的目標顧客。

社會階層在進行消費者的分類時，是一個相當重要的觀念。許多的行銷策略是針對

不同的社會階層，但是如果忽略下列幾個原因，可能無法達到原訂的目的：

1. 在同一個階層中，還是有一些不一致性存在。在同一階層中的人口統計變數，往往有很大的差異，是否還可作進一步的區隔，應深入考慮。

2. 消費者在不同的層級間移動的問題。有些消費者會在社會階層之間移動，這些經常移動者的消費行為，可能和一般消費者有很大的差異。

3. 主觀的社會階層有時候對於消費行為的影響也很大，因為人們會按照本身的期望來行事，而非真正的社會階層。

4. 消費者想要改變他們社會層級的慾望，會促使這些消費者不是進行更高一級的消費，就是儲蓄起來，作為未來消費的準備，行銷者應注意這方面價值觀念的差異。

5. 太太是職業婦女的社會階層。因職業婦女的增加，其社會地位也比以前提高，甚至有些女性的收入或地位都比先生高。

本章摘要

- 在社會中總會有些人特別的幸運，得到許多不勞而獲的東西，但是這種社會階層是一個現代社會中，不可避免的現象，不過它也是一個社會進步的原動力之一。在不同的文化背景下，對於社會階層的觀點都不一樣。社會階層的決定，受到許多因素的影響，包括職業、個人的努力、財富與收入、教育、社會及人際關係、價值觀念及行為；所以在衡量社會階層時，所考慮的是一種多元的尺度，不能以單位指標來衡量，衡量時可以主觀法、聲譽法和客觀法進行。

- 一個社會中的階級移動性如果很高，人們會比較想努力突破這些限制，為社會帶來蓬勃的朝氣。一個安定的社會應該是以廣大的中產階級為基礎，構成一個菱形的分布狀況，若有特權階級存在容易造成社會的不安。

- 在衡量社會階層時，家庭是一個相當重要的衡量單位。事實上，以家庭為單位的消費機會，比個人的消費多。我國的家庭財富結構與已開發國家不同，最富有的和最貧窮的財富差16.8倍，集中程度比歐美國家低，而影響財富的關鍵因素在於自有住宅的比率高低。

- 社會階層對於消費行為造成很大的差異，例如：在教育、生活型態、家庭生活、品味和移動性上都有差異，值得行銷者進一步注意。而富裕的消費者還可進一步的細分，讓行銷者可以更精確地掌握消費者心理，而這些差異對於行銷者的產品策略及區隔、廣告、定價和通路上都有影響。

15

Culture and
Subculture
文化與次文化

Wu-Nan Book Inc

Goodness Publishing House

書店封館辦黑膠派對　變復古舞池與樂迷搖擺

讓黑膠唱片的熱潮延續下去，連鎖書店業者從2007年起開始舉行地下黑膠市集、黑膠書房等各類活動。今年首度嘗試彙集各地累積的音樂能量，舉辦黑膠派對巡迴全臺主題活動，除了精選上萬張華語、西洋、古典等黑膠唱片，規劃多場無料講座外，臺南文化中心店還將改造成復古的節奏舞池，舉辦封館音樂派對。

誠品書店表示，黑膠派對全臺巡迴活動於即日起至5月31日在新竹巨城店、5月21日至6月7日在臺南文化中心店接力登場，此次規劃多場無料講座，不僅會邀請知名文化評論家詹偉雄與DJ林貓王分享個人私藏黑膠唱片、好感音樂負責人Danny亦將帶領讀者聆賞各種音樂格式，藉由多位達人的分享，與新手樂迷一起交流。

此外，誠品書店臺中園道店日前首度封館，舉辦了「黑膠迪斯可之八〇舞曲告示牌之夜」，以復古的80年代舞曲搭配燈光營造獨特氛圍，與黑膠樂迷一同搖擺、享受黑膠迪斯可派對，而針對其他也想參與的樂迷，第二場黑膠主題趴將在臺南文化中心店登場，門票即日起由INDIEVOX限量開賣，於6月5日晚間22時正式開跳。

資料來源：洪菱鞠，書店封館辦黑膠派對　變復古舞池與樂迷搖擺，ETtoday 新聞雲，http://www.ettoday.net/news/20150519/508652.htm#ixzz3aw82yM3b, 2015/05/19。

個多元化的國家中，人們的背景有很大的差異，次文化是指那些在許多構面上具有共同性的人群，它包括了種族、宗教、年齡、區域、社會階層等，每一個次文化都有它特殊的價值觀念，影響其成員的行為。

文化對消費者的影響甚鉅，個體遵循著社會奉行的信念、價值觀和風俗習慣，並且儘量避免不被期許、認可，或者視為禁忌的行為。行銷人員除了採用文化因素區隔市場外，也依據種族、習俗、行為模式等特徵，將整個社會區分成較小的次級群體（次文化），而這些次級群體正代表著重要的行銷機會。

探討次文化時，所集中的焦點顯然較文化層次狹隘，其所強調的議題不在於整體社會中最顯著的信念、價值觀，或風俗習慣，以及因此而形成的行銷機會。次文化的形成，主要是基於許多社會文化和人口統計變項，例如：原國籍、宗教、地理區位、種族、年齡、性別等。

第一節 》文化差異、特性與分析

文化是了解消費者行為的一個重要因素，它可視為是一個社會的特徵，它包括一些抽象的概念，如價值觀和道德觀，也包括對於一些實體東西的看法，如對汽車、食物、衣服和運動的看法，文化可以說是一組社會中大家所共有的價值觀念、理念、規範和傳統的總合，可以協助人們溝通、解釋、和評估各種事物。

壹、文化的構面

文化並不是十分的固定，會隨著時間而改變，尤其是在一個現代的社會中，它會不斷的與外來或新生的文化融合變化。一個文化系統包括四個不同的構面，這四者之間有高度的相關性（Greertz, 1973）：

一、生態環境（Ecology）

亦即這個系統為了適應其生存環境，所採取的特殊生活方式，這受到其所使用的科技及其本身資源的影響。例如：日本為了適應其狹小的生活空間，許多產品的設計要求更有效率地使用空間，這也是為何許多美國的電氣設備在日本不受歡迎的原因。

另外自然環境或基礎建設，也對消費行為有很大的影響。在美國，公路網四通八達，汽車成了最普遍的交通工具；但是在澳洲因地廣人稀，很多地方是以小飛機代步，

而在新加坡，由於嚴格限制私人購車，所以大眾交通工具成了主要的移動方式。在寒帶的汽車幾乎無冷氣的需求，而在熱帶對冷氣的要求卻十分嚴格。

二、人口的組成（**Demographic Profile**）

這是指一個社會在年齡、收入、教育程度的組成，產品與服務的銷售機會，視該國之所得、出生率、人口數、都市化程度而定，每個國家的人口統計變數都會有很大的差異。從人口統計變數的分析可以對該市場的潛力有一個基本的認識，以決定是否進入一個新的市場。

這些人口統計變數對於一個行銷者而言，具有特殊的涵義。例如：銷售奢侈品的公司，就不能在所得水準太低的地方行銷；而文盲比率太高的國家，不適合使用印刷媒體；人口出生率高者，對於嬰幼兒產品的需求較高；至於人口老化的國家，則是許多中老年用品的天堂；都市化程度太低，不太容易接觸到大部分的人口。

三、社會結構（**Social Structure**）

為了維持社會生活的安定，所以會產生各種不同的社會結構。社會中的各種不同組織都會影響日常生活，其間的關係須加以注意。社會的結構可分為社會階級和組成單位兩個部分，它們決定了人們互動以及消費的方式。

有些學者把社會分為傳統社會、現代化社會及過渡社會三種；在傳統社會中，社會階層明顯，層級不能突破，消費能力比較有限，因為許多消費行為會由大家庭的功能取代。在過渡社會中，階層性的產品會大受重視，因為有許多人漸漸突破社會層級的限制；反之，在一個成熟的現代化社會中，則重視一般的消費，以及個人和生活品味的提高。

四、意識型態（**Ideology**）

意識型態是一個種族的心理特性，以及他們對於其環境和其他種族的看法。同一個種族的人擁有相同的世界觀，他們對於秩序和公平有同樣的看法，具有同樣的民族精神、道德觀念、審美觀念、宗教哲學和評估標準。

例如：不同的色彩在許多國家中，具有不同的涵義。在美國經常以顏色來表示情緒的反應，例如：紅色代表憤怒，綠色表示嫉妒，藍色代表憂鬱。

貳、價值觀和規範

同一個文化體系的成員，對於許多的事物有同樣的看法，這種信念和看法的養成，是透過許多社會化的機構和個人來傳達，例如：父母、親友和師長。每一個文化都會有特定的價值觀，價值觀是指人們對於某一種情境的喜歡程度。在某些情況下，會有全世界一致的價值觀，例如：喜歡健康、智慧及和平。

而其他的部分在不同文化下，會有比較大的差異。例如：什麼是一個理想的社會，美國人會認為一個和平的社會最重要，日本人則認為富裕的社會最重要，印度人則認為一個和諧的社會最重要。

價值觀是一種好或壞的一般觀念，從這些觀念中可以發展出許多的社會規範，明確指出什麼是好、什麼是壞；什麼是可以接受、什麼是不可以接受。例如：對於父母的態度，在東方的社會中認為對父母要謙恭有禮；在西方的社會中，則強調彼此的尊重和意見的表達。一般而言，社會的規範還可以分類如下（McCall & Simmons, 1982）：

一、傳統

傳統是從過去所流傳下來的一些行為習慣，例如：男主外、女主內，或是保守的性行為觀念，或是一些慶典儀式。有些傳統還涉及到許多禁止的行為，例如：背叛一個國家，可能會受到許多嚴重的處罰。

二、習俗（Convention）

是指許多日常生活的規範，例如：如何布置一個溫馨的家庭、如何穿著衣服或用餐等。這些規範可以影響消費者的行為，例如：在印度則不能吃牛肉、回教則不吃豬肉；但是我們一般都把這些規範視為理所當然。當人們對於自己的社會規範或傳統很有信心，認為自己國家的東西都比國外好時，就形成所謂的「種族優越感」，這種種族優越感越高的國家，對於外來產品的接受能力也就越低。

參、行銷和文化

行銷者可以藉由產品來象徵某種的文化特色，例如：很多人認為美國的文化特色，可以Levi's牛仔褲、Marlboro香菸、Coca-Cola飲料表現出來，代表美國傳統文化的自由和個人主義，可以視為美國精神的代表物。所以，文化和行銷是彼此互相影響的，新的產品或成功的設計，可以改變文化的傳統，而成為一種新的文化觀念。

許多公司正進入各種不同國家和社會中，有些公司認為應該為各個不同的國家，設

趣味小案例

以往臺中大甲鎮瀾宮的媽祖八天七夜繞境活動，透過廟方的現代化包裝，讓宗教也可以很時尚。此活動逐年納進傳統編織走秀、藝人表演活動等，吸引大批年輕人共襄盛舉，此活動已變成結合觀光、文化產業的全國盛事。

計一套不同的行銷策略；但是有些公司則認為，許多不同的社會同質性越來越高，尤其是工業化國家中的差異越來越小，若透過全球一致的行銷策略，可以得到規模經濟的效果，不需要為不同的國家設計不同的行銷策略。

另外，有些行銷者重視個別文化中的差異，他們覺得每一個國家都有它獨特的文化及個性，價值觀念、風俗習慣都不一樣，需要不同的行銷策略才能進入這些國家。例如：西北航空公司，強調在臺灣的航線上，要有中文的空服小姐，不但會說中文，即使你說臺語也可以「通」。

行銷者應該特別注意不同文化中的一些禁忌，例如：獵狗或是獵豬可能觸怒回教徒。中國人的「四」和「死」的音很類似，應該避免。許多文化對性的看法也不同，日本人在公開場合很害羞有禮，但是卻對性毫不保留，日本的廣告有很多是以性為訴求，經常出現裸體的廣告畫面。不久之前，日本妓女都還是合法的行業，小電影也大行其道，某些小電影明星的收入，不比一般的明星差。

肆、公司的行銷策略

一個公司在進入不同的地理區域、國家或文化時，可以採取五種不同的方式（Keegan, 1988）：

一、產品廣告直接延伸（**Product-Communication Extension**）

此一方式專指產品線的擴充而言，為五種不同策略中最容易的一種，而且獲利最佳。這種策略是將同一種產品，使用與美國相同的廣告及通路方式，銷售至其他的國家中，但值得注意的是各國會因國情或文化的差異，而對產品產生認知上的差異，使用這種方式的最大吸引力，是可以節省成本，而其成本的節省來自於大量生產的規模經濟，

以及研發成本和行銷上的成本。就公司而言,成本雖然重要,但如何獲得更高利潤才是更重要的目標。

二、產品延伸、廣告調整（Product Extension, Communication Adaption）

這種方式用於進入與本國市場相同或類似的情況下,產品在滿足不同的需要或提供不同的功能時,所必須做的調整便是在行銷觀念上的傳遞與溝通。消費者所追求的需求或要求的功能不同時,相同產品對消費者產生的效用便不同。值得注意的是,使用這種方式時,產品還是與母國相同,唯一的改變只是在行銷觀念上的差異。這種方式在施行成本上較低,因為它僅需要在行銷觀念上改變,重新塑造產品的形象。

三、產品調整、廣告直接延伸（Product Adaption, Communication Extension）

使用此一方式,是基於不改變基本的溝通方式下,對於產品做稍微的修改,母國的基本行銷策略,還是可以適用在各個不同的地方。這背後的基本假設是,這個產品在不同的國家中,還是能夠提供相同的功能。例如:洗衣粉在各國的效用都差不多,只需要配合各地區的鹽洗設備及習慣來進行調整即可。例如:在美國的洗衣粉有很多是採取大包裝,但是在臺灣因氣候較潮溼,容易結成硬塊,而且一般消費者不會一次買很多,所以在臺灣的洗衣粉適合以小包裝推出。

四、產品及廣告都調整（Dual Adaption）

亦即同時在產品和溝通策略上都作調整,這種方式適合使用在環境和產品的功能都不同的市場狀況。在本質上,就是上述第二種及第三種方式的綜合。

五、產品創新（Product Invention）

有時候,要以全新的產品才能進入一個新的市場,因為有許多未開發的國家中,因所得太低,無法購買許多已開發國家的產品,所以在許多狀況下,產品和溝通的方式都需要大幅度改變。

產品的價值可以定義為功能與價格的比值,功能越高、價格越低時,價值也越高;此外,也有一些全球行銷的國家是以消費者的知覺來決定,因此,這些公司可以按照各國家的差異來從事行銷活動。

第二節 〉文化對行銷組合的影響

　　文化對消費者的特性和行為有直接的影響，所以也會影響我們的行銷策略，這些影響包括產品意義、定價行為及配銷通路。

壹、產品意義

　　文化會賦予產品不同的意義，在不同的文化中，相同的產品會有不同的涵義。例如：在德國買賓士車，是一種寒酸的表現，是對於現況很滿意的凡夫俗子；假如你胸懷大志的話，這顯然是一個錯誤的選擇。但是在臺灣，卻是事業有成，家財萬貫的表徵。

　　在一個社會中，一項產品所具有的意義，和如何引入一項新產品有很大的關係。例如：在美國認為自己動手做些東西是一種手腦並用的工作，是很好的休閒方法，所以很多產品都是強調自己做，如自己粉刷牆壁或動手修理房子。但是在臺灣，則認為這些工作都應該請人來做。

貳、定價行為

　　定價經常與一個社會的經濟哲學有很大的關係，這種哲學也影響公司對於價格的控制能力。例如：在日本，政府在消費中扮演很重要的角色，甚至包括價格的訂定；而美國政府則很少對價格進行管制，因為社會的文化，比較崇尚自由競爭。

　　在美國經常會產生價格競爭的情況，同樣的產品在不同的商店中，價格可能會相差好幾倍。例如：在Wal-Mart買六罐裝的可口可樂只要一元五角，而在自動販賣機中可能賣到一罐要七十五分，幾乎是前者的三倍。即使在不同的零售商店中，價格也經常不一樣。而在英國則有維持零售價格的權力，可使全國性的品牌在各地的價格都差不多。在西班牙則對原料價格進行管制，所以許多消費品的價格也很固定。

　　在許多國家中，不像美國一樣，有不二價的制度和習慣，事實上討價還價才是符合這些國家的文化。例如：在許多的亞洲國家中，真實的成交價格，可能不到原始標價的一半，所以在這些國家中，買東西若不殺價，反而會被認為是冤大頭。

參、配銷通路

　　一般而言，當一個國家的經濟成長之後，配銷通路應該也會漸漸整合，而不會十分的分散。但是在某些國家中，似乎不然，例如：在法國的零售通路就比美國分散，在許

多大型超市或連鎖商店成立後，還是有很多的獨立小商店，還有各種賣魚、肉、牛奶、咖啡的各種小店存在，這可能和其獨特的烹飪方式有關，也有許多人把這些商店當成是社區中的資訊交換站（Doglas, 1978）。

而日本配銷通路也是個非常複雜而分散的系統，它是由許多的層級及機構所組成，許多美國公司進入日本市場失敗的原因，是因為無法了解和適應這種配銷通路。在製造商和最終零售商之間，可能有高達七個不同的層級存在，而且因為地方小，交通便利，大部分的消費者，一次可能只買很少的數量，反倒是經常去購買。而且這些小商店也沒有能力一次購進大量的商品。

在中國大陸的許多鄉下地方，甚至還沒有比較像樣的零售店，所以寶鹼公司在進入大陸市場銷售海倫仙度絲時，是透過一些跑單幫的個體戶，利用小貨車運送到鄉下地方，然後就地作起買賣來推廣，結果也得到很大的成功，因為海倫仙度絲的強大去頭皮屑功能，剛好適合這些人的需求。

第三節 》文化對公司國際化策略的影響

美國和日本的文化在許多方面有很大的差異，但是雅芳（Avon）花了很多的功夫來了解這種差異，以及它對於消費者需求及偏好上的影響，所以獲得了很大的成功。雅芳在日本修正了它的產品線、產品大小、配銷方式，以及促銷策略。

壹、產品線

在美國，雅芳是以化妝品為主，但是在日本卻以保養品為主，這是受到文化價值觀的影響。美國是一個比較沒有耐性、活動力很強的文化背景國家，當消費者發現一個問題存在時，會想辦法儘快解決它。所以當美國女性想要使自己更加動人時，她會使用化妝品，立刻得到她想獲得的結果，因此喜歡購買化妝品，而不願意購買保養品。不過，雅芳認為這是文化偏見所造成的結果。

日本則是一個比較有耐心的文化背景國家，他們認為許多事情都不是立刻會發生的，而是需要經過時間，慢慢演變。所以，日本女性對於皮膚保養的觀念，也受這種文化特性的影響。她們會每天早晚，使用六、七種不同的保養品，來保養皮膚。日本女性從十五歲左右就開始保養皮膚，而這種工作可能持續一輩子。

另一個文化上的差異，是美國的女性購買化妝品的種類很多，她可能買雅芳的眼影、Revlon的口紅、Estee Lauder的腮紅。但是日本的女性通常只用一種品牌，因皮膚保養是基礎的工作，若使用其他不同的品牌，會破壞這種保養的工作。

當然並不是所有的產品線差異，都來自於文化的影響，有些是來自於生理因素。例如：在日本人只有一種膚色，所以適合的顏色範圍較窄，而美國人的膚色種類較多，適合的顏色範圍也較廣。所以，在日本只賣幾種色調，但是它的層次種類則較多。

貳、產品大小

日本的整個國土大小，大約只有加州那麼大，但人口卻超過1億人，所以人口密度很高。因此，在日本的許多產品設計，都十分小巧，重視空間的運用。日本的雅芳產品也比美國的小，但是這並不是只受空間的影響，也受到日本傳統價值觀「小即是美」的影響，因此在日本雖然也賣超大號的產品，但通常銷售不佳。

參、通路

在日本如果挨家挨戶的拜訪，會被視為很沒有禮貌的行為，沒有任何高級產品會採用這種方式，只有乞丐才會沿街敲門。所以在日本的雅芳小姐，並沒有沿街敲門，而只有對其最親密的親戚或朋友銷售，因此在日本的雅芳小姐密度比美國高。因為一個人只負責少數的客戶，不像美國一位雅芳小姐的客戶可能高達數十人。

肆、銷售激勵

在美國的雅芳小姐，對於金錢的激勵報酬反應很好。另外，也經常會在一些雅芳小組的業務會議中，頒發一些獎品，所以地區的經理可以告訴這些小姐，賣得越多賺得越多。

但是在日本的雅芳小姐客戶不多，不能夠擴大她們的營業額，以賺得足夠的利潤，她們會覺得向朋友強力推銷，是很不好的行為，所以在日本的激勵方式是，「這麼好的保養品，難道你不想和你的好朋友分享嗎？」在日本的雅芳小姐會議，會變成一種社交的場合，可以在這邊遇到一些好朋友，或是學得如何使自己更迷人的方法，而且雅芳小姐自己買化妝品有特殊的折扣。

伍、推廣

在廣告的製作方面也要費點苦心，因為大部分日本人膚色都很接近，五官結構也接近，全部都是黑頭髮。而白種女性，則有各種不同顏色的頭髮及眼睛，比較能夠表現出各種不同化妝品的效用，所以在廣告化妝品時，大部分以白種女性為模特兒。

相反的，若是廣告保養品時，則比較適合以日本女性來廣告，因為她們希望能夠確定這種保養品，是適合日本女性的皮膚，不會引起不良的負作用。

第四節 >> 次文化的意義與特性

壹、次文化與消費行為

在同一個國家的人民有很高的相似性，他們受到相同的文化薰陶，在同樣的社會中成長，有共同的消費觀點，但是在同樣的文化中還是存在許多的差異。在購買衣服時，一位企業經理、一個大學生、一個鄉下的農夫，或是工廠中的工人，就會有不同的看法，這看法的差異，可以稱為是「次文化」（Subcultures）所造成的差異，在同一個次文化的成員具有類似的消費習性。

尤其在美國這種環境中，是由許多民族所組成的國家，次文化的重要性就更高。中國雖然號稱是由中華民族所組成，具有相同的文化背景，但是因為分布的地區太廣泛，所以在不同地區的居民也具有不同的次文化。

一個人可能同時屬於一個以上的次文化，有時這種不同的次文化之間的價值觀念也會產生衝突，這些次文化的群體，包括種族、年齡、區域和宗教。而這種次文化的影響通常是先影響消費者的價值觀，然後生活型態，最後再影響消費者的媒體行為、購物行為及消費行為。

而次文化對於消費行為的影響程度，受到消費者對於該次文化認同程度的影響。有些亞裔美人，可能對於年齡的認同程度，高於對種族的認同程度。例如：在讀大學期間，可能接受一般大學生的生活方式，購買一般學生喜歡的產品及娛樂。

在不同的次文化中的消費者是否想和其他文化整合，受到許多因素的影響。例如：在美國的黑人、西班牙人和亞裔人，都有向白人文化整合或學習的動機，但是白人對於其他次文化的接受程度就很低。例如：有名的黑人歌手Michael Jackson在剛出道時

皮膚較黑，但在成名之後，皮膚有越來越白之趨勢，就是利用一些美容或手術的方法，希望能讓白人接受。

貳、次文化與行銷策略

次文化對於消費者的行為有很大的影響，但是我們可能對於不同的次文化有不一樣的認同程度，因此我們可以在不同的消費行為中，選擇一種我們最想認同的次文化來進行消費決策。所以，行銷者在利用消費的次文化進行市場區隔時，應該考慮消費者對於這種次文化的認同程度。

行銷者在利用次文化決定行銷策略時，可能有四種不同的行銷策略。一家廠商所生產的產品可以是與次文化有關或是無關，而其目標消費者也可能是在該次文化之內或在該次文化之外的消費者。因此，可以採取四種不同的行銷策略，包括：專門化策略、擴散性策略、異質性策略或大量行銷策略。

一、專門化策略（Specialized）

專門化策略是生產特定次文化所需的產品，賣給特定次文化的消費者，例如：許多黑人因膚色的需要，需要特殊顏色的化妝品；有些老人，因為行動較不方便，需要特殊的進餐用具，或成人紙尿褲等。有些針對某些次文化的刊物，則建議消費者應該如何穿著和消費，例如：《儂儂雜誌》建議女性應該如何打扮和穿著。

二、擴散性策略（Diffused）

擴散性策略將原為某一次文化的產品，銷售給其他次文化，而超越了原有的消費層級。有許多這種次文化產品，因為具有某些特別的屬性，也能吸引其他次文化的注意，例如：東方的餐廳或陶瓷用品、墨西哥人的旅館、義大利的披薩等。

三、異質性策略（Idiosyncratic）

異質性策略將原為非特定次文化之產品，賣到特定次文化，這種策略有兩種不同的情形：一是有些原為大量行銷的產品，針對某些次文化設計不同的廣告或促銷策略，以提高這個次文化的接受和認同程度。例如：Pepsi（百事可樂）以西班牙語，在一些屬於西班牙語的雜誌或媒體大打廣告；其基本的理念是認為這種廣告，可以提高這個次文化的接受程度，以得到更高的市場占有率。

另一種情形是原為大量行銷的產品，發現它在某一特定次文化中的接受程度，比其

他的消費者高。例如：在原住民同胞中，對於米酒的飲用量，比一般的平地人高，可能是所得和口味所造成的影響。當廠商發現這種現象之後，不應以此為滿足，應該強化這個次文化的行銷活動，以增強這種現象。

四、大量行銷策略（Mass Market）

大量行銷策略是將無次文化特性的產品，銷售給所有消費者，這種行銷策略不考慮任何次文化的因素。一般而言，這種行銷策略在無文化差異的必需品上應用較多，例如：清潔用品、文具等，並不因次文化而有太大的影響，可採取大量行銷策略。

在某些狀況下，針對次文化行銷，會比對不同文化進行行銷來得容易。例如：對於音樂或運動的喜好，全世界的大學生可能都差不多，不管是美國、日本、韓國、臺灣或是法國，可能都一樣；而在種族或宗教上的差異則較小，所以麥克傑克森、貝克漢或瑪丹娜才能風行世界。有時這種全球的行銷者，針對這種年齡的次文化進行行銷工作，反而能夠突破文化上的差異，而不需要進行任何的修正。以下我們分別討論種族、年齡、區域和宗教次文化對於消費行為的影響，以及行銷上應注意的事項。

參、種族的次文化

種族的次文化對於消費者本身形象的認同有很大的影響，在某些國家中，文化和種族是同義字，例如：在日本，這兩者是一樣的，但是在美國，卻有很大的差異。美國文化可說是一個混血的文化，許多少數民族，都儘量避免讓他們的文化和其他文化混在一起，他們的飲食、服裝和裝飾，還是維持著獨特的風格。

許多的次文化都會有所謂的刻板印象，例如：認為東方的民族，對於吃的東西很有研究，中國食物是一種味道很特殊的美食；或是蘇格蘭人都是非常有禮貌，令人容易產生好感的民族，所以3M以Scotch作為它的品牌名稱之一。

有時候這種對於種族的刻板印象，也被當成是一種可以表現特殊產品特徵的方法。黑人可能是低下階層的一種象徵，墨西哥是罪犯的代名詞，但是後來美國通過法令，認為這種廣告方式有民族歧視的嫌疑，所以這種負面形象的廣告就不准再播出。

專對某一種族次文化進行行銷工作的產品，並不一定只有針對這個種族，有時我們會降低產品與這個種族的關係，而推廣到其他種族中也可以使用。有些原來只針對中國人的餐廳，排除種族的限制後，提供一些較適合一般美國人口味的食物。

在早期美國的移民大部分來自歐洲和非洲，但是近年來，來自拉丁美洲和亞洲的移

民也開始增加，對於美國的人口開始產生結構性的影響，這個趨勢值得行銷者進一步研究。

一、非裔美人

在美國的黑人或非裔的美人已經占了全部人口的12%，這些黑人的許多消費行為的確和白人有很大的差異，但是這個市場本身的差異也很大。

歷史上黑人和白人並不屬於同一個社會，雖然有些黑人的工作能力受到肯定，而進入白人社會中，使得這些種族界線漸漸模糊，但其間仍有差異。雖然有些人認為這些消費上的差異，主要是來自收入上的差異，而這些黑人大部分集中在市區中，也是另一個消費差異的可能來源。雖然黑人家庭的收入只有白人的63%，但是他們大約都花三分之二的收入在房屋、交通和食物上。

他們對於購買的優先順序不太一樣，值得行銷者注意。如果美國的黑人是一個獨立的國家，它的購買能力在西方國家中大約排名第十二，而且這個區隔市場的收入逐漸改善，所以是許多原已飽和產品的新市場。例如：黑人只占買卡車和小貨車市場的2%，這可能是因為大部分黑人住在市區的關係。黑人買了10%的家電用品，17%的二手貨，比一般美國人多花了28%在育兒產品上，而且買更多的調味料，買了一半在美國賣出的Cognac酒、34%的理髮產品、消費500元以上在美容和健康產品上，是一般白人婦女的3倍。

◀美國街頭年輕人喜歡穿超大尺寸的上衣與褲襠，把邋遢當作酷，就是一種次文化的表現，當缺乏能力去消費更多漂亮的衣服，因此用對抗性來凸顯自我的不同，變成了習慣。

一位黑人的家庭主婦，一天看電視的時間超過十個小時，比一般的家庭主婦多出40%，他們喜歡看原有的節目，不喜歡看新的節目；他們看報紙時數比別人多，更注意分類廣告的消息。傳統上，黑人上電視廣告的機會不多，但是現在開始有些改變，現在廣告中出現黑人的比率在四分之一以上；節目中的許多黑人，也開始以中上階層的家庭出現，如The Cosby Show（天才老爹）。

有些雜誌宣稱大部分的讀者是黑人，所以有些廣告的代理商開始針對這些雜誌設計不同的廣告，以吸引黑人消費者的注意。在這些廣告中，有些重視黑人給他小孩的教育，因為有40%的黑人是來自缺乏父親照顧的家庭。而新成為中產階級的黑人，被稱為Buppie（Joseph, 1985），其消費行為和一般中產階級還是有差異，他們仍想保持黑人的消費行為，而不是完全模仿其他白人。

二、西裔美人（Hispanic-American）

西班牙裔的次種族，仍未受到相當的重視，但是它的成長迅速，已經使得行銷者很難忽略。據估計，到了2015年，西裔美人的人口總數，會超過黑人的總數，作為最大的少數民族。在1980至88年間，這些人口成長了30%，而其出生為平均出生率的四倍。

從人口統計學的觀點來看，西裔美人有兩個特徵，一是平均年齡較低，他們的中位數是23.6，而一般的平均年齡是32歲。另一個特徵是家庭較大，平均一個家庭有3.5人，而一般美國家庭只有2.7人。這些差異會影響支出的分配，他們在雜物的購買上，比一般的家庭多出了15到20%，而其人口總數達1,900萬人。而且他們還具有下列特性：

1. 品牌忠誠度高，尤其是從他們國家賣出來的產品，大概45%的西裔美人會購買經常買的產品，只有五分之一會經常改變品牌。

2. 他們的集中程度很高，大部分住在洛杉磯、紐約、聖安東尼、邁阿密、舊金山，所以在洛杉磯的「雅芳小姐」有70%是拉丁美洲的後裔。

3. 其教育水準快速的提高，在1984到88年間，大學畢業生增加了51%，而從事管理或技術性的專門職業者增加42%，收入也大幅的提高。

在這些西裔美人的社會中，家庭是一個相當重要的因素，他們很喜歡花更多的時間與家人相處，所以影響許多消費行為，例如：許多西裔美人認為看電影是一種全家一起參與的活動，大部分都是成群結隊的看電影，而非三人以下。

認為家人過更好的生活也是他們的重要價值觀，他們會讓小孩子穿得很漂亮，而能

夠節省時間的產品就不是那麼重要，因為他們願意買那些需要再加工的食品，為家庭節省較多的錢，以便用在其他支出上。

西裔美人較重視地位和自尊，他們怕在社交場合失去控制和被拒絕，所以傳統上他們比較行動導向，強調自己解決問題，因此那些能夠表現出自信的廣告名星較受歡迎。

母語和文化在西裔美人的家庭中十分重要，大約有四分之三的人在家中還是講西班牙語，所以他們對於那些強調西班牙特色的廣告特別注意，大約有40%的西裔美人，認為他們會買那些針對西裔美人的產品。

這些西裔美人被同化的程度，受居住環境的影響很大。跟其他西裔美人住在一起的，比較不會被同化，而獨立居住的則較易改變。在古巴的卡斯楚取得政權時，有些受過高等教育的古巴人居住在邁阿密附近，這些人經過辛苦的工作之後，於邁阿密的政經界都開始具有影響力，是一個不容忽視的力量。

但是這些西裔美人還是有很大的差異，如墨西哥裔的增加速度最快，占了全部西裔美人的62%，其消費能力最低；而古巴來的數量最少，其消費能力最高，平均年齡也比一般的西裔美人來得高，所以在各地區的西裔美人還是有差異。

三、亞裔美人

雖然來自亞洲的移民數目不多，但其成長速度卻很快。行銷者把這些人視為有潛力的市場區隔，這些人都十分勤奮的工作，收入比平均水準高，平均每一個家庭比一般的白人年收入多2,000美元，比黑人多7,000至9,000美元。這些家庭十分重視教育，會送小孩子上大學，讀大學或以上的比率比白人高一倍，比黑人多四倍以上。

雖然消費潛力很高，但是要進行行銷的工作並不容易，因為這些人的次群體很多，又講各種不同的語言。亞裔美人代表十二個以上的不同國家，中國人最多，日本和菲律賓居次，雖然成長速度很快，但仍占不到全部人口的2%，所以透過大眾傳播媒體，並不容易接觸到這群人。其次大部分的亞裔美人儲蓄比率很高，借錢不多，他們喜歡在量入為出的情況下生活，將錢放在銀行中，進行投資的比率並不高。

另一方面針對這些消費者的業者發現，這些亞洲人都很有錢，而且在購買一些可以表示身分地位的產品上，又相當的慷慨，是賓士、BMW的好客戶，他們也很容易接受技術複雜的新產品，如個人電腦、錄放影機、雷射唱盤和攝影機。

許多行銷者都為沒有較好的廣告媒體而大傷腦筋，大部分的行銷者發現在廣播上用英文效果最好，但在印刷媒體上可能就要用各種不同的亞洲文字。在亞洲只有菲律賓以

英文為母語,而其他亞洲民族各有其母語,用得最多的依序是中文、韓文、日文和越南文。

大部分的亞洲人對於保險都很重視,中國人強調家庭生活的安全以及未來小孩的就學問題,所以他們的保險一般是全面性的人壽保險。美商大都會保險公司,就是以強調保護小孩及全家人的安全為訴求,藉著這種訴求,它在一年之內,亞裔美人的保險業務增加了22%。

肆、宗教次文化

根據統計,臺灣是一個多元宗教信仰的國家,其中,以道教、佛教、基督教、天主教最負盛名。各信徒進行購買決策時,可能深受其所信奉之教派而有所影響。最普遍的例子是,在某些宗教節慶時,消費者喜歡購買具有象徵性意義或宗教意涵的產品。舉例來說,聖誕節或中元節已成為一年中採購禮物或祭品的最佳時節。

在臺灣,道教和佛教是成長最快速的宗教團體,對這些教徒來說,宗教已成為生活中相當重要的活動,他們的興趣與意見均與宗教息息相關。而從行銷人員的角度,這群人往往偏好能支持其觀點的品牌,並具有相當忠誠度。以特別行銷方案吸引特定宗教族群應是有利可圖的,例如:臺灣每年三至四月就會掀起一股「瘋媽祖」熱潮,藉由媽祖繞境活動,周邊商品應運而生且增進民眾參與感。

宗教禁令或者相關活動有時已超脫原有的意涵,例如:食物禁令對虔誠的猶太教家庭來說,已代表一種義務,像牙膏和糖精都已針對特殊節慶(踰越節)開發出符合猶太教規的產品。許多食品,只要在包裝上標示U或K字樣,即表示該食物符合猶太教規。即使對不虔誠的猶太教者,或者非猶太教徒,這些字樣也表達該食物不含雜質,且有益健康的意涵。由於此標示所蘊含的意義,已超脫原有宗教色彩,許多全國性品牌,也希望藉此作為一種產品認證。事實上,許多符合猶太教規的產品並非僅限於教徒購買,食品包裝和平面廣告只要標示U、K字樣,或者「parve」,即告知消費者該產品符合猶太教義,可以佐餐食用。

伍、年齡次文化

消費者所生長的年代,會有很多事情影響著他們的行為。例如:在二次大戰後出生的一代,和戰前出生的一代就有很大的差別,他們沒有經過戰亂的年代。而每個時代的偶像也不一樣,從早期的林青霞、秦漢、秦祥林,到成龍,到林志玲、周杰倫等。從冷

戰的對峙局面到兩岸的交流；從貧亂的戰後經濟，到所得超過10,000美元的富裕時代；這些事件都會影響在那個年代成長的人，使得這些人的價值觀和生活方式與在其他年代生長者有很大的差異。

因為在同一個年代生長的消費者，有同樣的歷史背景、人物、流行的事物，所以可以使用同樣的訴求方式，引起他們的懷古之情。例如：「阿爸的情人」就是使用臺灣早期的報紙、商店、桌椅、陳設，來引起消費者的思古幽情。因為在那個年代長大的人，對於這種景象特別的熟悉。

有些研究也顯示（Holbrook and Schindler, 1989），消費者最喜歡的歌曲是那些當他們開始能夠接觸音樂時，第一次接觸的音樂類型，會伴隨他們度過一生，即使後來有更多不同的流行歌曲出現，這些第一次接觸的歌曲，還是他們最喜歡的。有些懷念老歌的節目，就是播放其目標聽眾在十二到二十四歲時的流行歌曲。

一、青少年的市場

許多人都承認讓人最興奮的日子，就是那些由小孩準備成為大人的那一段青少年時代，在這種轉變的過程中，有許多事情使得一個人對於自己產生不確定性、如何尋找自己的歸屬，以及對於自己的肯定，成為一件很重要的事情。

在這個階段中，選擇不同的活動、朋友以及外表和衣著，都成為是否為同儕接受的關鍵。許多廣告中都顯示，這些青少年參與何種活動、如何穿著、使用何種產品、喝何種飲料，藉著這些青少年喜歡的東西來吸引他們的注意力。

因為這些青少年對於許多東西都有興趣，而且有能力去購買他們想要得到的許多產品，所以就成為行銷者的好目標。許多青少年有很多的零用錢，或打工賺的錢，一個星期可能超過1,000元以上，而且不用為生活煩惱，不需付一大堆帳單，所以消費能力很高。這些錢大部分是拿去購買一些讓他們感覺很舒服的產品，如海報、速食、CD、流行服飾、看電影等，讓生活過得更愉快。

行銷者把青少年視為有待訓練的消費者，這時他們的品牌偏好尚未形成，許多行銷者認為在這個時候建立品牌偏好，可以使得他們在未來不容易轉移到其他的品牌，養成購買這個品牌的習慣。

另外，青少年對其父母的決策也具有影響力，大概有六成的青少年認為，他們對於渡假地點的選擇具有影響力。而且家長也經常要求青少年幫忙買些東西，因為有很多女性外出工作，沒有時間購買一些日常用品，這些就成了青少年的工作。

這種家族決策的改變，使得行銷者對於青少年的市場更加重視，將這些具有能力的青少年稱為Skippies。據估計，大部分的青少年在一個月中，會有兩次以上的機會為家中購買日常用品。廣告也針對這些青少年進行，可伶可利洗面乳的廣告就是青少年在浴室裡開心地洗臉。

這些年輕人對於流行的產品也具有很大的購買能力，他們是形成流行的主力，因為他們反抗傳統和大人的權威，所以許多的音樂、廣告、電影都是偏向反傳統、暴力的訴求，但是根據調查，有許多的青少年希望有更多的家庭作業，也經常上教堂，所以其實他們並非像許多媒體中描述的那麼離經叛道。

二、大學生市場

行銷者一年花費大約1億美元，針對大學生的市場進行廣告，而這個市場在美國一年的購買量約200億。在付過一般的書籍、學費、住宿費後，每個月仍有大約200美元的零用錢，而且這個年齡是最想嘗試各種新產品的時代。許多大學生都是第一次遠離家人，會做許多原本由父母決定的購買決策，如購買清潔用品或飲料食品等，而且這些人大部分沒有品牌偏好，是最容易影響的一群。

但是這些大學生很難由一般傳統的廣告媒體接觸，對行銷者構成一個很大的挑戰，因為他們看電視的時間較少，即使看電視也在深夜以後。有些公司發現接觸這些大學生最好的方法，是透過學校的BBS或FB等社群網站，大部分的學生都透過電子社群網站來交換或搜尋資訊。

三、銀髮市場

隨著平均年齡、壽命的增加，銀髮市場的潛力開始增加，有許多的產品和服務就是針對這些市場而來。而且這些老年人也不像以前是一群消費能力很低、很少參加各種活動的族群，而是具有越來越高的消費能力，經常活躍在各種社交場合之中，願意購買更多的產品和服務。

這些人的經濟能力比以前大為改善，從1979到1987年間，其所得增加16%，比其他區隔市場多，他們大部分都用於償還負債，超過80%的人有自己的房子，這些房子80%以上已經沒有貸款且不需再扶養小孩，甚至大部分的人都感覺不需要再把這些錢留給兒子或孫子，所以消費能力比以前更強。

行銷者發現這些老年消費者都宣稱他們比實際的年齡，年輕十到十五歲，事實上許多人同意年齡是心理問題而非生理問題，如果不斷保持心理的年輕，參加各種不同活

動，有助於壽命的延長，以及生活品質的提升。

　　所以，行銷者認為最好以消費者的「認知年齡」（Perceived Age）來判斷消費者的年齡可能比較適當，有些人活得越老反而覺得心理年齡越年輕。所以，強調產品與實際年齡的關聯，還不如強調產品的利益來得適當。

　　由於生育率的下降，臺灣逐漸面臨老齡化社會，所以再做適當的區隔，也有助於行銷策略的訂定。在這個市場中，對抗年老可能是一個相當重要的訴求，他們不希望讓人家覺得他們很老，他們會接受許多新的挑戰。他們的品牌忠誠度較高，除非有足夠的理由，否則較少嘗試新產品。

　　根據一項調查，發現三分之一的老年消費者，他們會故意不買那些強調老人特性的產品，大部分的產品廣告都忽略老年的消費者，但是根據調查超過五十歲以上的老人，還是有許多人經常購買軟性飲料，但是在這些軟性飲料的廣告中卻從來沒有看過老年人（Beck, 1990）。

　　一般而言，這些老年消費者接受媒體影響的時間很長，他們不像其他的年齡層一樣，希望購買反應老年人老弱形象的產品，他們希望仍有良好的社交活動，對社會還有很多的貢獻，許多老人都希望他們能夠比實際年齡看起來年輕。

　　所以，在對老人進行行銷工作時，應該遵守下列的幾個原則：在用字上儘量簡單明瞭；使用清晰明亮的照片；避免強調老弱的訴求；強調從原有消費者已經熟悉的品牌，來進行品牌延伸的工作；使用單一有力的廣告訴求。

陸、區域次文化

　　在美國因為地方太大，所以在許多地方的地理環境、氣候、文化和資源都不相同，因此會形成很多的地區特性。在許多情況下，把美國視為單一的市場並不恰當。

　　在每一個地區的人們，生活型態並不相同，許多地方差異不大，但有些則差異很大。北方人購買滑雪設備者很多，但在南方卻很少；在西部的許多母親喜歡用母奶哺乳，南方則很少。產品和生活型態在各地都有差異，西部人較重視健康，購買許多健康食物和運動器材，會投書到報社，比較容易接受新產品，45%開進口車；而東部人則只有21%開進口車，住在生活節奏較快的市區，消耗較多的酒類，購買衣服較多等。

　　汽車在美國人的生活中占有很重要的地位，從汽車的選擇可以看出一個人的個性，不管是性感、節儉或大方。在德州卡車的銷售數量很大，是全國中唯一把卡車當成

一種主要交通工具的州。許多汽車公司最近都提高地區廣告經費的比率，以吸引不同地區消費者的不同偏好。

GM發現在加州附近的銷售情況很不理想，所以對這個地方的廣告策略也加以改變，例如：Chevrolet的Cavalier在其他地方都強調是一輛舒適的家庭房車，但在加州卻強調其跑車的性能。克萊斯勒也採取了類似的策略，LeBaron在中西部是強調其內裝十分活潑，在加州則強調其加速性和操控性能。

在不同區域的消費者所追求的娛樂不一樣，有一個調查發現，爵士樂和古典音樂在西部和中西部較受歡迎，在西部的消費者比其他地方的人還喜歡音樂會和戲劇。而東部的人比較喜歡看電視、閱讀和看電影；西部人比較喜歡在外用餐、跳舞和拜訪朋友；在中西部的消費者則比較喜歡打牌。

而在南方的人則喜歡休息和放鬆的活動，喜歡待在家裡和在附近工作，他們比較不喜歡參加那些經過設計、組織的各種活動，較少參觀博物館、音樂會、運動競賽，喜歡聽宗教和西部的鄉村歌曲。這些似乎表示南方的消費者比較懶得動、喜歡家庭生活、上教會等。

行銷者已經使用許多分析的技巧，來分析不同地方消費者行為的差異，其背後有一個基本的假定：同類型的人會聚居在一起，所以住在附近的人會有許多相同的特性。行銷者就可以根據一些統計資料，利用群體分析的統計方法，將消費者分為幾個集群，然後針對高購買可能性的集群進行行銷的工作（Edmondson, 1988）。

本章摘要

- 在同一個國家中的人民具有很高的相似性，但在同一個文化下，還存在不同的次文化，這些次文化對於消費行為的影響相當地深遠，中國雖然號稱由中華民族所組成，但是由於幅員廣闊，在各地方、種族、宗教、年齡之間還是存在許多的差異。行銷者在利用次文化決定行銷策略時，可依其產品與目標消費者的選擇，而採取四種不同的行銷策略，包括專門化策略、擴散性策略、異質性策略或大量行銷策略。

- 種族的次文化對於消費者本身形象的認同有很大的影響，我們對於不同的次文化也會有一種所謂的刻板印象，但是有時這種印象可能有種族歧視的嫌疑，在廣告中已被禁止。在美國較重要的次文化包括非裔、西裔及亞裔美人，其中西裔美人成長最快，可能取代黑人，成為最重要的次民族，而亞裔美人的影響力也在增加中。

- 消費者在年齡上的差異，也形成另一個次文化的現象，現在年輕人和過去的年輕人的消費行為也有很大差異。行銷者可針對青少年市場、大學生市場或銀髮族市場進行行銷的工作。其中銀髮族市場的成長最快，而且將隨著平均壽命的延長，而越來越可觀，但是在行銷時，仍應避免提及老人的字眼，可能會引起負面的反應。

- 在不同的地區中，因地理、氣候、或人口景觀上的差異，也會造成消費習性上的差異，這些差異可能會表現在飲食、汽車、娛樂或休閒活動，在進入一個新的區隔時，不能忽略這些因素的影響。

索引

中文

英文

A

B

C

D

E

F

職場專門店

圖解式
成功撰寫行銷企劃案

國際商展完全手冊

打造No.1
大商場

超強！房地產行銷術

培養你的
職場超能力

優質秘書
養成術

Not the Salary But the Opportunity
薪水算甚麼？
機會才重要！

成功經理人
下班後默默學的事

面試學

從便利貼女孩
到職場女達人

看電影學管理

系統思考的
即戰力

職場用 圖解
彼得杜拉克
管理的精華

職場用 圖解
經濟學
最重要概念

職場用 圖解
生產革新

職場用 圖解
會計學
精華

職場用 圖解
第一品牌
行銷祕訣

五南文化事業機構
WU-NAN CULTURE ENTERPRISE

書泉出版社
SHU-CHUAN PUBLISHING HOUSE

國家圖書館出版品預行編目資料

消費者行為學／張魁峯著. －－四版. －－臺北
市：五南, 2016.01
　　面； 公分
ISBN 978-957-11-8349-7（平裝）
1. 消費者行為 2. 消費心理學
496.34　　　　　　　104019160

1F39

消費者行為學

作　　　者 ― 張魁峯

發 行 人 ― 楊榮川

總 經 理 ― 楊士清

主　　　編 ― 侯家嵐

責任編輯 ― 侯家嵐

文字校對 ― 陳俐君　許宸瑞

封面設計 ― 盧盈良

出 版 者 ― 五南圖書出版股份有限公司

地　　　址：106台北市大安區和平東路二段339號4樓

電　　　話：(02)2705-5066　　傳　　　真：(02)2706-6100

網　　　址：http://www.wunan.com.tw

電子郵件：wunan@wunan.com.tw

劃撥帳號：01068953

戶　　　名：五南圖書出版股份有限公司

法律顧問　林勝安律師事務所　林勝安律師

出版日期　2006年 3 月初版十刷
　　　　　2006年 9 月二版一刷
　　　　　2009年 3 月三版一刷
　　　　　2016年 1 月四版一刷
　　　　　2019年 2 月四版二刷

定　　　價　新臺幣500元

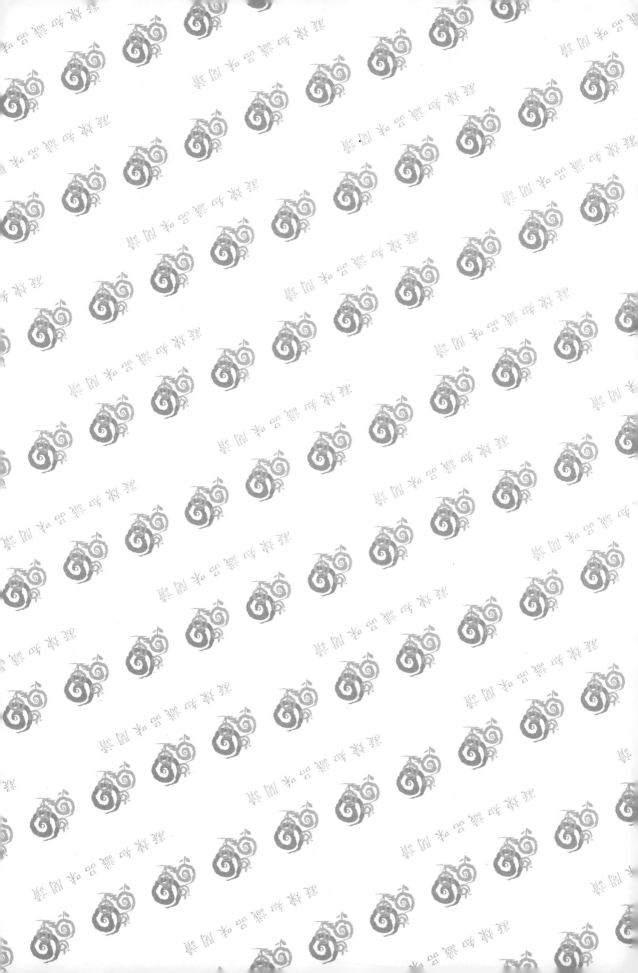